"十三五"国家重点出版物出版规划项目

名校名家基础学科系列

Textbooks of Base Disciplines from Top Universities and Experts

线性代数（经济类）

张伦传　编

（中国人民大学）

机 械 工 业 出 版 社

本书入选“十三五”国家重点出版物出版规划项目，读者对象为经营类相关专业的学生，全书共6章，内容包括行列式、矩阵、向量与向量空间、线性方程组、特征值和特征向量、二次型. 本书基于作者几十年教学经验，立足学生的实际学习需求，着眼线性代数在实际中的应用，由易到难，循序渐进，自成一体. 本书结构严谨，条理清晰，每章辅以一定数量的典型例题和习题，其中习题附有简单的提示以及解答.

本书可作为高等院校经管类相关专业的教材，也可供读者自学使用.

图书在版编目(CIP)数据

线性代数：经济类/张伦传编．—北京：机械工业出版社，2020.12（2021.7 重印）

（名校名家基础学科系列）

“十三五”国家重点出版物出版规划项目

ISBN 978-7-111-67199-2

Ⅰ. ①线…　Ⅱ. ①张…　Ⅲ. ①线性代数－高等学校－教材　Ⅳ. ①O151.2

中国版本图书馆 CIP 数据核字(2020)第 267562 号

机械工业出版社（北京市百万庄大街 22 号　邮政编码 100037）

策划编辑：汤　嘉　责任编辑：汤　嘉

责任校对：张晓蓉　封面设计：鞠　杨

责任印制：郜　敏

北京盛通商印快线网络科技有限公司印刷

2021 年 7 月第 1 版第 2 次印刷

184mm×260mm · 8.5 印张 · 209 千字

1 001—1 500 册

标准书号：ISBN 978-7-111-67199-2

定价：25.00 元

电话服务　　网络服务

客服电话：010－88361066　　机　工　官　网：www.cmpbook.com

010－88379833　　机　工　官　博：weibo.com/cmp1952

010－68326294　　金　书　网：www.golden－book.com

机工教育服务网：www.cmpedu.com

前　言

线性代数是高等院校理工科专业的学科基础课，也是经管类专业乃至文科专业的必修课．目前同类教材（教学参考书）很多，知识体系大同小异，但叙述深浅不一．本书根据编者几十年的教学经验，立足学生实际，着眼应用，循序渐进，由易到难，自成一体，其中第1章和第2章由北京建筑大学理学院王晓静副教授执笔；第3章到第6章由中国人民大学数学学院张伦传教授执笔．

本书理论与计算并重，富于启发性的例题和精选的习题利于教师的教授和学生的自学．编者希望本书能成为受欢迎的教材或工具书．

书中表述不当之处敬请读者批评指正．

编　者

目　录

第1章

行 列 式

行列式是研究线性代数的重要工具,同时也是线性代数的重要组成部分. 本章将介绍行列式的概念、性质及其计算方法.

1.1 二阶、三阶行列式

从历史的角度看,行列式和矩阵的概念是为了求解线性方程组而引入的. 下面先介绍二阶和三阶行列式.

设二元一次方程组为

$$\begin{cases} a_{11}x_1 + a_{12}x_2 = b_1, \\ a_{21}x_1 + a_{22}x_2 = b_2, \end{cases} \tag{1.1}$$

利用消元法,得

$$(a_{11}a_{22} - a_{12}a_{21})x_1 = b_1a_{22} - b_2a_{12},$$

$$(a_{11}a_{22} - a_{12}a_{21})x_2 = b_2a_{11} - b_1a_{21},$$

于是,当 $a_{11}a_{22} - a_{12}a_{21} \neq 0$ 时,方程组有唯一解

$$x_1 = \frac{b_1a_{22} - b_2a_{12}}{a_{11}a_{22} - a_{12}a_{21}},\ x_2 = \frac{b_2a_{11} - b_1a_{21}}{a_{11}a_{22} - a_{12}a_{21}}. \tag{1.2}$$

式(1.2)给出了方程组的系数、常数项与解的关系. 为便于记忆,引入记号

$$\begin{vmatrix} a_{11} & a_{12} \\ a_{21} & a_{22} \end{vmatrix}$$

表示代数和 $a_{11}a_{22} - a_{12}a_{21}$,称为二阶行列式,即

$$\begin{vmatrix} a_{11} & a_{12} \\ a_{21} & a_{22} \end{vmatrix} = a_{11}a_{22} - a_{12}a_{21}. \tag{1.3}$$

其中,$a_{ij}(i,j=1,2)$表示第 i 行第 j 列的元素. 下标 i 是行标,代表元素所在行的位置,下标 j 是列标,代表元素所在列的位置. 行列式每项均由不同行不同列的元素乘积构成,项前符号可用对角线法确定,如图 1.1 所示,其中实线连接的取“+”号,虚线连接的取“-”号. 于是,

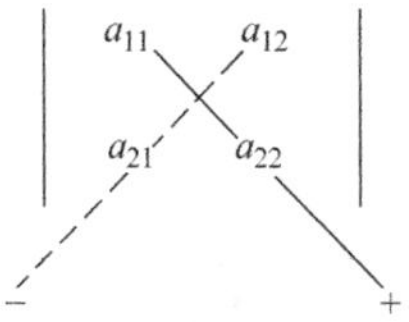

图 1.1

$$\begin{vmatrix} b_1 & a_{12} \\ b_2 & a_{22} \end{vmatrix} = b_1a_{22} - b_2a_{12}, \quad \begin{vmatrix} a_{11} & b_1 \\ a_{21} & b_2 \end{vmatrix} = b_2a_{11} - b_1a_{21},$$

从而,在 $\begin{vmatrix} a_{11} & a_{12} \\ a_{21} & a_{22} \end{vmatrix} \neq 0$ 的条件下,方程组(1.1)的解可以表示为

$$x_1 = \frac{\begin{vmatrix} b_1 & a_{12} \\ b_2 & a_{22} \end{vmatrix}}{\begin{vmatrix} a_{11} & a_{12} \\ a_{21} & a_{22} \end{vmatrix}}, \quad x_2 = \frac{\begin{vmatrix} a_{11} & b_1 \\ a_{21} & b_2 \end{vmatrix}}{\begin{vmatrix} a_{11} & a_{12} \\ a_{21} & a_{22} \end{vmatrix}}.$$

类似地,对于三元一次方程组

$$\begin{cases} a_{11}x_1 + a_{12}x_2 + a_{13}x_3 = b_1, \\ a_{21}x_1 + a_{22}x_2 + a_{23}x_3 = b_2, \\ a_{31}x_1 + a_{32}x_2 + a_{33}x_3 = b_3, \end{cases} \tag{1.4}$$

引入记号

$$\begin{vmatrix} a_{11} & a_{12} & a_{13} \\ a_{21} & a_{22} & a_{23} \\ a_{31} & a_{32} & a_{33} \end{vmatrix}$$

表示代数和 $a_{11}a_{22}a_{33} + a_{12}a_{23}a_{31} + a_{13}a_{21}a_{32} - a_{11}a_{23}a_{32} - a_{12}a_{21}a_{33} - a_{13}a_{22}a_{31}$,称为三阶行列式,即

$$\begin{vmatrix} a_{11} & a_{12} & a_{13} \\ a_{21} & a_{22} & a_{23} \\ a_{31} & a_{32} & a_{33} \end{vmatrix} = a_{11}a_{22}a_{33} + a_{12}a_{23}a_{31} + a_{13}a_{21}a_{32} - a_{11}a_{23}a_{32} - a_{12}a_{21}a_{33} - a_{13}a_{22}a_{31}. \tag{1.5}$$

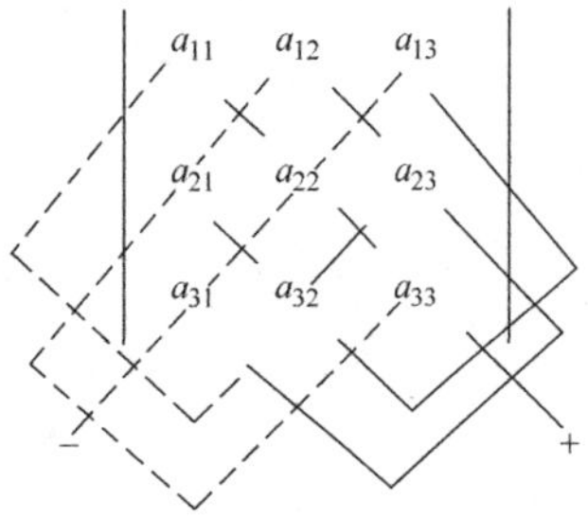

图 1.2

式中每项均由不同行不同列的元素乘积构成,项前符号也可用对角线法确定,如图 1.2 所示,其中实线连接的取“+”号,虚线连接的取“−”号.

于是,当

$$\begin{vmatrix} a_{11} & a_{12} & a_{13} \\ a_{21} & a_{22} & a_{23} \\ a_{31} & a_{32} & a_{33} \end{vmatrix} \neq 0$$

时,方程组(1.4)有唯一解,且

$$x_1 = \frac{\begin{vmatrix} b_1 & a_{12} & a_{13} \\ b_2 & a_{22} & a_{23} \\ b_3 & a_{32} & a_{33} \end{vmatrix}}{\begin{vmatrix} a_{11} & a_{12} & a_{13} \\ a_{21} & a_{22} & a_{23} \\ a_{31} & a_{32} & a_{33} \end{vmatrix}}, \quad x_2 = \frac{\begin{vmatrix} a_{11} & b_1 & a_{13} \\ a_{21} & b_2 & a_{23} \\ a_{31} & b_3 & a_{33} \end{vmatrix}}{\begin{vmatrix} a_{11} & a_{12} & a_{13} \\ a_{21} & a_{22} & a_{23} \\ a_{31} & a_{32} & a_{33} \end{vmatrix}}, \quad x_3 = \frac{\begin{vmatrix} a_{11} & a_{12} & b_1 \\ a_{21} & a_{22} & b_2 \\ a_{31} & a_{32} & b_3 \end{vmatrix}}{\begin{vmatrix} a_{11} & a_{12} & a_{13} \\ a_{21} & a_{22} & a_{23} \\ a_{31} & a_{32} & a_{33} \end{vmatrix}}.$$

例 求解三元一次方程组

$$\begin{cases} x_1 - x_2 + x_3 = 1, \\ 2x_1 + x_2 - 5x_3 = 3, \\ 3x_1 + x_2 - x_3 = 5. \end{cases}$$

解 先计算系数行列式

$$D=\begin{vmatrix}1&-1&1\\2&1&-5\\3&1&-1\end{vmatrix}=1\times1\times(-1)+(-1)\times(-5)\times3+$$

$$1\times2\times1-1\times1\times3-(-1)\times2\times(-1)-1\times(-5)\times1$$

$$=16\neq0,$$

于是,原方程组有唯一解. 又

$$D_1=\begin{vmatrix}1&-1&1\\3&1&-5\\5&1&-1\end{vmatrix}=1\times1\times(-1)+(-1)\times(-5)\times5+$$

$$1\times3\times1-1\times1\times5-(-1)\times3\times(-1)-1\times(-5)\times1$$

$$=24,$$

$$D_2=\begin{vmatrix}1&1&1\\2&3&-5\\3&5&-1\end{vmatrix}=1\times3\times(-1)+1\times(-5)\times3+$$

$$1\times2\times5-1\times3\times3-1\times2\times(-1)-1\times(-5)\times5=10,$$

$$D_3=\begin{vmatrix}1&-1&1\\2&1&3\\3&1&5\end{vmatrix}=1\times1\times5+(-1)\times3+3+$$

$$1\times2\times1-1\times1\times3-(-1)\times2\times5-1\times3\times1=2.$$

于是,

$$\begin{cases}x_1=\dfrac{D_1}{D}=\dfrac{24}{16}=\dfrac{3}{2},\\[2mm] x_2=\dfrac{D_2}{D}=\dfrac{10}{16}=\dfrac{5}{8},\\[2mm] x_3=\dfrac{D_3}{D}=\dfrac{2}{16}=\dfrac{1}{8}.\end{cases}$$

由上面的例子可知,用行列式法求解线性方程组,省略了复杂的消元过程. 后面我们将证明,行列式法同样适用于一般的 n 元一次线性方程构成的方程组的求解问题. 为此,下面将二阶和三阶行列式的概念推广到 n 阶行列式的情形.

1.2 n 阶行列式

1.2.1 排列与逆序数

定义 n 阶行列式,需要用到关于排列的相关知识.

由 $1,2,\cdots,n$ 组成的一个有序数组称为一个 n 级排列.

例如,1324 是一个 4 级排列,512436 是一个 6 级排列.

3 级排列的全体是:123,132,213,231,321,312,共 6 个.

n 级排列的全体共 $n!$ 个,其中从小到大按自然顺序组成的排列 $123\cdots n$,称为自然序排列. 如果其中两个数字大小顺序前后颠倒,如 5 排在 4 前面,那么它们之间就形成了一个逆序.

定义 1.1 在一个排列 $j_1j_2\cdots j_n$ 中,如果一对数的前后位置与大小顺序相反,即排在前面的数大于排在后面的数,那么就称它们为一个逆序,一个排列中逆序的总数称为这个排列的逆序数,记作 $\tau(j_1j_2\cdots j_n)$.

例如,在排列 32541 中,32,31,21,54,51,41 是逆序,共 6 个,因此 $\tau(32541)=6$. 又如,在排列 54321 中,54,53,52,51,43,42,41,32,31,21 是逆序,共 10 个. 因此 $\tau(54321)=10$.

逆序数为偶数的排列称为偶排列,逆序数为奇数的排列称为奇排列.

例如,排列 32541 是偶排列,排列 54312 是奇排列.

在一个排列 $j_1j_2\cdots j_n$ 中,如果将其中两个数 j_s,j_t 的位置互换,其余数的位置不变,得到另一个排列,这样的变换,称为对换,记作对换 (j_s,j_t).

例如,排列 32541 经对换(3,1)变成排列 12543. 排列 12543 的逆序数为 3,是奇排列. 说明对换(3,1)改变了排列 32541 的奇偶性. 这种对换对排列奇偶性的改变,具有一般性.

定理 1.1 对换改变排列的奇偶性.

证 (1)先考虑排列中两个相邻数 i,j 对换的情形,即排列

$$\cdots ij\cdots.$$

经对换 (i,j) 变为新排列

$$\cdots ji\cdots.$$

这一过程中,仅仅发生了数 i,j 之间的逆序改变,而与排列中的其他数之间的逆序关系并没有改变,因此原排列与新排列的逆序数只相差 1 个(增加或减少). 因此,对换 (i,j) 改变了原排列的奇偶性.

(2)再考虑两个不相邻数 i,j 对换的情况. 不妨设两个数中间夹有 s 个数,即排列

$$\cdots ik_1k_2\cdots k_sj\cdots.$$

经对换 (i,j) 变为新排列

$$\cdots jk_1k_2\cdots k_si\cdots.$$

该对换过程等价于 i,j 依次与中间的 s 个数,以及彼此之间共作 $2s+1$ 次的相邻的数之间的对换. 由(1)知,原排列的奇偶性相应地作 $2s+1$ 次改变,最终改变了其奇偶性. 综上讨论可知,对换改变排列的奇偶性.

推论 1 n 级排列的全体中,奇偶排列各半,即各为 $\frac{n!}{2}$ 个.

证 设排列的奇偶排列个数分别为 p,q 个,则 $p+q=n!$. 由

定理1.1可知,p个奇排列作一次对换后,对应有p个偶排列,从而有$p\leqslant q$. 同理,q个奇排列也应该对应有q个偶排列,同时有$p\geqslant q$,因此,有$p=q=\frac{n!}{2}$.

例如,在所有3级排列中,有3个奇排列:132,213,321;3个偶排列:123,231,312.

1.2.2 n阶行列式的定义

在给n阶行列式定义前,再考察一下二、三阶行列式

$$\begin{vmatrix} a_{11} & a_{12} \\ a_{21} & a_{22} \end{vmatrix} = a_{11}a_{22} - a_{12}a_{21},$$

$$\begin{vmatrix} a_{11} & a_{12} & a_{13} \\ a_{21} & a_{22} & a_{23} \\ a_{31} & a_{32} & a_{33} \end{vmatrix} = a_{11}a_{22}a_{33} + a_{12}a_{23}a_{31} + a_{13}a_{21}a_{32} - a_{11}a_{23}a_{32} - a_{12}a_{21}a_{33} - a_{13}a_{22}a_{31}.$$

由定义式可以观察到三个共同的特点:

(1)二、三阶行列式都是由行列式的不同行不同列元素乘积构成的代数和.

(2)代数和的每一项符号,在乘积元素按行标自然序排列的情况下,取决于列标排列的奇偶性. 例如,三阶行列式取负号的三项,在行标排列为自然序的情况下,列标排列分别为132,213,321,其逆序数依次为1,1,3,即均为奇排列,因此,三阶行列式的一般项可表示为

$$(-1)^{\tau(j_1j_2j_3)}a_{1j_1}a_{2j_2}a_{3j_3}.$$

(3)代数和的所有项可以看作在行标排列为自然序的情况下,由列标所有排列生成,因此,二阶行列式共有2!项,三阶行列式共有3!项.

将上述特征推广至n阶行列式,得到n阶行列式的定义.

定义1.2 n阶行列式

$$\begin{vmatrix} a_{11} & a_{12} & \cdots & a_{1n} \\ a_{21} & a_{22} & \cdots & a_{2n} \\ \vdots & \vdots & & \vdots \\ a_{n1} & a_{n2} & \cdots & a_{nn} \end{vmatrix} \tag{1.6}$$

是所有取自不同行不同列的n个元素乘积

$$a_{1j_1}a_{2j_2}\cdots a_{nj_n} \tag{1.7}$$

的代数和. 其中,$j_1j_2\cdots j_n$是一个n级排列,当$j_1j_2\cdots j_n$是偶排列时,

项前符号带有正号,当 $j_1j_2\cdots j_n$ 是奇排列时,项前符号带有负号. 即

$$\begin{vmatrix} a_{11} & a_{12} & \cdots & a_{1n} \\ a_{21} & a_{22} & \cdots & a_{2n} \\ \vdots & \vdots & & \vdots \\ a_{n1} & a_{n2} & \cdots & a_{nn} \end{vmatrix} = \sum_{j_1j_2\cdots j_n} (-1)^{\tau(j_1j_2\cdots j_n)} a_{1j_1}a_{2j_2}\cdots a_{nj_n}, \tag{1.8}$$

其中,$\sum\limits_{j_1j_2\cdots j_n}$ 表示对所有 n 级排列求和,$(-1)^{\tau(j_1j_2\cdots j_n)}a_{1j_1}a_{2j_2}\cdots a_{nj_n}$ 称为行列式的一般项. 式(1.8)称为 n 阶行列式的表达式. n 阶行列式有时可以简记为 $|a_{ij}|$. 元素 $a_{ii}(i=1,2,\cdots,n)$ 所在的直线称为主对角线,元素 $a_{i,n-i+1}(i=1,2,\cdots,n)$ 所在的直线称为副对角线.

当 $n=1$ 时,$|a_{11}|$ 就是 a_{11},应注意与绝对值符号的区别.

例 1 判断下列各项是否为 4 阶行列式的项,若是,项前应带什么符号?

(1) $a_{13}a_{24}a_{11}a_{42}$; (2) $a_{12}a_{24}a_{31}a_{43}$;

(3) $a_{14}a_{23}a_{32}a_{41}$; (4) $a_{13}a_{22}a_{31}a_{44}$.

解 由行列式定义可知,行列式的项取自不同行和不同列,行标与列标的排列均应构成一个 4 级排列,因此,(1)中项不是行列式中的项. (2),(3),(4)中各项都是 4 阶行列式的项. 进而,因

$$\tau(2413)=4, \quad \tau(4321)=6, \quad \tau(3214)=3,$$

故(2)中项和(3)中项前带正号;$a_{13}a_{22}a_{31}a_{44}$ 项前带负号.

注 如果按照二、三阶行列式的对角线法确定符号,例 1 中 $a_{14}a_{23}a_{32}a_{41}$ 是 4 阶行列式中用虚线连接的副对角线上元素的乘积,应取负号,这是错误的. 因此,在计算 4 阶及 4 阶以上行列式时,不能按对角线法处理.

例 2 计算行列式

$$\begin{vmatrix} a_{11} & a_{12} & a_{13} & a_{14} \\ 0 & a_{22} & a_{23} & a_{24} \\ 0 & 0 & a_{33} & a_{34} \\ 0 & 0 & 0 & a_{44} \end{vmatrix}.$$

解 根据行列式的定义,行列式各项由不同行不同列元素乘积构成. 在第 1 列中仅 $a_{11}\neq 0$,取之,在 a_{11} 取定后,第 2 列只能取到非零元素 a_{22},以此类推,该行列式展开式中所有非零项仅由 a_{11},a_{22},a_{33},a_{44} 的乘积构成. 即有

$$\begin{vmatrix} a_{11} & a_{12} & a_{13} & a_{14} \\ 0 & a_{22} & a_{23} & a_{24} \\ 0 & 0 & a_{33} & a_{34} \\ 0 & 0 & 0 & a_{44} \end{vmatrix} = (-1)^{\tau(1234)} a_{11}a_{22}a_{33}a_{44} = a_{11}a_{22}a_{33}a_{44}.$$

一般地,形如

$$\begin{vmatrix} a_{11} & a_{12} & \cdots & a_{1n} \\ 0 & a_{22} & \cdots & a_{2n} \\ \vdots & \vdots & & \vdots \\ 0 & 0 & \cdots & a_{nn} \end{vmatrix} \quad 及 \quad \begin{vmatrix} a_{11} & 0 & \cdots & 0 \\ a_{21} & a_{22} & \cdots & 0 \\ \vdots & \vdots & & \vdots \\ a_{n1} & a_{n2} & \cdots & a_{nn} \end{vmatrix}$$

的行列式分别称为上三角行列式和下三角行列式,其结构特点是位于行列式主对角元素的下方或上方元素均为0,统称三角行列式.可以证明,三角行列式等于其主对角线元素的乘积,即

$$\begin{vmatrix} a_{11} & a_{12} & \cdots & a_{1n} \\ 0 & a_{22} & \cdots & a_{2n} \\ \vdots & \vdots & & \vdots \\ 0 & 0 & \cdots & a_{nn} \end{vmatrix} = a_{11}a_{22}\cdots a_{nn},$$

$$\begin{vmatrix} a_{11} & 0 & \cdots & 0 \\ a_{21} & a_{22} & \cdots & 0 \\ \vdots & \vdots & & \vdots \\ a_{n1} & a_{n2} & \cdots & a_{nn} \end{vmatrix} = a_{11}a_{22}\cdots a_{nn}.$$

以上计算行列式各项时,n 个元素的排列按定义要求必须以行标的自然序排列. 由于数的乘法有交换律,这种对于各项元素排列顺序的限制是不必要的,为此,我们可以用定理形式给出关于行列式一般项的补充定义.

定理 1.2 n 阶行列式一般项可表示为

$$(-1)^{\tau(i_1i_2\cdots i_n)+\tau(j_1j_2\cdots j_n)}a_{i_1j_1}a_{i_2j_2}\cdots a_{i_nj_n}. \tag{1.9}$$

要证明定理 1.2,只需证明原行列式定义式中的一般项与式(1.9)等价. 事实上,每个元素均带有双下标,元素之间交换一次位置,行标排列和列标排列均发生一次对换,其结果对于 $\tau(i_1i_2\cdots i_n)+\tau(j_1j_2\cdots j_n)$ 的奇偶性不会发生影响,因此不会改变一般项的符号. 注意到,排列 $i_1i_2\cdots i_n$ 经过若干次对换可化为排列 $1,2,\cdots,n$,从而得到与原定义式一般项等价的形式,即

$$\begin{aligned} &(-1)^{\tau(i_1i_2\cdots i_n)+\tau(j_1j_2\cdots j_n)}a_{i_1j_1}a_{i_2j_2}\cdots a_{i_nj_n} \\ &=(-1)^{\tau(12\cdots n)+\tau(j'_1j'_2\cdots j'_n)}a_{1j'_1}a_{2j'_2}\cdots a_{nj'_n} \\ &=(-1)^{\tau(j'_1j'_2\cdots j'_n)}a_{1j'_1}a_{2j'_2}\cdots a_{nj'_n}. \end{aligned}$$

例如,作为4阶行列式中的项,由上述定理 1.2 易知,$a_{13}a_{24}a_{31}a_{42}=a_{24}a_{42}a_{31}a_{13}$.

1.3 行列式的性质

由定义计算 n 阶行列式,要计算 $n!$ 项,每项又有 n 个元素相乘,当 $n\geqslant 4$ 时,运算量很大. 如果经过适当变换,能将行列式化为

(上或下)三角行列式的形式,运算就简单得多. 下面介绍的行列式的性质可以提供有效的变换工具.

性质 1 对换行列式中两行位置,行列式反号,即若

$$D=\begin{vmatrix} a_{11} & a_{12} & \cdots & a_{1n} \\ \vdots & \vdots & & \vdots \\ a_{i1} & a_{i2} & \cdots & a_{in} \\ \vdots & \vdots & & \vdots \\ a_{s1} & a_{s2} & \cdots & a_{sn} \\ \vdots & \vdots & & \vdots \\ a_{n1} & a_{n2} & \cdots & a_{nn} \end{vmatrix},\quad D_1=\begin{vmatrix} a_{11} & a_{12} & \cdots & a_{1n} \\ \vdots & \vdots & & \vdots \\ a_{s1} & a_{s2} & \cdots & a_{sn} \\ \vdots & \vdots & & \vdots \\ a_{i1} & a_{i2} & \cdots & a_{in} \\ \vdots & \vdots & & \vdots \\ a_{n1} & a_{n2} & \cdots & a_{nn} \end{vmatrix},$$

则 $D=-D_1$.

证 设 $a_{1j_1}\cdots a_{ij_2}\cdots a_{sj_s}\cdots a_{nj_n}$ 为 D 中任意一项,显然该项也是 D_1 中的一项. 在 D 中该项符号为 $(-1)^{\tau(1\cdots i\cdots s\cdots n)+\tau(j_1\cdots j_i\cdots j_s\cdots j_n)}$,两行对换时,只有行标 i 与 s 进行对换,列标排列不变,于是,在 D_1 中该项符号为 $(-1)^{\tau(1\cdots s\cdots i\cdots n)+\tau(j_1\cdots j_i\cdots j_s\cdots j_n)}$,两者对照,恰好两者符号相反,由此可以推出 $D=-D_1$.

运用性质 1 还可以进一步得到以下两个推论:

推论 1 两行相同,行列式为零.

推论 2 两行成比例,行列式为零.

事实上,在行列式 D 中两行相同的情况下,对换这两行位置,行列式不变,即有 $D=D_1$,同时由性质 1 有 $D=-D_1$,从而 $D=-D$,因此 $D=0$. 在 D 中有两行成比例的情况下,将比例系数提出行列式,即出现两行相同的情况,由推论 1 可得 $D=0$.

性质 2 行列式一行的公因子可以提出,即

$$\begin{vmatrix} a_{11} & a_{12} & \cdots & a_{1n} \\ \vdots & \vdots & & \vdots \\ ka_{i1} & ka_{i2} & \cdots & ka_{in} \\ \vdots & \vdots & & \vdots \\ a_{n1} & a_{n2} & \cdots & a_{nn} \end{vmatrix}=k\begin{vmatrix} a_{11} & a_{12} & \cdots & a_{1n} \\ \vdots & \vdots & & \vdots \\ a_{i1} & a_{i2} & \cdots & a_{in} \\ \vdots & \vdots & & \vdots \\ a_{n1} & a_{n2} & \cdots & a_{nn} \end{vmatrix}$$

性质 2 也可表述为:数乘行列式某一行,等于这个数乘此行列式.

证 由行列式定义可知

$$\begin{aligned} \text{左边} &= \sum_{j_1j_2\cdots j_n}(-1)^{\tau(j_1j_2\cdots j_n)}a_{1j_1}a_{2j_2}\cdots(ka_{ij_i})\cdots a_{nj_n} \\ &= k\sum_{j_1j_2\cdots j_n}(-1)^{\tau(j_1j_2\cdots j_n)}a_{1j_1}a_{2j_2}\cdots a_{ij_i}\cdots a_{nj_n} = \text{右边}. \end{aligned}$$

如果取 $k=0$,由性质 2 容易推出下面推论.

推论 3 若行列式中有一行元素全为零,则此行列式为零.

性质 3 若行列式中某行是两组数之和,则此行列式等于

两个行列式之和,这两个行列式对应行分别为第一、第二组数,其余行与原行列式相同,即

$$\begin{vmatrix} a_{11} & a_{12} & \cdots & a_{1n} \\ \vdots & \vdots & & \vdots \\ b_1+c_1 & b_2+c_2 & \cdots & b_n+c_n \\ \vdots & \vdots & & \vdots \\ a_{n1} & a_{n2} & \cdots & a_{nn} \end{vmatrix} =$$

$$\begin{vmatrix} a_{11} & a_{12} & \cdots & a_{1n} \\ \vdots & \vdots & & \vdots \\ b_1 & b_2 & \cdots & b_n \\ \vdots & \vdots & & \vdots \\ a_{n1} & a_{n2} & \cdots & a_{nn} \end{vmatrix} + \begin{vmatrix} a_{11} & a_{12} & \cdots & a_{1n} \\ \vdots & \vdots & & \vdots \\ c_1 & c_2 & \cdots & c_n \\ \vdots & \vdots & & \vdots \\ a_{n1} & a_{n2} & \cdots & a_{nn} \end{vmatrix}.$$

证 由行列式定义知

$$\text{左边} = \sum_{j_1j_2\cdots j_n}(-1)^{\tau(j_1j_2\cdots j_n)}a_{1j_1}a_{2j_2}\cdots(b_{j_i}+c_{j_i})\cdots a_{nj_n}$$

$$= \sum_{j_1j_2\cdots j_n}(-1)^{\tau(j_1j_2\cdots j_n)}a_{1j_1}a_{2j_2}\cdots b_{j_i}\cdots a_{nj_n} + \sum_{j_1j_2\cdots j_n}(-1)^{\tau(j_1j_2\cdots j_n)}a_{1j_1}a_{2j_2}\cdots c_{j_i}\cdots a_{nj_n}$$

$= \text{右边}.$

性质3可以推广到一般的情况,有

$$\begin{vmatrix} a_{11} & a_{12} & \cdots & a_{1n} \\ \vdots & \vdots & & \vdots \\ b_{11}+b_{12}+\cdots+b_{1m} & b_{21}+b_{22}+\cdots+b_{2m} & \cdots & b_{n1}+b_{n2}+\cdots+b_{nm} \\ \vdots & \vdots & & \vdots \\ a_{n1} & a_{n2} & \cdots & a_{nn} \end{vmatrix}$$

$$= \sum_{j=1}^{m}\begin{vmatrix} a_{11} & a_{12} & \cdots & a_{1n} \\ \vdots & \vdots & & \vdots \\ b_{1j} & b_{2j} & \cdots & b_{nj} \\ \vdots & \vdots & & \vdots \\ a_{n1} & a_{n2} & \cdots & a_{nn} \end{vmatrix}.$$

性质4 将一行的倍数加到另一行,行列式的值不变,

即
$$\begin{vmatrix} a_{11} & a_{12} & \cdots & a_{1n} \\ \vdots & \vdots & & \vdots \\ a_{i1}+ka_{j1} & a_{i2}+ka_{j2} & \cdots & a_{in}+ka_{jn} \\ \vdots & \vdots & & \vdots \\ a_{j1} & a_{j2} & \cdots & a_{jn} \\ \vdots & \vdots & & \vdots \\ a_{n1} & a_{n2} & \cdots & a_{nn} \end{vmatrix} = \begin{vmatrix} a_{11} & a_{12} & \cdots & a_{1n} \\ \vdots & \vdots & & \vdots \\ a_{i1} & a_{i2} & \cdots & a_{in} \\ \vdots & \vdots & & \vdots \\ a_{j1} & a_{j2} & \cdots & a_{jn} \\ \vdots & \vdots & & \vdots \\ a_{n1} & a_{n2} & \cdots & a_{nn} \end{vmatrix}.$$

性质 4 容易由性质 3 及性质 1 的推论 2 推出.

行列式的性质提供了行列式常见的三种初等变换及其规则,即:

(1)数乘行列式某一行,等于用这个数乘行列式;

(2)变换两行位置,改变行列式符号;

(3)将某行的若干倍加至另一行,行列式的值不变.同时,性质 3 定义了行列式分解成两个行列式和的运算,由定理 1.2 可知,行列式的行变换的性质与列变换的性质是等价的,因此,可以将上述性质推广到列变换的情形.

例 1 计算行列式

$$D=\begin{vmatrix}1&2&3&4\\2&3&4&1\\3&4&1&2\\4&1&2&3\end{vmatrix}.$$

解 把第二、三、四行都加到第一行,然后再从第一行中提出 10,得

$$D=\begin{vmatrix}10&10&10&10\\2&3&4&1\\3&4&1&2\\4&1&2&3\end{vmatrix}=10\begin{vmatrix}1&1&1&1\\2&3&4&1\\3&4&1&2\\4&1&2&3\end{vmatrix},$$

然后,第四、三、二列分别减去第一列,得

$$D=10\begin{vmatrix}1&0&0&0\\2&1&2&-1\\3&1&-2&-1\\4&-3&-2&-1\end{vmatrix},$$

再把第二列加到第四列,得

$$D=10\begin{vmatrix}1&0&0&0\\2&1&2&0\\3&1&-2&0\\4&-3&-2&-4\end{vmatrix},$$

最后把第三行加到第二行,得

$$D=10\begin{vmatrix}1&0&0&0\\5&2&0&0\\3&1&-2&0\\4&-3&-2&-4\end{vmatrix}=10\times1\times2\times(-2)\times(-4)=160.$$

例 2 计算行列式

$$\begin{vmatrix}a_1+m&a_2&\cdots&a_n\\a_1&a_2+m&\cdots&a_n\\\vdots&\vdots&&\vdots\\a_1&a_2&\cdots&a_n+m\end{vmatrix}.$$

解　**解法 1**　将各行依次减去第 1 行，再从第 2 列开始，将各列加到第 1 列，即得

$$\begin{vmatrix} a_1+m & a_2 & \cdots & a_n \\ a_1 & a_2+m & \cdots & a_n \\ \vdots & \vdots & & \vdots \\ a_1 & a_2 & \cdots & a_n+m \end{vmatrix} = \begin{vmatrix} a_1+m & a_2 & \cdots & a_n \\ -m & m & \cdots & 0 \\ \vdots & \vdots & & \vdots \\ -m & 0 & \cdots & m \end{vmatrix}$$

$$= \begin{vmatrix} \sum_{i=1}^{n} a_i+m & a_2 & \cdots & a_n \\ 0 & m & \cdots & 0 \\ \vdots & \vdots & & \vdots \\ 0 & 0 & \cdots & m \end{vmatrix}$$

$$= \left(\sum_{i=1}^{n} a_i+m\right)m^{n-1}.$$

解法 2　加边法

$$\begin{vmatrix} 1 & a_1 & a_2 & \cdots & a_n \\ 0 & a_1+m & a_2 & \cdots & a_n \\ 0 & a_1 & a_2+m & \cdots & a_n \\ 0 & \vdots & \vdots & & \vdots \\ 0 & a_1 & a_2 & \cdots & a_n+m \end{vmatrix} = \begin{vmatrix} 1 & a_1 & a_2 & \cdots & a_n \\ -1 & m & 0 & \cdots & 0 \\ -1 & 0 & m & \cdots & 0 \\ \vdots & \vdots & \vdots & & \vdots \\ -1 & 0 & 0 & \cdots & m \end{vmatrix}$$

$$= \begin{vmatrix} 1+\frac{1}{m}\sum_{i=1}^{n} a_i & a_1 & a_2 & \cdots & a_n \\ 0 & m & 0 & \cdots & 0 \\ 0 & 0 & m & \cdots & 0 \\ \vdots & \vdots & \vdots & & \vdots \\ 0 & 0 & 0 & \cdots & m \end{vmatrix}$$

$$= \left(\sum_{i=1}^{n} a_i+m\right)m^{n-1}.$$

例 3　计算行列式

$$\begin{vmatrix} x_1+1 & x_1+2 & \cdots & x_1+n \\ x_2+1 & x_2+2 & \cdots & x_2+n \\ \vdots & \vdots & & \vdots \\ x_n+1 & x_n+2 & \cdots & x_n+n \end{vmatrix}.$$

解　将各列依次减去第 1 列，即得

$$\begin{vmatrix} x_1+1 & x_1+2 & \cdots & x_1+n \\ x_2+1 & x_2+2 & \cdots & x_2+n \\ \vdots & \vdots & & \vdots \\ x_n+1 & x_n+2 & \cdots & x_n+n \end{vmatrix} = \begin{vmatrix} x_1+1 & 1 & \cdots & n-1 \\ x_2+1 & 1 & \cdots & n-1 \\ \vdots & \vdots & & \vdots \\ x_n+1 & 1 & \cdots & n-1 \end{vmatrix}$$

$$= \begin{cases} x_1+1, & n=1, \\ x_1-x_2, & n=2, \\ 0, & n\geqslant 3. \end{cases}$$

例 4 证明：关于未知数 x 的方程

$$f(x)=\begin{vmatrix} 1 & a_1 & a_2 & \cdots & a_{n-1} & a_n \\ 1 & x & a_2 & \cdots & a_{n-1} & a_n \\ 1 & a_1 & x & \cdots & a_{n-1} & a_n \\ \vdots & \vdots & \vdots & & \vdots & \vdots \\ 1 & a_1 & a_2 & \cdots & a_{n-1} & x \end{vmatrix}=0,$$

的根为 a_1，a_2，$\cdots$，a_n.

证 将上面行列式的第一行乘以 -1 分别加到其余各行，得

$$f(x)=\begin{vmatrix} 1 & a_1 & a_2 & \cdots & a_n \\ 0 & x-a_1 & 0 & \cdots & 0 \\ 0 & 0 & x-a_2 & \cdots & 0 \\ \vdots & \vdots & \vdots & & \vdots \\ 0 & 0 & 0 & \cdots & x-a_n \end{vmatrix}$$

$$=(x-a_1)(x-a_2)\cdots(x-a_n)=0,$$

于是,方程 $f(x)=0$ 的根为 $a_1,a_2,\cdots,a_n$.

1.4 行列式按行(列)展开

1.4.1 行列式按行(列)展开

定义 1.3 n 阶行列式中,划去元素 a_{ij}所在的第 i 行和第 j 列元素后余上的 $n-1$ 阶行列式,称为元素 a_{ij}的余子式,记作 M_{ij}. 称 $(-1)^{i+j}M_{ij}$为元素 a_{ij}的代数余子式,记作 A_{ij},即

$$A_{ij}=(-1)^{i+j}M_{ij}=(-1)^{i+j}\begin{vmatrix} a_{11} & \cdots & a_{1,j-1} & a_{1,j+1} & \cdots & a_{1n} \\ \vdots & & \vdots & \vdots & & \vdots \\ a_{i-1,1} & \cdots & a_{i-1,j-1} & a_{i-1,j+1} & \cdots & a_{i-1,n} \\ a_{i+1,1} & \cdots & a_{i+1,j-1} & a_{i+1,j+1} & \cdots & a_{i+1,n} \\ \vdots & & \vdots & \vdots & & \vdots \\ a_{n1} & \cdots & a_{n,j-1} & a_{n,j+1} & \cdots & a_{nn} \end{vmatrix}.$$

例如,4 阶行列式

$$D=\begin{vmatrix} a_{11} & a_{12} & a_{13} & a_{14} \\ a_{21} & a_{22} & a_{23} & a_{24} \\ a_{31} & a_{32} & a_{33} & a_{34} \\ a_{41} & a_{42} & a_{43} & a_{44} \end{vmatrix}$$

中,a_{21}的代数余子式为

$$A_{21}=(-1)^{2+1}\begin{vmatrix}a_{12}&a_{13}&a_{14}\\a_{32}&a_{33}&a_{34}\\a_{42}&a_{43}&a_{44}\end{vmatrix}=-\begin{vmatrix}a_{12}&a_{13}&a_{14}\\a_{32}&a_{33}&a_{34}\\a_{42}&a_{43}&a_{44}\end{vmatrix},$$

a_{33}的代数余子式为

$$A_{33}=(-1)^{3+3}\begin{vmatrix}a_{11}&a_{12}&a_{14}\\a_{21}&a_{22}&a_{24}\\a_{41}&a_{42}&a_{44}\end{vmatrix}=\begin{vmatrix}a_{11}&a_{12}&a_{14}\\a_{21}&a_{22}&a_{24}\\a_{41}&a_{42}&a_{44}\end{vmatrix}.$$

定理1.3 （按行(列)展开定理） n 阶行列式 $D=|a_{ij}|$等于其任意一行(列)所有元素与对应的代数余子式乘积之和，即

$$D=a_{i1}A_{i1}+a_{i2}A_{i2}+\cdots+a_{in}A_{in},\quad i=1,2,\cdots,n$$

或

$$D=a_{1j}A_{1j}+a_{2j}A_{2j}+\cdots+a_{nj}A_{nj},\quad j=1,2,\cdots,n.$$

证 设 D_{ij}表示在第 i 行只有元素 a_{ij}不为零，其余元素为零的行列式，即有

$$D_{11}=\begin{vmatrix}a_{11}&0&\cdots&0\\a_{21}&a_{22}&\cdots&a_{2n}\\\vdots&\vdots&&\vdots\\a_{n1}&a_{n2}&\cdots&a_{nn}\end{vmatrix}=\sum_{1j_1j_2\cdots j_{n-1}}(-1)^{\tau(1j_1j_2\cdots j_{n-1})}a_{11}a_{2j_1}\cdots a_{nj_{n-1}}$$

$$=a_{11}\sum_{j_1j_2\cdots j_{n-1}}(-1)^{\tau(j_1j_2\cdots j_{n-1})}a_{2j_1}\cdots a_{nj_{n-1}},$$

从而

$$D_{11}=a_{11}A_{11}.$$

于是，一般地，对于行列式

$$D_{ij}=\begin{vmatrix}a_{11}&\cdots&a_{1,j-1}&a_{1j}&a_{1,j+1}&\cdots&a_{1n}\\\vdots&&\vdots&\vdots&\vdots&&\vdots\\a_{i-1,1}&\cdots&a_{i-1,j-1}&a_{i-1,j}&a_{i-1,j+1}&\cdots&a_{i-1,n}\\0&\cdots&0&a_{ij}&0&\cdots&0\\a_{i+1,1}&\cdots&a_{i+1,j-1}&a_{i+1,j}&a_{i+1,j+1}&\cdots&a_{i+1,n}\\\vdots&&\vdots&\vdots&\vdots&&\vdots\\a_{n1}&\cdots&a_{n,j-1}&a_{nj}&a_{n,j+1}&\cdots&a_{nn}\end{vmatrix},$$

有

$$D_{ij}=(-1)^{i+j}a_{ij}\begin{vmatrix}a_{11}&\cdots&a_{1,j-1}&a_{1,j+1}&\cdots&a_{1n}\\\vdots&&\vdots&\vdots&&\vdots\\a_{i-1,1}&\cdots&a_{i-1,j-1}&a_{i-1,j+1}&\cdots&a_{i-1,n}\\a_{i+1,1}&\cdots&a_{i+1,j-1}&a_{i+1,j+1}&\cdots&a_{i+1,n}\\\vdots&&\vdots&\vdots&&\vdots\\a_{n1}&\cdots&a_{n,j-1}&a_{n,j+1}&\cdots&a_{nn}\end{vmatrix}$$

$$=(-1)^{i+j}a_{ij}M_{ij}=a_{ij}A_{ij},$$

因此,有

$$D=|a_{ij}|=\begin{vmatrix} a_{11} & a_{12} & \cdots & a_{1n} \\ \vdots & \vdots & & \vdots \\ a_{i-1,1} & a_{i-1,2} & \cdots & a_{i-1,n} \\ a_{i1}+0+\cdots+0 & 0+a_{i2}+\cdots+0 & \cdots & 0+\cdots+0+a_{in} \\ a_{i+1,1} & a_{i+1,2} & \cdots & a_{i+1,n} \\ \vdots & \vdots & & \vdots \\ a_{n1} & a_{n2} & \cdots & a_{nn} \end{vmatrix}$$

$$=D_{i1}+D_{i2}+\cdots+D_{in}=a_{i1}A_{i1}+a_{i2}A_{i2}+\cdots+a_{in}A_{in}.$$

类似地可证按列展开的情况.

由定理 1.3 还可以推出下面定理.

定理 1.4 n 阶行列式 $|a_{ij}|$ 的某一行(列)的全部元素与另一行(列)元素对应位置的代数余子式乘积之和等于零,即

$$a_{i1}A_{s1}+a_{i2}A_{s2}+\cdots+a_{in}A_{sn}=0,\quad i,s=1,2,\cdots,n,\ i\neq s$$

或

$$a_{1j}A_{1t}+a_{2j}A_{2t}+\cdots+a_{nj}A_{nt}=0,\quad j,t=1,2,\cdots,n,\ j\neq t.$$

事实上,以行为例,只要将行列式 $|a_{ij}|$ 第 s 行用第 i 行($i\neq s$)元素置换,再按第 s 行元素展开,由性质 1 的推论 1 和定理 1.3 即可得到定理 1.4 的结论,即有

$$\begin{vmatrix} a_{11} & a_{12} & \cdots & a_{1n} \\ \vdots & \vdots & & \vdots \\ a_{i1} & a_{i2} & \cdots & a_{in} \\ \vdots & \vdots & & \vdots \\ a_{i1} & a_{i2} & \cdots & a_{in} \\ \vdots & \vdots & & \vdots \\ a_{n1} & a_{n2} & \cdots & a_{nn} \end{vmatrix}\begin{matrix} \\ \\ i\text{ 行} \\ \\ s\text{ 行} \\ \\ \\ \end{matrix}=a_{i1}A_{s1}+a_{i2}A_{s2}+\cdots+a_{in}A_{sn}=0,\quad i\neq s.$$

注 定理 1.3 和定理 1.4 可合并表示为

$$\sum_{k=1}^{n}a_{ik}A_{sk}=a_{i1}A_{s1}+a_{i2}A_{s2}+\cdots+a_{in}A_{sn}=\begin{cases}D, & i=s,\\ 0, & i\neq s,\end{cases}\quad i,s=1,2,\cdots,n$$

或

$$\sum_{k=1}^{n}a_{kj}A_{kt}=a_{1j}A_{1t}+a_{2j}A_{2t}+\cdots+a_{nj}A_{nt}=\begin{cases}D, & j=t,\\ 0, & j\neq t,\end{cases}\quad j,t=1,2,\cdots,n.$$

例 1 计算

$$D=\begin{vmatrix} a & b & c & d \\ b & a & d & c \\ c & d & a & b \\ d & c & b & a \end{vmatrix}.$$

解　把 D 的第二、三、四行都加到第一行,然后从第一行中提出公因子 $a+b+c+d$,再把第二、三、四列分别减去第一列,得

$$D=(a+b+c+d)\begin{vmatrix}1 & 0 & 0 & 0\\ b & a-b & d-b & c-b\\ c & d-c & a-c & b-c\\ d & c-d & b-d & a-d\end{vmatrix}$$

$$=(a+b+c+d)\begin{vmatrix}a-b & d-b & c-b\\ d-c & a-c & b-c\\ c-d & b-d & a-d\end{vmatrix},$$

把第二行加到第一行,再从第一行中提出 $a-b-c+d$,得

$$D=(a+b+c+d)(a-b-c+d)\begin{vmatrix}1 & 1 & 0\\ d-c & a-c & b-c\\ c-d & b-d & a-d\end{vmatrix},$$

第二列减去第一列,再按第一行展开,得

$$D=(a+b+c+d)(a-b-c+d)\begin{vmatrix}a-d & b-c\\ b-c & a-d\end{vmatrix}$$

$$=(a+b+c+d)(a-b-c+d)(a+b-c-d)\begin{vmatrix}1 & 1\\ b-c & a-d\end{vmatrix}$$

$$=(a+b+c+d)(a-b-c+d)(a+b-c-d)(a-b+c-d).$$

例 2　形如

$$D_n=\begin{vmatrix}1 & 1 & \cdots & 1\\ a_1 & a_2 & \cdots & a_n\\ a_1^2 & a_2^2 & \cdots & a_n^2\\ \vdots & \vdots & & \vdots\\ a_1^{n-1} & a_2^{n-1} & \cdots & a_n^{n-1}\end{vmatrix}$$

的行列式,称为范德蒙德(Vandermonde)行列式,证明:

$$D_n=\begin{vmatrix}1 & 1 & \cdots & 1\\ a_1 & a_2 & \cdots & a_n\\ a_1^2 & a_2^2 & \cdots & a_n^2\\ \vdots & \vdots & & \vdots\\ a_1^{n-1} & a_2^{n-1} & \cdots & a_n^{n-1}\end{vmatrix}=\prod_{1\leqslant j<i\leqslant n}(a_i-a_j),$$

即范德蒙德行列式等于 $a_1,a_2,\cdots,a_n$ 的形如 $(a_i-a_j)(j<i)$ 的差的乘积.

证　(用归纳法)当 $n=2$ 时,

$$D_2=\begin{vmatrix}1 & 1\\ a_1 & a_2\end{vmatrix}=a_2-a_1$$

成立. 设 $n=k-1$ 时,公式结论成立,即

$$D_{k-1}=\prod_{1\leqslant j<i\leqslant k-1}(a_i-a_j).$$

于是,当 $n=k$ 时,从第 k 行开始,由下而上依次将下一行减去上一行的 a_1 倍,有

$$D_k=\begin{vmatrix}1 & 1 & \cdots & 1\\ 0 & a_2-a_1 & \cdots & a_k-a_1\\ 0 & a_2^2-a_1a_2 & \cdots & a_k^2-a_1a_k\\ \vdots & \vdots & & \vdots\\ 0 & a_2^{k-1}-a_1a_2^{k-2} & \cdots & a_k^{k-1}-a_1a_k^{k-2}\end{vmatrix}$$

$$=\begin{vmatrix}a_2-a_1 & a_3-a_1 & \cdots & a_k-a_1\\ a_2^2-a_1a_2 & a_3^2-a_1a_3 & \cdots & a_k^2-a_1a_k\\ a_2^3-a_1a_2^2 & a_3^3-a_1a_3^2 & \cdots & a_k^3-a_1a_k^2\\ \vdots & \vdots & & \vdots\\ a_2^{k-1}-a_1a_2^{k-2} & a_2^{k-1}-a_1a_3^{k-2} & \cdots & a_k^{k-1}-a_1a_k^{k-2}\end{vmatrix}$$

$$=(a_2-a_1)(a_3-a_1)\cdots(a_k-a_1)D_{k-1}$$

$$=(a_2-a_1)(a_3-a_1)\cdots(a_k-a_1)\prod_{2\leqslant j<i\leqslant k}(a_i-a_j)$$

$$=\prod_{1\leqslant j<i\leqslant k}(a_i-a_j).$$

因此,由归纳法证明,等式对任意正整数 $n(n\geqslant 2)$ 均成立.

例如,

$$\begin{vmatrix}1 & 1 & 1 & 1\\ -1 & 2 & 4 & -3\\ 1 & 4 & 16 & 9\\ -1 & 8 & 64 & -27\end{vmatrix}$$

$$=(-3+1)(4+1)(2+1)(-3-2)(4-2)(-3-4)$$

$$=-2100.$$

显然,范德蒙德行列式不等于零的充分必要条件是 $a_1,a_2,\cdots,a_n$ 两两不相等.

例 3 计算下面 n 阶行列式

$$D=\begin{vmatrix}1 & 1 & \cdots & 1\\ x_1 & x_2 & \cdots & x_n\\ x_1^2 & x_2^2 & \cdots & x_n^2\\ \vdots & \vdots & & \vdots\\ x_1^{n-2} & x_2^{n-2} & \cdots & x_n^{n-2}\\ x_1^{n-1} & x_2^{n-1} & \cdots & x_n^{n-1}\end{vmatrix}.$$

解 构造 $n+1$ 阶范德蒙德行列式

$$f(x)=\begin{vmatrix}1&1&\cdots&1&1\\x_1&x_2&\cdots&x_n&x\\x_1^2&x_2^2&\cdots&x_n^2&x^2\\\vdots&\vdots&&\vdots&\vdots\\x_1^{n-2}&x_2^{n-2}&\cdots&x_n^{n-2}&x^{n-2}\\x_1^{n-1}&x_2^{n-1}&\cdots&x_n^{n-1}&x^{n-1}\\x_1^n&x_2^n&\cdots&x_n^n&x^n\end{vmatrix}$$

$$\begin{aligned}&=(x_2-x_1)(x_3-x_1)\cdots(x_n-x_1)(x-x_1)\cdot\\&\quad(x_3-x_2)(x_4-x_2)\cdots(x_n-x_2)(x-x_2)\cdot\cdots\cdot\\&\quad(x-x_n).\end{aligned}$$

由上式左边知,多项式$f(x)$的x^{n-1}的系数为$(-1)^{2n+1}\cdot D=-D$;从上式右边看,x^{n-1}的系数为

$$-(x_1+x_2+\cdots+x_n)\prod_{1\leqslant j<i\leqslant n}(x_i-x_j).$$

二者应相等,从而

$$D=(x_1+x_2+\cdots+x_n)\prod_{1\leqslant j<i\leqslant n}(x_i-x_j).$$

注 记号$\prod\limits_{1\leqslant j<i\leqslant n}(x_i-x_j)=(x_2-x_1)(x_3-x_1)\cdots(x_n-x_1)(x_3-x_2)(x_4-x_2)\cdots(x_n-x_2)\cdots(x_n-x_{n-1})$.

1.4.2 综合计算问题

定理1.3为计算行列式提供了一种重要的计算方法:降阶法.特别是对于某行或列含0已较多时,很有效.

例4 计算

$$D_n=\begin{vmatrix}x&y&0&\cdots&0\\0&x&y&\cdots&0\\0&0&x&\cdots&0\\\vdots&\vdots&\vdots&&\vdots\\y&0&0&\cdots&x\end{vmatrix}.$$

解 按第1列展开,有

$$\begin{aligned}D_n&=x\begin{vmatrix}x&y&0&\cdots&0\\0&x&y&\cdots&0\\0&0&x&\cdots&0\\\vdots&\vdots&\vdots&&\vdots\\0&0&0&\cdots&x\end{vmatrix}+y(-1)^{n+1}\begin{vmatrix}y&0&0&\cdots&0\\x&y&0&\cdots&0\\0&x&y&\cdots&0\\\vdots&\vdots&\vdots&&\vdots\\0&0&0&\cdots&y\end{vmatrix}\\&=x^n+(-1)^{n+1}y^n.\end{aligned}$$

例 5 计算

$$D_{2n}=\begin{vmatrix} a & \cdots & 0 & 0 & \cdots & b \\ \vdots & & \vdots & \vdots & & \vdots \\ 0 & \cdots & a & b & \cdots & 0 \\ 0 & \cdots & b & a & \cdots & 0 \\ \vdots & & \vdots & \vdots & & \vdots \\ b & \cdots & 0 & 0 & \cdots & a \end{vmatrix}.$$

解 按第 1 列展开,有

$$D_{2n}=\begin{vmatrix} a & \cdots & 0 & 0 & \cdots & b \\ \vdots & & \vdots & \vdots & & \vdots \\ 0 & \cdots & a & b & \cdots & 0 \\ 0 & \cdots & b & a & \cdots & 0 \\ \vdots & & \vdots & \vdots & & \vdots \\ b & \cdots & 0 & 0 & \cdots & a \end{vmatrix}$$

$$=a\begin{vmatrix} a & \cdots & 0 & 0 & \cdots & b & 0 \\ \vdots & & \vdots & \vdots & & \vdots & \vdots \\ 0 & \cdots & a & b & \cdots & 0 & 0 \\ 0 & \cdots & b & a & \cdots & 0 & 0 \\ \vdots & & \vdots & \vdots & & \vdots & \vdots \\ b & \cdots & 0 & 0 & \cdots & a & 0 \\ 0 & \cdots & 0 & 0 & \cdots & 0 & a \end{vmatrix}+b(-1)^{2n+1}\begin{vmatrix} 0 & \cdots & 0 & 0 & \cdots & 0 & b \\ a & \cdots & 0 & 0 & \cdots & b & \vdots \\ \vdots & & \vdots & \vdots & & 0 & 0 \\ 0 & \cdots & a & b & \cdots & 0 & 0 \\ 0 & \cdots & b & a & \cdots & 0 & \vdots \\ \vdots & & \vdots & \vdots & & \vdots & \vdots \\ b & \cdots & 0 & 0 & \cdots & a & 0 \end{vmatrix}$$

$$=a^2\begin{vmatrix} a & \cdots & 0 & 0 & \cdots & b \\ \vdots & & \vdots & \vdots & & \vdots \\ 0 & \cdots & a & b & \cdots & 0 \\ 0 & \cdots & b & a & \cdots & 0 \\ \vdots & & \vdots & & & \vdots \\ b & \cdots & 0 & 0 & \cdots & a \end{vmatrix}-b^2(-1)^{2n-1+1}\begin{vmatrix} a & \cdots & 0 & 0 & \cdots & b \\ \vdots & & \vdots & \vdots & & \vdots \\ 0 & \cdots & a & b & \cdots & 0 \\ 0 & \cdots & b & a & \cdots & 0 \\ \vdots & & \vdots & \vdots & & \vdots \\ b & \cdots & 0 & 0 & \cdots & a \end{vmatrix},$$

即得递推公式

$$D_{2n}=(a^2-b^2)D_{2n-2},$$

从而

$$D_{2n}=(a^2-b^2)D_{2n-2}=(a^2-b^2)^2D_{2n-4}=\cdots=(a^2-b^2)^n.$$

例 6 证明：

$$\begin{vmatrix} a_{11} & a_{12} & 0 & 0 \\ a_{21} & a_{22} & 0 & 0 \\ c_{11} & c_{12} & b_{11} & b_{12} \\ c_{21} & c_{22} & b_{21} & b_{22} \end{vmatrix} = \begin{vmatrix} a_{11} & a_{12} \\ a_{21} & a_{22} \end{vmatrix} \begin{vmatrix} b_{11} & b_{12} \\ b_{21} & b_{22} \end{vmatrix}.$$

证 左边 $= a_{11}\begin{vmatrix} a_{22} & 0 & 0 \\ c_{12} & b_{11} & b_{12} \\ c_{22} & b_{21} & b_{22} \end{vmatrix} - a_{12}\begin{vmatrix} a_{21} & 0 & 0 \\ c_{11} & b_{11} & b_{12} \\ c_{21} & b_{21} & b_{22} \end{vmatrix}$

$$= a_{11}a_{22}\begin{vmatrix} b_{11} & b_{12} \\ b_{21} & b_{22} \end{vmatrix} - a_{12}a_{21}\begin{vmatrix} b_{11} & b_{12} \\ b_{21} & b_{22} \end{vmatrix} = \begin{vmatrix} a_{11} & a_{12} \\ a_{21} & a_{22} \end{vmatrix}\begin{vmatrix} b_{11} & b_{12} \\ b_{21} & b_{22} \end{vmatrix}$$

= 右边．

类似地，可以证明：若 $\boldsymbol{A},\boldsymbol{B}$ 分别是由 m^2 个元素 $a_{ij}(i,j=1,2,\cdots,m)$，n^2 个元素 $b_{ij}(i,j=1,2,\cdots,n)$ 组成的方阵，则有公式

$$\begin{vmatrix} \boldsymbol{A} & \boldsymbol{O} \\ * & \boldsymbol{B} \end{vmatrix} = |\boldsymbol{A}||\boldsymbol{B}|,$$

其中，$*$ 表示行列式中对应位置上的元素可任意取值，$\boldsymbol{O}$ 表示对应位置上的元素取值均为零，即

$$\begin{vmatrix} a_{11} & \cdots & a_{1m} & 0 & \cdots & 0 \\ \vdots & & \vdots & \vdots & & \vdots \\ a_{m1} & \cdots & a_{mm} & 0 & \cdots & 0 \\ c_{11} & \cdots & c_{1m} & b_{11} & \cdots & b_{1n} \\ \vdots & & \vdots & \vdots & & \vdots \\ c_{n1} & \cdots & c_{nm} & b_{n1} & \cdots & b_{nn} \end{vmatrix} = \begin{vmatrix} a_{11} & \cdots & a_{1m} \\ \vdots & & \vdots \\ a_{m1} & \cdots & a_{mm} \end{vmatrix}\begin{vmatrix} b_{11} & \cdots & b_{1n} \\ \vdots & & \vdots \\ b_{n1} & \cdots & b_{nn} \end{vmatrix}, \tag{1.10}$$

利用式(1.10)，读者可以进一步证明

$$\begin{vmatrix} \boldsymbol{O} & \boldsymbol{A} \\ \boldsymbol{B} & * \end{vmatrix} = (-1)^{mn}|\boldsymbol{A}||\boldsymbol{B}|.$$

例如，

$$\begin{vmatrix} 0 & 0 & 3 & 5 \\ 0 & 0 & 4 & 2 \\ 2 & -1 & 23 & -17 \\ 3 & 5 & 13 & 51 \end{vmatrix} = (-1)^4\begin{vmatrix} 3 & 5 \\ 4 & 2 \end{vmatrix}\begin{vmatrix} 2 & -1 \\ 3 & 5 \end{vmatrix} = -14\times 13 = -182.$$

$$\begin{vmatrix} 0 & \cdots & 0 & 1 & 0 \\ 0 & \cdots & 2 & 0 & 0 \\ \vdots & & \vdots & \vdots & \vdots \\ n-1 & \cdots & 0 & 0 & 0 \\ 0 & \cdots & 0 & 0 & n \end{vmatrix} = n\begin{vmatrix} 0 & \cdots & 0 & 1 \\ 0 & \cdots & 2 & 0 \\ \vdots & & \vdots & \vdots \\ n-1 & \cdots & 0 & 0 \end{vmatrix} = (-1)^{\frac{(n-1)(n-2)}{2}} n!\ .$$

1.5 克拉默法则

在前面的基础上,接下来讨论 n 元 n 个线性方程组成的线性方程组的求解问题,得到了克拉默法则,一般情形第 3 章给出回答.

由 n 个方程组成的 n 元线性方程组的一般形式为

$$\begin{cases} a_{11}x_1+a_{12}x_2+\cdots+a_{1n}x_n=b_1, \\ a_{21}x_1+a_{22}x_2+\cdots+a_{2n}x_n=b_2, \\ \qquad\vdots \\ a_{n1}x_1+a_{n2}x_2+\cdots+a_{nn}x_n=b_n, \end{cases} \tag{1.11}$$

其中,a_{ij}表示第 i 个方程第 j 个未知量前的系数,b_i 表示第 i 个方程的常数项,$i,j=1,2,\cdots,n$.

定理 1.5(克拉默(Cramer)法则) 如果线性方程组(1.11)的系数行列式

$$D=\begin{vmatrix} a_{11} & a_{12} & \cdots & a_{1n} \\ a_{21} & a_{22} & \cdots & a_{2n} \\ \vdots & \vdots & & \vdots \\ a_{n1} & a_{n2} & \cdots & a_{nn} \end{vmatrix}\neq 0,$$

则方程组(1.11)有解且仅有唯一解. 解可以表示为

$$x_1=\frac{D_1}{D},\quad x_2=\frac{D_2}{D},\quad \cdots,\quad x_n=\frac{D_n}{D},$$

其中,$D_j(j=1,2,\cdots,n)$表示用常数项 $b_i(i=1,2,\cdots,n)$将系数行列式中第 j 列元素置换后得到的行列式.

证 先证方程组(1.11)有解,且为 $x_j=\dfrac{D_j}{D},j=1,2,\cdots,n.$

将 D_j 按第 j 列展列,于是有

$$x_j=\frac{D_j}{D}=\frac{1}{D}(b_1A_{1j}+b_2A_{2j}+\cdots+b_nA_{nj}),\quad j=1,2,\cdots,n,$$

代入方程组,第 $i(i=1,2,\cdots,n)$个方程为

$$\begin{aligned} &\frac{1}{D}[a_{i1}(b_1A_{11}+b_2A_{21}+\cdots+b_nA_{n1})+a_{i2}(b_1A_{12}+b_2A_{22}+\cdots+ \\ &b_nA_{n2})+\cdots+a_{in}(b_1A_{1n}+b_2A_{2n}+\cdots+b_nA_{nn})] \\ =&\frac{1}{D}\left[b_1\sum_{k=1}^{n}a_{ik}A_{1k}+b_2\sum_{k=1}^{n}a_{ik}A_{2k}+\cdots+b_i\sum_{k=1}^{n}a_{ik}A_{ik}+\cdots+\right. \\ &\left.b_n\sum_{k=1}^{n}a_{ik}A_{nk}\right], \end{aligned}$$

于是,由定理 1.3 和定理 1.4,有

$$\frac{1}{D}[b_i(a_{i1}A_{i1}+a_{i2}A_{i2}+\cdots+a_{in}A_{in})]=\frac{1}{D}b_iD=b_i,\quad i=1,2,\cdots,n.$$

因此,方程组(1.11)有解,解为 $x_j=\dfrac{D_j}{D},j=1,2,\cdots,n.$

再证解唯一,即证方程组(1.11)有解 x_j^*,则有

$$x_j^* = \frac{D_j}{D}, j=1,2,\cdots,n.$$

设方程组(1.11)有解 $x_j^*(j=1,2,\cdots,n)$,代入方程组,使各方程为恒等式. 在第 i 个方程两边同乘 $A_{ij}(i=1,2,\cdots,n)$,再相加,再利用定理1.3和定理1.4得

$$(a_{11}A_{1j}+a_{21}A_{2j}+\cdots+a_{n1}A_{nj})x_1^*+\cdots+(a_{1j}A_{1j}+a_{2j}A_{2j}+\cdots+a_{nj}A_{nj})x_j^*+\cdots+(a_{1n}A_{1j}+a_{2n}A_{2j}+\cdots+a_{nn}A_{nj})x_n^* = b_1A_{1j}+b_2A_{2j}+\cdots+b_nA_{nj}=D_j,$$

即

$$Dx_j^* = D_j,$$

又因 $D\neq0$,故

$$x_j^* = \frac{D_j}{D},\quad j=1,2,\cdots,n.$$

注 上述系数行列式 $D=0$ 时,或未知数个数与方程个数不相等时,就不能利用克拉默法则处理了. 第3章借助于矩阵给出线性方程组解的结构定理.

例1 解线性方程组

$$\begin{cases}2x_1+x_2-5x_3+x_4=8,\\ x_1-3x_2-6x_4=9,\\ 2x_2-x_3+2x_4=-5,\\ x_1+4x_2-7x_3+6x_4=0.\end{cases}$$

解 系数行列式

$$D=\begin{vmatrix}2&1&-5&1\\1&-3&0&-6\\0&2&-1&2\\1&4&-7&6\end{vmatrix}$$

$$=\begin{vmatrix}0&7&-5&13\\1&-3&0&-6\\0&2&-1&2\\0&7&-7&12\end{vmatrix}=-\begin{vmatrix}7&-5&13\\2&-1&2\\7&-7&12\end{vmatrix}$$

$$=-\begin{vmatrix}-3&-5&3\\0&-1&0\\-7&-7&-2\end{vmatrix}=\begin{vmatrix}-3&3\\-7&-2\end{vmatrix}=27\neq0.$$

符合克拉默法则,原方程组有唯一解. 又

$$D_1=\begin{vmatrix}8&1&-5&1\\9&-3&0&-6\\-5&2&-1&2\\0&4&-7&6\end{vmatrix}=81,$$

$$D_2=\begin{vmatrix}2&8&-5&1\\1&9&0&-6\\0&-5&-1&2\\1&0&-7&6\end{vmatrix}=-108,$$

$$D_3=\begin{vmatrix}2&1&8&1\\1&-3&9&-6\\0&2&-5&2\\1&4&0&6\end{vmatrix}=-27,$$

$$D_4=\begin{vmatrix}2&1&-5&8\\1&-3&0&9\\0&2&-1&-5\\1&4&-7&0\end{vmatrix}=27,$$

于是,$x_1=\dfrac{D_1}{D}=3,x_2=\dfrac{D_2}{D}=-4,x_3=\dfrac{D_3}{D}=-1,x_4=\dfrac{D_4}{D}=1.$

例 2 解线性方程组

$$\begin{cases}x_1+a_1x_2+a_1^2x_3+\cdots+a_1^{n-1}x_n=1,\\x_1+a_2x_2+a_2^2x_3+\cdots+a_2^{n-1}x_n=1,\\\quad\vdots\\x_1+a_nx_2+a_n^2x_3+\cdots+a_n^{n-1}x_n=1,\end{cases}$$

其中,$a_i\neq a_j,i,j=1,2,\cdots,n.$

解 系数行列式

$$D=\begin{vmatrix}1&a_1&a_1^2&\cdots&a_1^{n-1}\\1&a_2&a_2^2&\cdots&a_2^{n-1}\\\vdots&\vdots&\vdots&&\vdots\\1&a_n&a_n^2&\cdots&a_n^{n-1}\end{vmatrix}$$

为范德蒙德行列式,由于 $a_i\neq a_j(i,j=1,2,\cdots,n)$,因此,$D\neq0$,方程组有唯一解. 又

$$D_1=\begin{vmatrix}1&a_1&a_1^2&\cdots&a_1^{n-1}\\1&a_2&a_2^2&\cdots&a_2^{n-1}\\\vdots&\vdots&\vdots&&\vdots\\1&a_n&a_n^2&\cdots&a_n^{n-1}\end{vmatrix}=D,$$

$$D_2=\begin{vmatrix}1&1&a_1^2&\cdots&a_1^{n-1}\\1&1&a_2^2&\cdots&a_2^{n-1}\\\vdots&\vdots&\vdots&&\vdots\\1&1&a_n^2&\cdots&a_n^{n-1}\end{vmatrix}=0,$$

类似可得,$D_j=0(j=3,4,\cdots,n)$,故原方程组的解为

$$x_1=\frac{D_1}{D}=1,\quad x_2=\frac{D_2}{D}=0,\quad\cdots,\quad x_n=\frac{D_n}{D}=0.$$

特别地,如果线性方程组(1.11)中所有常数项 $b_i(i=1,2,\cdots,n)$ 均为零,即

$$\begin{cases}a_{11}x_1+a_{12}x_2+\cdots+a_{1n}x_n=0,\\a_{21}x_1+a_{22}x_2+\cdots+a_{2n}x_n=0,\\\qquad\vdots\\a_{n1}x_1+a_{n2}x_2+\cdots+a_{nn}x_n=0,\end{cases}\tag{1.12}$$

则称之为 n 元齐次线性方程组.

显然,方程组(1.12)一定有零解,克拉默法则告诉我们,若系数行列式为零,则方程组(1.12)存在非零解,即

推论4 齐次线性方程组(1.12)有非零解的充要条件是,其系数行列式 $D=0$.

例3 设 a,b,c,d 是不全为零的实数. 证明:方程组

$$\begin{cases}ax_1+bx_2+cx_3+dx_4=0,\\bx_1-ax_2+dx_3-cx_4=0,\\cx_1-dx_2-ax_3+bx_4=0,\\dx_1+cx_2-bx_3-ax_4=0\end{cases}$$

只有零解.

证 因系数行列式

$$D=\begin{vmatrix}a&b&c&d\\b&-a&d&-c\\c&-d&-a&b\\d&c&-b&-a\end{vmatrix}=-(a^2+b^2+c^2+d^2).$$

由题设知,$D\neq0$. 故由克拉默法则知,原方程组只有零解 $x_1=x_2=x_3=x_4=0$.

习题1

1. 计算下列行列式:

(1) $\begin{vmatrix}1&3\\-2&5\end{vmatrix}$;

(2) $\begin{vmatrix}a&b\\a^2&b^2\end{vmatrix}$;

(3) $\begin{vmatrix}1&-2&3\\2&3&-1\\-3&1&2\end{vmatrix}$;

(4) $\begin{vmatrix}2&-5&3\\1&-4&1\\3&0&-2\end{vmatrix}$;

(5) $\begin{vmatrix}d&a&b\\e&-b&a\\c&0&0\end{vmatrix}$;

(6) $\begin{vmatrix}0&a&-b\\-a&0&c\\b&-c&0\end{vmatrix}$.

2. 求解下列三元一次方程组:

(1) $\begin{cases}2x_1-3x_2+x_3=1,\\x_1+2x_2-4x_3=3,\\x_1-5x_2+2x_3=-5;\end{cases}$

(2) $\begin{cases} bx_1 - ax_2 \quad\quad +2ab=0, \\ \quad -2cx_2+3bx_3-bc=0, \text{其中 } abc\neq 0. \\ cx_1 \quad\quad +ax_3 \quad\quad =0, \end{cases}$

3. 求下列排列的逆序数;

(1)316254;

(2)645123;

(3)135769824;

(4)154329867;

(5)$n(n-1)\cdots 321$;

(6)$45\cdots(n-1)n321$.

4. 设排列$(m+1)(m+2)\cdots n123\cdots m$,其中$n,m$为正整数,且$n>m>1$,求该排列的逆序数,并讨论其奇偶性.

5. 在5阶行列式中,下列各项应取什么符号?

(1)$a_{21}a_{34}a_{15}a_{42}a_{53}$;

(2)$a_{51}a_{42}a_{33}a_{24}a_{15}$;

(3)$a_{13}a_{22}a_{31}a_{44}a_{55}$;

(4)$a_{24}a_{31}a_{15}a_{42}a_{53}$.

6. 已知下列各项为6阶行列式中取负号的项,求其中下标i,j的取值:

(1)$a_{21}a_{3i}a_{15}a_{42}a_{6j}a_{53}$;

(2)$a_{21}a_{i3}a_{15}a_{42}a_{j6}a_{54}$.

7. 计算下列行列式:

(1) $\begin{vmatrix} 0 & 0 & 0 & a \\ 0 & 0 & b & -a \\ 0 & c & -b & a \\ d & -c & b & -a \end{vmatrix}$;

(2) $\begin{vmatrix} 0 & 0 & e & 0 & 0 \\ 0 & 0 & 0 & a & 0 \\ 0 & 0 & 0 & 0 & b \\ 0 & c & 0 & 0 & 0 \\ d & 0 & 0 & 0 & 0 \end{vmatrix}$;

(3) $\begin{vmatrix} 0 & 0 & 0 & 1 & 0 \\ 0 & 0 & 2 & 6 & 0 \\ 0 & 3 & 7 & 8 & 0 \\ 0 & 9 & 10 & 11 & 4 \\ 5 & 12 & 13 & 14 & 15 \end{vmatrix}$;

(4) $\begin{vmatrix} 0 & 0 & 0 & 1 & 15 \\ 0 & 0 & 0 & 0 & 2 \\ 0 & 3 & 10 & 11 & 12 \\ 0 & 0 & 4 & 13 & 14 \\ 5 & 6 & 7 & 8 & 9 \end{vmatrix}$;

(5) $\begin{vmatrix} 0 & 1 & 0 & \cdots & 0 \\ 0 & 0 & 2 & \cdots & 0 \\ \vdots & \vdots & \vdots & & 0 \\ 0 & 0 & 0 & \cdots & n-1 \\ n & 0 & 0 & \cdots & 0 \end{vmatrix}$;

(6) $\begin{vmatrix} 0 & \cdots & 0 & 1 & 0 \\ 0 & \cdots & 2 & 0 & 0 \\ \vdots & & \vdots & \vdots & \vdots \\ n-1 & \cdots & 0 & 0 & 0 \\ 0 & \cdots & 0 & 0 & n \end{vmatrix}$.

8. 设 $D=\begin{vmatrix} 5x & 1 & 2 & 3 \\ 2 & 1 & x & 3 \\ x & x & 2 & 3 \\ 1 & 2 & 1 & x \end{vmatrix}$,求$D$的展开式中$x^4$和$x^3$的系数.

9. 用行列式定义证明

$$\begin{vmatrix} a_{11} & a_{12} & 0 & 0 & 0 \\ a_{21} & a_{22} & 0 & 0 & 0 \\ a_{31} & a_{32} & 0 & 0 & 0 \\ a_{41} & a_{42} & a_{43} & a_{44} & a_{45} \\ a_{51} & a_{52} & a_{53} & a_{54} & a_{55} \end{vmatrix}=0.$$

10. 计算下列行列式:

(1) $\begin{vmatrix} 101 & 100 & 203 \\ 199 & 200 & 411 \\ 302 & 300 & 598 \end{vmatrix}$;

(2) $\begin{vmatrix} 2 & 1 & -1 & 2 \\ 3 & 0 & 1 & 6 \\ -2 & 3 & -1 & 4 \\ 5 & 2 & 3 & 7 \end{vmatrix}$;

(3) $\begin{vmatrix} 1 & 2 & 3 & 4 \\ 2 & 3 & 4 & 1 \\ 3 & 4 & 1 & 2 \\ 4 & 1 & 2 & 3 \end{vmatrix}$;

(4) $\begin{vmatrix} 1 & 2 & 3 & 0 \\ 1 & 2 & 0 & 4 \\ 1 & 0 & 3 & 4 \\ 0 & 2 & 3 & 4 \end{vmatrix}$;

(5) $\begin{vmatrix} -1 & 2 & 3 & 4 \\ 1 & 4 & 9 & 16 \\ -1 & 8 & 27 & 64 \\ 1 & 16 & 81 & 256 \end{vmatrix}$;

(6) $\begin{vmatrix} 1 & -1 & 0 & 0 \\ 0 & 2 & -2 & 0 \\ 0 & 0 & 3 & -3 \\ 4 & 0 & 0 & 4 \end{vmatrix}$.

11. 计算下列行列式:

(1) $\begin{vmatrix} a^2 & (a+1)^2 & (a+2)^2 & (a+3)^2 \\ b^2 & (b+1)^2 & (b+2)^2 & (b+3)^2 \\ c^2 & (c+1)^2 & (c+2)^2 & (c+3)^2 \\ d^2 & (d+1)^2 & (d+2)^2 & (d+3)^2 \end{vmatrix}$;

(2) $\begin{vmatrix} 1 & 2 & 3 & \cdots & n-1 & n \\ -1 & 0 & 3 & \cdots & n-1 & n \\ -1 & -2 & 0 & \cdots & 0 & 0 \\ \vdots & \vdots & \vdots & & \vdots & \vdots \\ -1 & -2 & -3 & \cdots & 0 & n \\ -1 & -2 & -3 & \cdots & 1-n & 0 \end{vmatrix}$;

(3) $\begin{vmatrix} a_0 & 1 & 1 & \cdots & 1 & 1 \\ 1 & a_1 & 0 & \cdots & 0 & 0 \\ 1 & 0 & a_2 & \cdots & 0 & 0 \\ \vdots & \vdots & \vdots & & \vdots & \vdots \\ 1 & 0 & 0 & \cdots & a_{n-1} & 0 \\ 1 & 0 & 0 & \cdots & 0 & a_n \end{vmatrix}$,

其中,$a_i \neq 0, i=1,2,\cdots,n$;

(4) $\begin{vmatrix} a_0 & -1 & 0 & \cdots & 0 & 0 \\ a_1 & x & -1 & \cdots & 0 & 0 \\ \vdots & \vdots & \vdots & & \vdots & \vdots \\ a_{n-1} & 0 & 0 & \cdots & x & -1 \\ a_n & 0 & 0 & \cdots & 0 & x \end{vmatrix}$;

(5) $\begin{vmatrix} 1 & 2 & 3 & \cdots & n-1 & n \\ 2 & 3 & 4 & \cdots & n & 1 \\ 3 & 4 & 5 & \cdots & 1 & 2 \\ \vdots & \vdots & \vdots & & \vdots & \vdots \\ n & 1 & 2 & \cdots & n-2 & n-1 \end{vmatrix}$.

12. 设5阶行列式$|a_{ij}|$,且$|a_{ij}|=3$. 又设$A_{j_1}A_{j_2}A_{j_3}A_{j_4}A_{j_5}$分别表示该行列式的5列随意地相互交换位置后的一种排列,试计算$\sum\limits_{j_1j_2j_3j_4j_5}|A_{j_1}A_{j_2}A_{j_3}A_{j_4}A_{j_5}|$,其中,$\sum\limits_{j_1j_2j_3j_4j_5}$表示对所有$j_1j_2j_3j_4j_5$的5级排列求和.(提示:$|A_{j_1}A_{j_2}A_{j_3}A_{j_4}A_{j_5}|=(-1)^{\tau(j_1j_2j_3j_4j_5)}|a_{ij}|$)

13. 求解下列方程:

(1) $\begin{vmatrix} 2 & 2 & 1 & -3 \\ 4 & x^2-5 & 2 & -6 \\ 1 & -3 & -1 & x^2-5 \\ -1 & 3 & 1 & -1 \end{vmatrix}=0$;

(2) $\begin{vmatrix} 1 & 2 & 3 & \cdots & n-1 & n \\ 1 & 1-x & 3 & \cdots & n-1 & n \\ 1 & 2 & 1-x & \cdots & n-1 & n \\ \vdots & \vdots & \vdots & & \vdots & \vdots \\ 1 & 2 & 3 & \cdots & 1-x & n \\ 1 & 2 & 3 & \cdots & n-1 & 1-x \end{vmatrix}=0$.

14. 证明下列等式:

(1) $\begin{vmatrix} y+z & z+x & x+y \\ x+y & y+z & z+x \\ z+x & x+y & y+z \end{vmatrix}=2\begin{vmatrix} x & y & z \\ z & x & y \\ y & z & x \end{vmatrix}$;

(2) $\begin{vmatrix} a-b-c & 2a & 2a \\ 2b & b-c-a & 2b \\ 2c & 2c & c-a-b \end{vmatrix}$
$=(a+b+c)^3$.

15. 判断下列结论是否成立:

(1) n阶行列式为零的充分必要条件是至少有两行(列)对应元素成比例;

(2)若n阶行列式中有n^2-n+1个元素为零,则其值必为零;

(3) $\begin{vmatrix} -a_{11} & -a_{12} & \cdots & -a_{1n} \\ -a_{21} & -a_{22} & \cdots & -a_{2n} \\ \vdots & \vdots & & \vdots \\ -a_{n1} & -a_{n2} & \cdots & -a_{nn} \end{vmatrix}$
$=-\begin{vmatrix} a_{11} & a_{12} & \cdots & a_{1n} \\ a_{22} & a_{22} & \cdots & a_{2n} \\ \vdots & \vdots & & \vdots \\ a_{n1} & a_{n2} & \cdots & a_{nn} \end{vmatrix}$;

$$(4)\begin{vmatrix}101&100&203\\199&200&411\\302&300&598\end{vmatrix}=\begin{vmatrix}100&100&200\\200&200&400\\300&300&600\end{vmatrix}+\begin{vmatrix}1&100&3\\-1&200&11\\2&300&-2\end{vmatrix}.$$

16. 设 4 阶行列式

$$|a_{ij}|=\begin{vmatrix}2&1&-1&2\\3&0&1&6\\-2&3&-1&4\\5&2&3&7\end{vmatrix},$$

求其第 4 列的各元素的代数余子式的和.

17. 用递推法计算下列行列式:

$$(1)D_6=\begin{vmatrix}1-a&a&0&0&0&0\\-1&1-a&a&0&0&0\\0&-1&1-a&a&0&0\\0&0&-1&1-a&a&0\\0&0&0&-1&1-a&a\\0&0&0&0&-1&1-a\end{vmatrix};$$

$$(2)D_{n+1}=\begin{vmatrix}a&-1&0&\cdots&0&0\\ax&a&-1&\cdots&0&0\\ax^2&ax&a&\cdots&0&0\\\vdots&\vdots&\vdots&&\vdots&\vdots\\ax^{n-1}&ax^{n-2}&ax^{n-3}&\cdots&a&-1\\ax^n&ax^{n-1}&ax^{n-2}&\cdots&ax&a\end{vmatrix}.$$

18. 用归纳法证明:

$$(1)D_n=\begin{vmatrix}a+b&ab&0&\cdots&0&0\\1&a+b&ab&\cdots&0&0\\0&1&a+b&\cdots&0&0\\\vdots&\vdots&\vdots&&\vdots&\vdots\\0&0&0&\cdots&a+b&ab\\0&0&0&\cdots&1&a+b\end{vmatrix}=\frac{a^{n+1}+b^{n+1}}{a-b}(a\neq b);$$

$$(2)D_n=\begin{vmatrix}2\cos\theta&1&0&\cdots&0&0\\1&2\cos\theta&1&\cdots&0&0\\0&1&2\cos\theta&\cdots&0&0\\\vdots&\vdots&\vdots&&\vdots&\vdots\\0&0&0&\cdots&2\cos\theta&1\\0&0&0&\cdots&1&2\cos\theta\end{vmatrix}=\frac{\sin(n+1)\theta}{\sin\theta}.$$

19. 适当变换行列式后, 利用公式 $\begin{vmatrix}\boldsymbol{A}&\boldsymbol{O}\\ *&\boldsymbol{B}\end{vmatrix}=|\boldsymbol{A}||\boldsymbol{B}|$,计算下列行列式;

$$(1)\begin{vmatrix}1&2&2&1\\0&1&0&2\\2&0&1&1\\0&2&0&1\end{vmatrix};$$

$$(2)\begin{vmatrix}0&a&b&0\\a&0&0&b\\b&0&0&a\\0&b&a&0\end{vmatrix};$$

$$(3)\begin{vmatrix}0&0&0&2&3\\0&0&2&6&4\\0&0&7&0&0\\5&6&10&-11&23\\5&8&13&14&15\end{vmatrix};$$

$$(4)\begin{vmatrix}1&1&1&0&0&0\\2&3&4&0&0&0\\3&10&16&1&1&1\\-1&1&0&1&1&1\\-2&-4&1&1&2&3\\-3&16&1&1&4&9\end{vmatrix}.$$

20. 用克拉默法则求解下列线性方程组:

$$(1)\begin{cases}x\tan\alpha+y=\sin(\alpha+\beta),\\x-y\tan\alpha=\cos(\alpha+\beta);\end{cases}$$

$$(2)\begin{cases}x_1+x_2+x_3=0,\\x_1+2x_2+3x_3=-1,\\x_1+3x_2+6x_3=0;\end{cases}$$

$$(3)\begin{cases}2x-y+z=0,\\3x+2y-5z=1,\\x+3y-2z=4;\end{cases}$$

$$(4)\begin{cases}x_1-2x_2+3x_3-4x_4=4,\\x_2-x_3+x_4=-3,\\x_1+3x_2+x_4=1,\\-7x_2+3x_3+x_4=-3;\end{cases}$$

$$(5)\begin{cases}2x_1+x_2-5x_3+x_4=8,\\x_1-3x_2-6x_4=9,\\2x_2-x_3+2x_4=-5,\\x_1+4x_2-7x_3+6x_4=0;\end{cases}$$

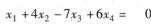

(6) $\begin{cases} 5x_1+6x_2 & =1, \\ x_1+5x_2+6x_3 & =0, \\ x_2+5x_3+6x_4 & =0, \\ x_3+5x_4+6x_5 & =0, \\ x_4+5x_5 & =1. \end{cases}$

21. 讨论 λ 取何值时，线性方程组

$\begin{cases} \lambda x_1+x_2+x_3=1, \\ x_1+\lambda x_2+x_3=\lambda, \\ x_1+x_2+\lambda x_3=\lambda^2 \end{cases}$ 有唯一解，并求解.

22. 讨论下列齐次线性方程组在什么条件下有非零解.

(1) $\begin{cases} x_1+x_2+x_3=0, \\ ax_1+bx_2+cx_3=0, \\ bcx_1+acx_2+abx_3=0; \end{cases}$

(2) $\begin{cases} ax_1+ax_2+bx_3=0, \\ ax_1+bx_2+ax_3=0, \\ bx_1+ax_2+ax_3=0. \end{cases}$

第2章 矩阵

矩阵是求解一般线性方程组的工具，而矩阵论是线性代数的重要组成部分，其应用也极广泛．本章介绍矩阵相关概念、性质及其运算．

2.1 矩阵的概念

先看几个矩阵的实例．

例1 某类物资要从 m 个产地运往 n 个销地，如果用 $a_{ij}(i=1,2,\cdots,m;j=1,2,\cdots,n)$ 表示由第 i 个产地运往第 j 个销地调运的物资数，则整个调运方案用矩形表可表示为

产地	销地					
	1	2	$\cdots$	j	$\cdots$	n
	运量					
1	a_{11}	a_{12}	$\cdots$	a_{1j}	$\cdots$	a_{1n}
2	a_{21}	a_{22}	$\cdots$	a_{2j}	$\cdots$	a_{2n}
$\vdots$	$\vdots$	$\vdots$		$\vdots$		$\vdots$
i	a_{i1}	a_{i2}	$\cdots$	a_{ij}	$\cdots$	a_{in}
$\vdots$	$\vdots$	$\vdots$		$\vdots$		$\vdots$
m	a_{m1}	a_{m2}	$\cdots$	a_{mj}	$\cdots$	a_{mn}

例2 生产 m 种产品需用 n 种原材料，如果用 $a_{ij}(i=1,2,\cdots,m;j=1,2,\cdots,n)$ 表示生产第 i 种产品耗用第 j 种原材料的定额，则整个生产消耗定额用一个矩形表可表示为

产品	原材料					
	1	2	$\cdots$	j	$\cdots$	n
	定额					
1	a_{11}	a_{12}	$\cdots$	a_{1j}	$\cdots$	a_{1n}
2	a_{21}	a_{22}	$\cdots$	a_{2j}	$\cdots$	a_{2n}
$\vdots$	$\vdots$	$\vdots$		$\vdots$		$\vdots$
i	a_{i1}	a_{i2}	$\cdots$	a_{ij}	$\cdots$	a_{in}
$\vdots$	$\vdots$	$\vdots$		$\vdots$		$\vdots$
m	a_{m1}	a_{m2}	$\cdots$	a_{mj}	$\cdots$	a_{mn}

定义 2.1　$m\times n$ 个数 $a_{ij}(i=1,2,\cdots,m;j=1,2,\cdots,n)$ 排成一个 m 行 n 列的矩形表，称为一个 $m\times n$ 的矩阵，记作

$$\begin{pmatrix} a_{11} & a_{12} & \cdots & a_{1n} \\ a_{21} & a_{22} & \cdots & a_{2n} \\ \vdots & \vdots & & \vdots \\ a_{m1} & a_{m2} & \cdots & a_{mn} \end{pmatrix} \text{ 或 } \begin{bmatrix} a_{11} & a_{12} & \cdots & a_{1n} \\ a_{21} & a_{22} & \cdots & a_{2n} \\ \vdots & \vdots & & \vdots \\ a_{m1} & a_{m2} & \cdots & a_{mn} \end{bmatrix},$$

其中，a_{ij}表示矩阵第 i 行第 j 列的元素．

注　特别地，1×1 阶矩阵，即只有一行和一列的矩阵就是一个数；$n\times1$ 阶矩阵，即形如$\begin{pmatrix} a_1 \\ a_2 \\ \vdots \\ a_n \end{pmatrix}$的矩阵，则叫作 n 维列向量；$1\times n$ 阶矩阵，即形如$(a_1,a_2,\cdots,a_n)$的矩阵，叫作 n 维行向量．

在通常情况下，矩阵用大写字母 $\boldsymbol{A},\boldsymbol{B},\boldsymbol{C},\cdots$表示，为了表明矩阵的行数和列数，有时也记作 $\boldsymbol{A}_{m\times n}$或$(a_{ij})_{m\times n}$.

当 $m=n$ 时，矩阵 $\boldsymbol{A}$ 称为 n 阶矩阵或 n 阶方阵，记作 $\boldsymbol{A}_n$.

所有元素均为零的矩阵，称为零矩阵，记作 $\boldsymbol{O}$.

定义 2.2　若两个矩阵 $\boldsymbol{A},\boldsymbol{B}$ 有相同的行数和列数，且对应位置上的元素都相等，则称矩阵 $\boldsymbol{A}$ 和矩阵 $\boldsymbol{B}$ 相等，即对于矩阵 $\boldsymbol{A}=(a_{ij})_{m\times n},\boldsymbol{B}=(b_{ij})_{m\times n}$，当且仅当 $a_{ij}=b_{ij}(i=1,2,\cdots,m;j=1,2,\cdots,n)$时，$\boldsymbol{A}=\boldsymbol{B}$.

2.2 矩阵的运算

众所周知，数有加、减、乘、除四则运算，矩阵在一定条件下也有上述四则运算．另外，矩阵还有数乘运算．

2.2.1 矩阵的加法和数乘矩阵

定义 2.3　设 $\boldsymbol{A},\boldsymbol{B}$ 均为 m 行 n 列矩阵，将其对应位置上的元素相加得到的 m 行 n 列矩阵，称为 $\boldsymbol{A}$ 与 $\boldsymbol{B}$ 的和，记作 $\boldsymbol{A}+\boldsymbol{B}$，即

$$\boldsymbol{A}+\boldsymbol{B}=(a_{ij}+b_{ij})_{m\times n}.$$

注　若两个矩阵 $\boldsymbol{A}$ 与 $\boldsymbol{B}$ 的行数与列数分别相等，则称之为同阶矩阵．只有同阶矩阵才可以相加，$\boldsymbol{A}+\boldsymbol{B}$ 中元素为 $\boldsymbol{A}$ 与 $\boldsymbol{B}$ 对应位置元素的和．

定义 2.4　数 k 乘矩阵 $\boldsymbol{A}$ 的每一个元素，得到的矩阵称为数 k 与矩阵 $\boldsymbol{A}$ 的乘积，记作 $k\boldsymbol{A}$，即

$$k\boldsymbol{A}=(ka_{ij})_{m\times n}.$$

注　把矩阵 $\boldsymbol{A}=(a_{ij})_{m\times n}$中各元素变号得到的矩阵称为矩阵 $\boldsymbol{A}$ 的负矩阵，记作 $-\boldsymbol{A}$，即

$$-\boldsymbol{A}=(-a_{ij})_{m\times n},$$

因此,矩阵与矩阵相减可以定义为

$$\boldsymbol{A}-\boldsymbol{B}=\boldsymbol{A}+(-\boldsymbol{B})=(a_{ij})_{m\times n}+(-b_{ij})_{m\times n}=(a_{ij}-b_{ij})_{m\times n}.$$

由上述矩阵加法及数乘矩阵的定义,易得下面的基本性质.

设 $\boldsymbol{A},\boldsymbol{B},\boldsymbol{C},\boldsymbol{D}$ 都是 $m\times n$ 矩阵,l,k 是常数,则有:

(1)交换律 $\boldsymbol{A}+\boldsymbol{B}=\boldsymbol{B}+\boldsymbol{A}$;

(2)结合律 $(\boldsymbol{A}+\boldsymbol{B})+\boldsymbol{C}=\boldsymbol{A}+(\boldsymbol{B}+\boldsymbol{C})$, $(kl)\boldsymbol{A}=k(l\boldsymbol{A})$;

(3)分配律 $k(\boldsymbol{A}+\boldsymbol{B})=k\boldsymbol{A}+k\boldsymbol{B}$, $(k+l)\boldsymbol{A}=k\boldsymbol{A}+l\boldsymbol{A}$;

(4)$\boldsymbol{A}+\boldsymbol{O}=\boldsymbol{A}$;

(5)$\boldsymbol{A}+(-\boldsymbol{A})=\boldsymbol{O}$;

(6)$1\boldsymbol{A}=\boldsymbol{A}$.

例 1 已知

$$\boldsymbol{A}=\begin{pmatrix}3&1&0\\-1&2&1\\3&4&2\end{pmatrix},\ \boldsymbol{B}=\begin{pmatrix}1&0&2\\-1&1&1\\2&1&1\end{pmatrix},$$

若矩阵 $\boldsymbol{X}$ 满足方程 $3\boldsymbol{A}-2\boldsymbol{X}=\boldsymbol{B}$,计算 $\boldsymbol{X}$.

解 由 $3\boldsymbol{A}-2\boldsymbol{X}=\boldsymbol{B}$,得

$$\begin{aligned}\boldsymbol{X}&=-\frac{1}{2}\boldsymbol{B}+\frac{3}{2}\boldsymbol{A}\\&=\begin{pmatrix}-\frac{1}{2}&0&-1\\\frac{1}{2}&-\frac{1}{2}&-\frac{1}{2}\\-1&-\frac{1}{2}&-\frac{1}{2}\end{pmatrix}+\begin{pmatrix}\frac{9}{2}&\frac{3}{2}&0\\-\frac{3}{2}&3&\frac{3}{2}\\\frac{9}{2}&6&3\end{pmatrix}\\&=\begin{pmatrix}4&\frac{3}{2}&-1\\-1&\frac{5}{2}&1\\\frac{7}{2}&\frac{11}{2}&\frac{5}{2}\end{pmatrix}.\end{aligned}$$

2.2.2 矩阵的乘法

在给出矩阵乘法之前,先看一个相关的问题.

设两组变量 x_1,x_2 与 y_1,y_2,y_3 之间有关系

$$\begin{cases}x_1=a_{11}y_1+a_{12}y_2+a_{13}y_3,\\x_2=a_{21}y_1+a_{22}y_2+a_{23}y_3.\end{cases}\tag{2.1}$$

同时 y_1,y_2,y_3 与变量组 z_1,z_2 有关系

$$\begin{cases}y_1=b_{11}z_1+b_{12}z_2,\\y_2=b_{21}z_1+b_{22}z_2,\\y_3=b_{31}z_1+b_{32}z_2.\end{cases}\tag{2.2}$$

将式(2.2)代入式(2.1)，不难得出 x_1,x_2 与 z_1,z_2 的关系为

$$\begin{cases}x_1=(a_{11}b_{11}+a_{12}b_{21}+a_{13}b_{31})z_1+(a_{11}b_{12}+a_{12}b_{22}+a_{13}b_{32})z_2,\\ x_2=(a_{21}b_{11}+a_{22}b_{21}+a_{23}b_{31})z_1+(a_{21}b_{12}+a_{22}b_{22}+a_{23}b_{32})z_2.\end{cases}$$

令

$$\boldsymbol{A}=\begin{pmatrix}a_{11}&a_{12}&a_{13}\\a_{21}&a_{22}&a_{23}\end{pmatrix},\quad \boldsymbol{B}=\begin{pmatrix}b_{11}&b_{12}\\b_{21}&b_{22}\\b_{31}&b_{32}\end{pmatrix},$$

$$\boldsymbol{C}=\begin{pmatrix}a_{11}b_{11}+a_{12}b_{21}+a_{13}b_{31}&a_{11}b_{12}+a_{12}b_{22}+a_{13}b_{32}\\a_{21}b_{11}+a_{22}b_{21}+a_{23}b_{31}&a_{21}b_{12}+a_{22}b_{22}+a_{23}b_{32}\end{pmatrix},$$

其中，矩阵 $\boldsymbol{C}$ 中第 i 行第 j 列元素是由矩阵 $\boldsymbol{A}$ 中第 i 行元素与 $\boldsymbol{B}$ 中第 j 列元素对应相乘的和，即

$$c_{ij}=a_{i1}b_{1j}+a_{i2}b_{2j}+a_{i3}b_{3j}\quad(i,j=1,2).$$

那么，可以定义矩阵 $\boldsymbol{C}$ 是矩阵 $\boldsymbol{A}$ 与矩阵 $\boldsymbol{B}$ 的乘积，记为 $\boldsymbol{C}=\boldsymbol{AB}$.

定义 2.5　设矩阵 $\boldsymbol{A}=(a_{ik})_{m\times l}$，$\boldsymbol{B}=(b_{kj})_{l\times n}$，则由元素

$$c_{ij}=a_{i1}b_{1j}+a_{i2}b_{2j}+\cdots+a_{ik}b_{kj}\quad(i=1,2,\cdots,m;j=1,2,\cdots,n)$$

构成的 $m\times n$ 矩阵 $\boldsymbol{C}$ 称为矩阵 $\boldsymbol{A}$ 与 $\boldsymbol{B}$ 的乘积，记作 $\boldsymbol{C}=\boldsymbol{AB}$.

注　矩阵 $\boldsymbol{A}$ 与 $\boldsymbol{B}$ 相乘，前提条件是 $\boldsymbol{A}$ 的列数与 $\boldsymbol{B}$ 的行数相等.

例 2　由乘法定义，我们可以将线性方程组写成矩阵的形式，即将线性方程组

$$\begin{cases}a_{11}x_1+a_{12}x_2+\cdots+a_{1n}x_n=b_1,\\a_{21}x_1+a_{22}x_2+\cdots+a_{2n}x_n=b_2,\\\qquad\vdots\\a_{m1}x_1+a_{m2}x_2+\cdots+a_{mn}x_n=b_m,\end{cases}$$

记作

$$\begin{pmatrix}a_{11}&a_{12}&\cdots&a_{1n}\\a_{21}&a_{22}&\cdots&a_{2n}\\\vdots&\vdots&&\vdots\\a_{m1}&a_{m2}&\cdots&a_{mn}\end{pmatrix}\begin{pmatrix}x_1\\x_2\\\vdots\\x_n\end{pmatrix}=\begin{pmatrix}b_1\\b_2\\\vdots\\b_m\end{pmatrix},$$

即

$$\boldsymbol{AX}=\boldsymbol{B},$$

其中，$\boldsymbol{A}=(a_{ij})_{m\times n}$ 为系数矩阵，$\boldsymbol{X}=(x_j)_{n\times 1}$，$\boldsymbol{B}=(b_j)_{m\times 1}$ 分别为由未知数和常数项构成的矩阵.

例 3　形如

$$\boldsymbol{A}=\begin{pmatrix}a_1\\a_2\\\vdots\\a_n\end{pmatrix},\quad \boldsymbol{B}=(b_1,b_2,\cdots,b_n)$$

的矩阵分别称为列矩阵和行矩阵. 关于列矩阵与行矩阵有

$$\boldsymbol{AB}=\begin{pmatrix}a_1\\a_2\\\vdots\\a_n\end{pmatrix}(b_1,b_2,\cdots,b_n)=\begin{pmatrix}a_1b_1 & a_1b_2 & \cdots & a_1b_n\\a_2b_1 & a_2b_2 & \cdots & a_2b_n\\\vdots & \vdots & & \vdots\\a_nb_1 & a_nb_2 & \cdots & a_nb_n\end{pmatrix},$$

$$\boldsymbol{BA}=(b_1,b_2,\cdots,b_n)\begin{pmatrix}a_1\\a_2\\\vdots\\a_n\end{pmatrix}=b_1a_1+b_2a_2+\cdots+b_na_n.$$

其中,$\boldsymbol{AB}$ 为 n 阶矩阵,而 $\boldsymbol{BA}$ 为一阶矩阵(可以看作数 $b_1a_1+b_2a_2+\cdots+b_na_n$),可见矩阵乘法无交换律.

例 4 计算下列矩阵的乘积 $\boldsymbol{AB}$ 和 $\boldsymbol{BA}$(若存在的话):

(1) $\boldsymbol{A}=(1,2,3)$, $\boldsymbol{B}=\begin{pmatrix}3\\2\\1\end{pmatrix}$;

(2) $\boldsymbol{A}=\begin{pmatrix}1 & 0 & 3\\2 & 1 & -1\end{pmatrix}$, $\boldsymbol{B}=\begin{pmatrix}-1 & 1 & 4\\3 & -2 & 1\\0 & 0 & 2\end{pmatrix}$;

(3) $\boldsymbol{A}=\begin{pmatrix}1 & 0 & 0\\2 & 0 & 0\\-1 & 0 & 0\end{pmatrix}$, $\boldsymbol{B}=\begin{pmatrix}0 & 0 & 0\\0 & 0 & 0\\1 & 3 & 1\end{pmatrix}$.

解 (1) $\boldsymbol{AB}=(1\times3+2\times2+3\times1)=(10)=10$;

$$\boldsymbol{BA}=\begin{pmatrix}3\times1 & 3\times2 & 3\times3\\2\times1 & 2\times2 & 2\times3\\1\times1 & 1\times2 & 1\times3\end{pmatrix}=\begin{pmatrix}3 & 6 & 9\\2 & 4 & 6\\1 & 2 & 3\end{pmatrix}.$$

(2) $$\boldsymbol{AB}=\begin{pmatrix}1\times(-1)+0\times3+3\times0 & 1\times1+0\times(-2)+3\times0 & 1\times4+0\times1+3\times2\\2\times(-1)+1\times3+(-1)\times0 & 2\times1+1\times(-2)+(-1)\times0 & 2\times4+1\times1+(-1)\times2\end{pmatrix}=\begin{pmatrix}-1 & 1 & 10\\1 & 0 & 7\end{pmatrix};$$

因 $\boldsymbol{B}$ 有 3 列,而 $\boldsymbol{A}$ 有 2 行,故 $\boldsymbol{BA}$ 不存在.

(3) $\boldsymbol{AB}=\begin{pmatrix}0 & 0 & 0\\0 & 0 & 0\\0 & 0 & 0\end{pmatrix}$, $\boldsymbol{BA}=\begin{pmatrix}0 & 0 & 0\\0 & 0 & 0\\0 & 0 & 0\end{pmatrix}$.

由例 4 看出,矩阵乘法一般不满足交换律和消去律. 即一般地,$\boldsymbol{AB}\neq\boldsymbol{BA}$;若 $\boldsymbol{AB}=\boldsymbol{O}$,但推不出 $\boldsymbol{A}$ 或 $\boldsymbol{B}$ 是零矩阵. 这是矩阵乘法运算与通常的数的乘法运算的本质不同之处.

形如

$$\begin{pmatrix} 1 & 0 & \cdots & 0 \\ 0 & 1 & \cdots & 0 \\ \vdots & \vdots & & \vdots \\ 0 & 0 & \cdots & 1 \end{pmatrix}$$

的 n 阶矩阵,称为 n 阶单位矩阵,记作 $\boldsymbol{E}_n$ 或 $\boldsymbol{E}$,也常表示为

$$\begin{pmatrix} 1 & & & \\ & 1 & & \\ & & \ddots & \\ & & & 1 \end{pmatrix}.$$

任给 n 阶方阵 $\boldsymbol{A}$ 易知,$\boldsymbol{AE}=\boldsymbol{EA}=\boldsymbol{A}$. 因此,单位矩阵在矩阵乘法中起到类似于数的乘法中数 1 的作用.

一般地,矩阵乘法满足下面的运算律.

(1)结合律　$(\boldsymbol{AB})\boldsymbol{C}=\boldsymbol{A}(\boldsymbol{BC}),k(\boldsymbol{AB})=(k\boldsymbol{A})\boldsymbol{B}=\boldsymbol{A}(k\boldsymbol{B})$ (k 为常数);

(2)左分配律　$\boldsymbol{A}(\boldsymbol{B}+\boldsymbol{C})=\boldsymbol{AB}+\boldsymbol{AC}$;

右分配律　$(\boldsymbol{B}+\boldsymbol{C})\boldsymbol{A}=\boldsymbol{BA}+\boldsymbol{CA}$;

(3)$\boldsymbol{E}_n\boldsymbol{A}_{n\times m}=\boldsymbol{A}_{n\times m}\boldsymbol{E}_m=\boldsymbol{A}_{n\times m}$.

由矩阵的乘法,可以定义矩阵幂的运算.

定义 2.6　设 $\boldsymbol{A}$ 为 n 阶矩阵,m 是正整数,于是定义

$$\boldsymbol{A}^m=\underbrace{\boldsymbol{AA}\cdots\boldsymbol{A}}_{m\text{个}},$$

$\boldsymbol{A}^m$ 称为矩阵 $\boldsymbol{A}$ 的 m 次幂. 规定,$\boldsymbol{A}^0=\boldsymbol{E}$.

设 k_1,k_2 为正整数. 由上述定义易知,矩阵的幂有以下性质:

(1)$\boldsymbol{A}^{k_1}\boldsymbol{A}^{k_2}=\boldsymbol{A}^{k_1+k_2}$;

(2)$(\boldsymbol{A}^{k_1})^{k_2}=\boldsymbol{A}^{k_1k_2}$.

例 5　设 $\boldsymbol{A}=\begin{pmatrix} 1 & -1 \\ 0 & 2 \end{pmatrix}$,计算:

(1)$2\boldsymbol{A}^3-\boldsymbol{A}^2+5\boldsymbol{E}$,其中,$\boldsymbol{E}=\begin{pmatrix} 1 & 0 \\ 0 & 1 \end{pmatrix}$,为二阶单位矩阵;

(2)$\boldsymbol{A}^n,n\geqslant 1$.

解　(1)因 $\boldsymbol{A}^2=\begin{pmatrix} 1 & -3 \\ 0 & 4 \end{pmatrix},\boldsymbol{A}^3=\begin{pmatrix} 1 & -7 \\ 0 & 8 \end{pmatrix}$,

故

$$2\boldsymbol{A}^3-\boldsymbol{A}^2+5\boldsymbol{E}=\begin{pmatrix} 2 & -14 \\ 0 & 16 \end{pmatrix}-\begin{pmatrix} 1 & -3 \\ 0 & 4 \end{pmatrix}+\begin{pmatrix} 5 & 0 \\ 0 & 5 \end{pmatrix}=\begin{pmatrix} 6 & -11 \\ 0 & 17 \end{pmatrix}.$$

(2)考察 $\boldsymbol{A},\boldsymbol{A}^2,\boldsymbol{A}^3$ 的元素的特点,由归纳法可知

$$\boldsymbol{A}^n=\begin{pmatrix} 1 & -2^n+1 \\ 0 & 2^n \end{pmatrix},\ n\geqslant 1.$$

注　若 $f(x)=2x^3-x^2+5$,记 $f(\boldsymbol{A})=2\boldsymbol{A}^3-\boldsymbol{A}^2+5\boldsymbol{E}$,则称 $f(\boldsymbol{A})$

是关于矩阵 $\boldsymbol{A}$ 的矩阵多项式.

例 6 设 $\boldsymbol{B}=\begin{pmatrix}1\\2\\3\end{pmatrix}$, $\boldsymbol{C}=\left(1,\frac{1}{2},\frac{1}{3}\right)$, $\boldsymbol{A}=\boldsymbol{BC}$, 求 $\boldsymbol{A}^m$(m 为正整数,且 $m\geqslant 3$).

解 $$\boldsymbol{A}=\boldsymbol{BC}=\begin{pmatrix}1\\2\\3\end{pmatrix}\left(1,\frac{1}{2},\frac{1}{3}\right)=\begin{pmatrix}1&\frac{1}{2}&\frac{1}{3}\\2&1&\frac{2}{3}\\3&\frac{3}{2}&1\end{pmatrix},$$

又 $\boldsymbol{CB}=\left(1,\frac{1}{2},\frac{1}{3}\right)\begin{pmatrix}1\\2\\3\end{pmatrix}=[3]=3$,于是由矩阵乘法的结合律,有

$$\boldsymbol{A}^m=\underbrace{(\boldsymbol{BC})(\boldsymbol{BC})\cdots(\boldsymbol{BC})}_{m个}=\boldsymbol{B}\underbrace{(\boldsymbol{CB})(\boldsymbol{CB})\cdots(\boldsymbol{CB})}_{m-1个}\boldsymbol{C}$$

$$=\boldsymbol{B}3^{m-1}\boldsymbol{C}=3^{m-1}\boldsymbol{BC}=3^{m-1}\begin{pmatrix}1&\frac{1}{2}&\frac{1}{3}\\2&1&\frac{2}{3}\\3&\frac{3}{2}&1\end{pmatrix}.$$

2.2.3 矩阵的转置

定义 2.7 将矩阵 $\boldsymbol{A}=(a_{ij})_{m\times n}$ 的行列互换得到的矩阵称为矩阵 $\boldsymbol{A}$ 的转置矩阵,记作 $\boldsymbol{A}^{\mathrm{T}}$ 或 $\boldsymbol{A}'$,即

$$\boldsymbol{A}^{\mathrm{T}}=\begin{pmatrix}a_{11}&a_{21}&\cdots&a_{m1}\\a_{12}&a_{22}&\cdots&a_{m2}\\\vdots&\vdots&&\vdots\\a_{1n}&a_{2n}&\cdots&a_{mn}\end{pmatrix}=(a_{ji})_{n\times m}.$$

矩阵的转置运算有如下性质:

(1) $(\boldsymbol{A}^{\mathrm{T}})^{\mathrm{T}}=\boldsymbol{A}$;

(2) $(\boldsymbol{A}+\boldsymbol{B})^{\mathrm{T}}=\boldsymbol{A}^{\mathrm{T}}+\boldsymbol{B}^{\mathrm{T}}$;

(3) $(k\boldsymbol{A})^{\mathrm{T}}=k\boldsymbol{A}^{\mathrm{T}}$;

(4) $(\boldsymbol{AB})^{\mathrm{T}}=\boldsymbol{B}^{\mathrm{T}}\boldsymbol{A}^{\mathrm{T}}$.

例 7 已知 $\boldsymbol{A}=\begin{pmatrix}2&1&4&0\\1&1&3&4\end{pmatrix}$, $\boldsymbol{B}=\begin{pmatrix}1&3&1\\0&-1&2\\1&-3&1\\4&0&-2\end{pmatrix}$, 计算 $\boldsymbol{AB}$, $\boldsymbol{B}^{\mathrm{T}}\boldsymbol{A}^{\mathrm{T}}$.

解 $AB=\begin{pmatrix}2&1&4&0\\1&1&3&4\end{pmatrix}\begin{pmatrix}1&3&1\\0&-1&2\\1&-3&1\\4&0&-2\end{pmatrix}=\begin{pmatrix}6&-7&8\\20&-7&-2\end{pmatrix}$;

$$\boldsymbol{B}^{\mathrm{T}}\boldsymbol{A}^{\mathrm{T}}=\begin{pmatrix}1&0&1&4\\3&-1&-3&0\\1&2&1&-2\end{pmatrix}\begin{pmatrix}2&1\\1&1\\4&3\\0&4\end{pmatrix}=\begin{pmatrix}6&20\\-7&-7\\8&-2\end{pmatrix}.$$

由上述计算得 $(\boldsymbol{AB})^{\mathrm{T}}=\boldsymbol{B}^{\mathrm{T}}\boldsymbol{A}^{\mathrm{T}}$.

2.3 分块矩阵

对于高阶矩阵,根据实际情况,常把它划分成若干块低阶矩阵(称为子块)处理,即把矩阵分块.

例如,设

$$\boldsymbol{A}=\left(\begin{array}{ccc:c}a_{11}&a_{12}&a_{13}&a_{14}\\a_{21}&a_{22}&a_{23}&a_{24}\\ \hdashline a_{31}&a_{32}&a_{33}&a_{34}\end{array}\right),$$

其中用横线和竖线把 $\boldsymbol{A}$ 分为四块,分别为

$$\boldsymbol{A}_{11}=\begin{pmatrix}a_{11}&a_{12}&a_{13}\\a_{21}&a_{22}&a_{23}\end{pmatrix},\quad \boldsymbol{A}_{12}=\begin{pmatrix}a_{14}\\a_{24}\end{pmatrix},$$

$$\boldsymbol{A}_{21}=(a_{31},a_{32},a_{33}),\quad \boldsymbol{A}_{22}=(a_{34}),$$

即有

$$\boldsymbol{A}=\begin{pmatrix}\boldsymbol{A}_{11}&\boldsymbol{A}_{12}\\\boldsymbol{A}_{21}&\boldsymbol{A}_{22}\end{pmatrix},$$

这时,称 $\boldsymbol{A}$ 为一个 2×2 的分块矩阵. 运算时,$\boldsymbol{A}_{ij}(i,j=1,2)$ 均可作为元素处理.

矩阵的分块方式通常要根据实际运算需要划分,运算时仍按原有的法则处理,具体地,如果矩阵 $\boldsymbol{A}_{m\times n}$ 作如下分块:

$$\boldsymbol{A}=\begin{pmatrix}\boldsymbol{A}_{11}&\boldsymbol{A}_{12}&\cdots&\boldsymbol{A}_{1t}\\\boldsymbol{A}_{21}&\boldsymbol{A}_{22}&\cdots&\boldsymbol{A}_{2t}\\\vdots&\vdots&&\vdots\\\boldsymbol{A}_{s1}&\boldsymbol{A}_{s2}&\cdots&\boldsymbol{A}_{st}\end{pmatrix}=(\boldsymbol{A}_{pq})_{s\times t},$$

k 为常数,则

$$k\boldsymbol{A}=(k\boldsymbol{A}_{pq})_{s\times t}.$$

如果将 $\boldsymbol{A}_{m\times n},\boldsymbol{B}_{m\times n}$ 作同种划分,即

$$A=\begin{pmatrix} A_{11} & A_{12} & \cdots & A_{1t} \\ A_{21} & A_{22} & \cdots & A_{2t} \\ \vdots & \vdots & & \vdots \\ A_{s1} & A_{s2} & \cdots & A_{st} \end{pmatrix}=(A_{pq})_{s\times t},$$

$$B=\begin{pmatrix} B_{11} & B_{12} & \cdots & B_{1t} \\ B_{21} & B_{22} & \cdots & B_{2t} \\ \vdots & \vdots & & \vdots \\ B_{s1} & B_{s2} & \cdots & B_{st} \end{pmatrix}=(B_{pq})_{s\times t},$$

则

$$A\pm B=(A_{pq}\pm B_{pq})_{s\times t},$$

其中,A_{pq}与B_{pq}有相同的行数与列数.

如果将$A_{m\times l}$,$B_{l\times n}$作如下划分,即

$$A=\begin{pmatrix} A_{11} & A_{12} & \cdots & A_{1r} \\ A_{21} & A_{22} & \cdots & A_{2r} \\ \vdots & \vdots & & \vdots \\ A_{s1} & A_{s2} & \cdots & A_{sr} \end{pmatrix}=(A_{pk})_{s\times r},$$

$$B=\begin{pmatrix} B_{11} & B_{12} & \cdots & B_{1t} \\ B_{21} & B_{22} & \cdots & B_{2t} \\ \vdots & \vdots & & \vdots \\ B_{r1} & B_{r2} & \cdots & B_{rt} \end{pmatrix}=(B_{kq})_{r\times t},$$

则

$$AB=\left(\sum_{k=1}^{r}A_{pk}B_{kq}\right)_{s\times t},$$

其中,A_{pk}的列数等于B_{kq}的行数,$A_{pk}B_{kq}$的前后顺序与AB一致.

如果将$A_{m\times n}$作如下分块:

$$A=\begin{pmatrix} A_{11} & A_{12} & \cdots & A_{1t} \\ A_{21} & A_{22} & \cdots & A_{2t} \\ \vdots & \vdots & & \vdots \\ A_{s1} & A_{s2} & \cdots & A_{st} \end{pmatrix},$$

则

$$A^{\mathrm{T}}=\begin{pmatrix} A_{11}^{\mathrm{T}} & A_{21}^{\mathrm{T}} & \cdots & A_{s1}^{\mathrm{T}} \\ A_{12}^{\mathrm{T}} & A_{22}^{\mathrm{T}} & \cdots & A_{s2}^{\mathrm{T}} \\ \vdots & \vdots & & \vdots \\ A_{1t}^{\mathrm{T}} & A_{2t}^{\mathrm{T}} & \cdots & A_{st}^{\mathrm{T}} \end{pmatrix}.$$

下面我们将看到在保证运算能正常进行的前提下,选择恰当的分块方式,可以简化运算,而且也能显现出矩阵间的内在联系.

例 1　设

$$
\boldsymbol{A}=\left(\begin{array}{cc:cc}1&0&1&3\\0&1&2&4\\\hdashline 0&0&-1&0\\0&0&0&-1\end{array}\right),\quad \boldsymbol{B}=\left(\begin{array}{cc:cc}-1&2&0&0\\2&0&0&0\\\hdashline 4&-2&1&0\\0&3&0&1\end{array}\right),
$$

利用分块矩阵计算 $\boldsymbol{A}+\boldsymbol{B},\boldsymbol{AB}$.

解　对 $\boldsymbol{A},\boldsymbol{B}$ 作如下分块，记

$$
\boldsymbol{C}=\begin{pmatrix}1&3\\2&4\end{pmatrix},\quad \boldsymbol{D}=\begin{pmatrix}-1&2\\2&0\end{pmatrix},\quad \boldsymbol{F}=\begin{pmatrix}4&-2\\0&3\end{pmatrix},
$$

$\boldsymbol{E}$ 为二阶单位矩阵．于是

$$
\boldsymbol{A}=\begin{pmatrix}\boldsymbol{E}&\boldsymbol{C}\\\boldsymbol{O}&-\boldsymbol{E}\end{pmatrix},\quad \boldsymbol{B}=\begin{pmatrix}\boldsymbol{D}&\boldsymbol{O}\\\boldsymbol{F}&\boldsymbol{E}\end{pmatrix},
$$

故有

$$
\boldsymbol{A}+\boldsymbol{B}=\begin{pmatrix}\boldsymbol{E}+\boldsymbol{D}&\boldsymbol{C}+\boldsymbol{O}\\\boldsymbol{O}+\boldsymbol{F}&-\boldsymbol{E}+\boldsymbol{E}\end{pmatrix}=\begin{pmatrix}\boldsymbol{E}+\boldsymbol{D}&\boldsymbol{C}\\\boldsymbol{F}&\boldsymbol{O}\end{pmatrix},
$$

$$
\boldsymbol{AB}=\begin{pmatrix}\boldsymbol{ED}+\boldsymbol{CF}&\boldsymbol{CE}\\-\boldsymbol{EF}&-\boldsymbol{EE}\end{pmatrix}=\begin{pmatrix}\boldsymbol{D}+\boldsymbol{CF}&\boldsymbol{C}\\-\boldsymbol{F}&-\boldsymbol{E}\end{pmatrix},
$$

其中，

$$
\boldsymbol{E}+\boldsymbol{D}=\begin{pmatrix}1&0\\0&1\end{pmatrix}+\begin{pmatrix}-1&2\\2&0\end{pmatrix}=\begin{pmatrix}0&2\\2&1\end{pmatrix},
$$

$$
\boldsymbol{D}+\boldsymbol{CF}=\begin{pmatrix}-1&2\\2&0\end{pmatrix}+\begin{pmatrix}1&3\\2&4\end{pmatrix}\begin{pmatrix}4&-2\\0&3\end{pmatrix}=\begin{pmatrix}-1&2\\2&0\end{pmatrix}+\begin{pmatrix}4&7\\8&8\end{pmatrix}=\begin{pmatrix}3&9\\10&8\end{pmatrix},
$$

因此，有

$$
\boldsymbol{A}+\boldsymbol{B}=\begin{pmatrix}0&2&1&3\\2&1&2&4\\4&-2&0&0\\0&3&0&0\end{pmatrix},\quad \boldsymbol{AB}=\begin{pmatrix}3&9&1&3\\10&8&2&4\\-4&2&-1&0\\0&-3&0&-1\end{pmatrix}.
$$

容易验证由定义直接运算的结果与用分块矩阵运算的结果是一致的．

例 2　将矩阵 $\boldsymbol{A}_{m\times n},\boldsymbol{E}_n$ 分块如下：

$$
\boldsymbol{A}=\left(\begin{array}{c:c:c:c}a_{11}&a_{12}&\cdots&a_{1n}\\a_{21}&a_{22}&\cdots&a_{2n}\\\vdots&\vdots&&\vdots\\a_{m1}&a_{m2}&\cdots&a_{mn}\end{array}\right)=(\boldsymbol{A}_1,\boldsymbol{A}_2,\cdots,\boldsymbol{A}_n),\quad \boldsymbol{A}_j\text{ 为 }m\times 1\text{ 列矩阵},
$$

$$
\boldsymbol{E}_n=\left(\begin{array}{c:c:c:c}1&0&\cdots&0\\0&1&\cdots&0\\\vdots&\vdots&&\vdots\\0&0&\cdots&1\end{array}\right)=(\boldsymbol{e}_1,\boldsymbol{e}_2,\cdots,\boldsymbol{e}_n),\quad \boldsymbol{e}_j\text{ 为 }n\times 1\text{ 列矩阵},
$$

则

$$\boldsymbol{AE}_n=\boldsymbol{A}(\boldsymbol{e}_1,\boldsymbol{e}_2,\cdots,\boldsymbol{e}_n)=(\boldsymbol{Ae}_1,\boldsymbol{Ae}_2,\cdots,\boldsymbol{Ae}_n)=(\boldsymbol{A}_1,\boldsymbol{A}_2,\cdots,\boldsymbol{A}_n),$$

从而有

$$\boldsymbol{Ae}_j=\boldsymbol{A}_j.$$

结果表明矩阵 $\boldsymbol{A}$ 乘以单位矩阵的一个子块 $\boldsymbol{e}_j$,相当于从 $\boldsymbol{A}$ 中提出第 j 列.

2.4 矩阵的逆和求逆运算

由 n 阶矩阵的元素按原来的排列形式构成的 n 阶行列式,称为矩阵 $\boldsymbol{A}$ 的行列式,记作 $|\boldsymbol{A}|$.

n 阶矩阵 $\boldsymbol{A}$ 是一个表,n 阶矩阵的行列式 $|\boldsymbol{A}|$ 是一个数(或和式). 两者概念不同,表达形式相异,应注意区分. 同时,两者又密切相关,$|\boldsymbol{A}|$ 决定了矩阵 $\boldsymbol{A}$ 的一些情况,而利用矩阵 $\boldsymbol{A}$ 的一些性质也能解决 $|\boldsymbol{A}|$ 的计算问题.

定义 2.8 设 $\boldsymbol{A}$ 为 n 阶矩阵,如果 $|\boldsymbol{A}|\neq 0$,则称 $\boldsymbol{A}$ 是非奇异的. 如果 $|\boldsymbol{A}|=0$,则称 $\boldsymbol{A}$ 是退化的或奇异的.

关于矩阵乘法的行列式有下面基本性质.

若 $\boldsymbol{A},\boldsymbol{B}$ 为 n 阶矩阵,则

$$|\boldsymbol{AB}|=|\boldsymbol{A}||\boldsymbol{B}|.$$

进而对有限多个 n 阶矩阵 $\boldsymbol{A}_1,\boldsymbol{A}_2,\cdots,\boldsymbol{A}_m$,也有

$$|\boldsymbol{A}_1\boldsymbol{A}_2\cdots\boldsymbol{A}_m|=|\boldsymbol{A}_1||\boldsymbol{A}_2|\cdots|\boldsymbol{A}_m|.$$

例 1 证明:若 n 阶矩阵 $\boldsymbol{A}$ 满足 $\boldsymbol{A}^2+2\boldsymbol{A}+\boldsymbol{E}=\boldsymbol{O}$,则 $\boldsymbol{A}$ 是非奇异的.

证 由题意可得

$$\boldsymbol{A}(\boldsymbol{A}+2\boldsymbol{E})=-\boldsymbol{E},$$

从而,有

$$|\boldsymbol{A}||\boldsymbol{A}+2\boldsymbol{E}|=|-\boldsymbol{E}|=(-1)^n\neq 0,$$

因此,$|\boldsymbol{A}|\neq 0$,即 $\boldsymbol{A}$ 是非奇异的.

前面已学习过矩阵的加法、减法和乘法运算,加法与减法是互逆的,那么乘法运算是否也有逆运算呢? 这是本节要讨论的问题.

在数的运算中,将某数除以非零数 a,相当于乘以 $\frac{1}{a}$ 或 a^{-1},即数 a 与 $\frac{1}{a}$ 或 a^{-1} 存在互逆关系,即有

$$a\cdot\frac{1}{a}=\frac{1}{a}\cdot a=1,\quad aa^{-1}=a^{-1}a=1.$$

仿照数的运算,我们可以给出关于矩阵乘法的逆运算的概念.

定义 2.9 对于 n 阶矩阵 $\boldsymbol{A}$,如果存在 n 阶矩阵 $\boldsymbol{B}$,使得

$$\boldsymbol{AB}=\boldsymbol{BA}=\boldsymbol{E},$$

则称矩阵 $\boldsymbol{A}$ 是可逆的,并称 $\boldsymbol{B}$ 为 $\boldsymbol{A}$ 的逆矩阵,记作 $\boldsymbol{A}^{-1}$.

矩阵的逆的概念是非常重要的,理解时应把握以下几点.

(1)由乘法法则,矩阵逆的运算及逆矩阵仅限于方阵.

(2)若 $\boldsymbol{A}$ 可逆,则其逆矩阵 $\boldsymbol{B}$ 唯一. 若不然,假设 $\boldsymbol{A}$ 有两个可逆矩阵 $\boldsymbol{B}_1,\boldsymbol{B}_2$,同时满足

$$\boldsymbol{A}\boldsymbol{B}_1=\boldsymbol{B}_1\boldsymbol{A}=\boldsymbol{E},\quad \boldsymbol{A}\boldsymbol{B}_2=\boldsymbol{B}_2\boldsymbol{A}=\boldsymbol{E},$$

于是

$$\boldsymbol{B}_1=\boldsymbol{B}_1\boldsymbol{E}=\boldsymbol{B}_1(\boldsymbol{A}\boldsymbol{B}_2)=(\boldsymbol{B}_1\boldsymbol{A})\boldsymbol{B}_2=\boldsymbol{E}\boldsymbol{B}_2=\boldsymbol{B}_2,$$

即必有 $\boldsymbol{B}_1=\boldsymbol{B}_2$.

(3)矩阵的逆的运算实际上是定义了乘法的逆运算,如在求解方程 $\boldsymbol{A}\boldsymbol{X}=\boldsymbol{B}$ 时,若 $\boldsymbol{A}$ 为 n 阶可逆方阵,则方程两边左乘 $\boldsymbol{A}^{-1}$,即得 $\boldsymbol{X}=\boldsymbol{A}^{-1}\boldsymbol{B}$. 但与数值方程不同的是,矩阵 $\boldsymbol{A}$ 的逆矩阵不可记作$\dfrac{1}{\boldsymbol{A}}$,这是因为记号 $\boldsymbol{X}=\dfrac{\boldsymbol{B}}{\boldsymbol{A}}$,既可表示$\dfrac{1}{\boldsymbol{A}}$左乘 $\boldsymbol{B}$,也可表示$\dfrac{1}{\boldsymbol{A}}$右乘 $\boldsymbol{B}$,对矩阵乘法而言,这是两个不同的结果. 因此,矩阵的逆不等同于数的除法,不可记作$\dfrac{1}{\boldsymbol{A}}$.

定理 2.1 n 阶矩阵 $\boldsymbol{A}=(a_{ij})$ 可逆的充分必要条件是 $\boldsymbol{A}$ 非奇异. 若 $\boldsymbol{A}$ 可逆,则

$$\boldsymbol{A}^{-1}=\frac{1}{|\boldsymbol{A}|}\begin{pmatrix}A_{11} & A_{21} & \cdots & A_{n1}\\ A_{12} & A_{22} & \cdots & A_{n2}\\ \vdots & \vdots & & \vdots\\ A_{1n} & A_{2n} & \cdots & A_{nn}\end{pmatrix},$$

其中,A_{ij}为$|\boldsymbol{A}|$的代数余子式,(A_{ji})称为 $\boldsymbol{A}$ 的伴随矩阵,它是以$|\boldsymbol{A}|$的代数余子式为元素,行列转置后形成的 n 阶矩阵,记作 $\boldsymbol{A}^*$.

证 *必要性* 设 $\boldsymbol{A}$ 可逆,即存在 n 阶矩阵 $\boldsymbol{B}$,使得 $\boldsymbol{A}\boldsymbol{B}=\boldsymbol{B}\boldsymbol{A}=\boldsymbol{E}$,从而有$|\boldsymbol{A}\boldsymbol{B}|=|\boldsymbol{A}||\boldsymbol{B}|=1\neq0$,知$|\boldsymbol{A}|\neq0$,$|\boldsymbol{B}|\neq0$. 因此 $\boldsymbol{A}$ 非奇异.

充分性 设 $\boldsymbol{A}$ 非奇异,即$|\boldsymbol{A}|\neq0$. 因此,构造矩阵 $\boldsymbol{B}=\dfrac{1}{|\boldsymbol{A}|}\boldsymbol{A}^*$,则

$$\boldsymbol{A}\boldsymbol{B}=\boldsymbol{A}\cdot\frac{1}{|\boldsymbol{A}|}\boldsymbol{A}^*=\frac{1}{|\boldsymbol{A}|}\begin{pmatrix}a_{11} & a_{12} & \cdots & a_{1n}\\ a_{21} & a_{22} & \cdots & a_{2n}\\ \vdots & \vdots & & \vdots\\ a_{n1} & a_{n2} & \cdots & a_{nn}\end{pmatrix}\begin{pmatrix}A_{11} & A_{21} & \cdots & A_{n1}\\ A_{12} & A_{22} & \cdots & A_{n2}\\ \vdots & \vdots & & \vdots\\ A_{1n} & A_{2n} & \cdots & A_{nn}\end{pmatrix}$$

$$=\frac{1}{|\boldsymbol{A}|}\begin{pmatrix}|\boldsymbol{A}| & 0 & \cdots & 0\\ 0 & |\boldsymbol{A}| & \cdots & 0\\ \vdots & \vdots & & \vdots\\ 0 & 0 & \cdots & |\boldsymbol{A}|\end{pmatrix}=\begin{pmatrix}1 & 0 & \cdots & 0\\ 0 & 1 & \cdots & 0\\ \vdots & \vdots & & \vdots\\ 0 & 0 & \cdots & 1\end{pmatrix}=\boldsymbol{E},$$

同理,可证 $\boldsymbol{B}\boldsymbol{A}=\boldsymbol{E}$,即存在 n 阶矩阵 $\boldsymbol{B}$,使得

$$\boldsymbol{A}\boldsymbol{B}=\boldsymbol{B}\boldsymbol{A}=\boldsymbol{E}.$$

因此 $\boldsymbol{A}$ 可逆,且 $\boldsymbol{A}^{-1}=\frac{1}{|\boldsymbol{A}|}\boldsymbol{A}^{*}$.

定理2.1不仅给出了判断矩阵 $\boldsymbol{A}$ 可逆的依据,而且给出了由伴随矩阵求 $\boldsymbol{A}^{-1}$ 的方法,这种求 $\boldsymbol{A}^{-1}$ 的方法,称为伴随矩阵法.

例2 已知矩阵 $\boldsymbol{A}=\begin{pmatrix}1&2&3\\2&2&1\\3&4&3\end{pmatrix}$,计算 $\boldsymbol{A}$ 的伴随矩阵 $\boldsymbol{A}^{*}$ 和 $\boldsymbol{A}$ 的逆矩阵 $\boldsymbol{A}^{-1}$.

解 因 $A_{11}=\begin{vmatrix}2&1\\4&3\end{vmatrix}=2, A_{21}=-\begin{vmatrix}2&3\\4&3\end{vmatrix}=6, A_{31}=-4, A_{12}=-3, A_{22}=-6, A_{32}=5, A_{13}=2, A_{23}=2, A_{33}=-2$.

故

$$\boldsymbol{A}^{*}=\begin{pmatrix}A_{11}&A_{21}&A_{31}\\A_{12}&A_{22}&A_{32}\\A_{13}&A_{23}&A_{33}\end{pmatrix}=\begin{pmatrix}2&6&-4\\-3&-6&5\\2&2&-2\end{pmatrix}.$$

又因 $|\boldsymbol{A}|=2\neq0$,故 $\boldsymbol{A}$ 有逆.

$$\boldsymbol{A}^{-1}=\frac{\boldsymbol{A}^{*}}{|\boldsymbol{A}|}=\frac{1}{2}\boldsymbol{A}^{*}=\begin{pmatrix}1&3&-2\\-\frac{3}{2}&-3&\frac{5}{2}\\1&1&-1\end{pmatrix}.$$

注 当 $|\boldsymbol{A}|\neq0$ 时,利用公式 $\boldsymbol{A}^{-1}=\frac{\boldsymbol{A}^{*}}{|\boldsymbol{A}|}$,求矩阵 $\boldsymbol{A}$ 的逆矩阵 $\boldsymbol{A}^{-1}$ 的主要步骤:

(1)求出 $|\boldsymbol{A}|$;

(2)求出伴随矩阵 $\boldsymbol{A}^{*}$;

(3)利用公式 $\boldsymbol{A}^{-1}=\frac{\boldsymbol{A}^{*}}{|\boldsymbol{A}|}$.

例3 设 $\boldsymbol{A}$ 为 n 阶方矩,且 $\boldsymbol{A}^{m+1}=\boldsymbol{O}$,证明:$\boldsymbol{E}-\boldsymbol{A}$ 可逆,并求 $(\boldsymbol{E}-\boldsymbol{A})^{-1}$.

证 由 $(\boldsymbol{E}+\boldsymbol{A}+\boldsymbol{A}^2+\cdots+\boldsymbol{A}^m)(\boldsymbol{E}-\boldsymbol{A})=\boldsymbol{E}-\boldsymbol{A}^{m+1}=\boldsymbol{E}$,两边取行列式有

$$|\boldsymbol{E}+\boldsymbol{A}+\boldsymbol{A}^2+\cdots+\boldsymbol{A}^m||\boldsymbol{E}-\boldsymbol{A}|=|\boldsymbol{E}|=1\neq0,$$

知 $|\boldsymbol{E}-\boldsymbol{A}|\neq0$,因此 $\boldsymbol{E}-\boldsymbol{A}$ 可逆,且

$$(\boldsymbol{E}-\boldsymbol{A})^{-1}=\boldsymbol{E}+\boldsymbol{A}+\boldsymbol{A}^2+\cdots+\boldsymbol{A}^m.$$

根据矩阵的逆和逆矩阵的概念,可以得到关于矩阵逆的运算的性质:

(1)若 $\boldsymbol{A}$ 可逆,则 $(\boldsymbol{A}^{-1})^{-1}=\boldsymbol{A}$;

(2)若 $\boldsymbol{A},\boldsymbol{B}$ 可逆,则 $\boldsymbol{AB},\boldsymbol{A}^{\mathrm{T}}$ 可逆,且

$$(\boldsymbol{AB})^{-1}=\boldsymbol{B}^{-1}\boldsymbol{A}^{-1},\quad (\boldsymbol{A}^{\mathrm{T}})^{-1}=(\boldsymbol{A}^{-1})^{\mathrm{T}}.$$

证 (1)记 $\boldsymbol{B}=\boldsymbol{A}^{-1}$,由 $\boldsymbol{AA}^{-1}=\boldsymbol{A}^{-1}\boldsymbol{A}=\boldsymbol{E}$,也有 $\boldsymbol{AB}=\boldsymbol{BA}=\boldsymbol{E}$.于是,由定义2.9知,$\boldsymbol{A}$ 是 $\boldsymbol{B}$ 的逆矩阵,即

$$\boldsymbol{A}=\boldsymbol{B}^{-1}=(\boldsymbol{A}^{-1})^{-1}.$$

(2)由 $|\boldsymbol{AB}|=|\boldsymbol{A}||\boldsymbol{B}|\neq0, |\boldsymbol{A}^{\mathrm{T}}|=|\boldsymbol{A}|\neq0$,知 $\boldsymbol{AB},\boldsymbol{A}^{\mathrm{T}}$ 可逆.

又由

$$(AB)B^{-1}A^{-1}=A(BB^{-1})A^{-1}=AA^{-1}=E,$$

及

$$B^{-1}A^{-1}(AB)=B^{-1}(A^{-1}A)B=B^{-1}B=E,$$

知

$$(AB)^{-1}=B^{-1}A^{-1}.$$

由$(A^{-1})^{T}A^{T}=(AA^{-1})^{T}=E^{T}=E$及$A^{T}(A^{-1})^{T}=(A^{-1}A)^{T}=E^{T}=E$,知

$$(A^{T})^{-1}=(A^{-1})^{T}.$$

2.5 矩阵的初等变换

矩阵的初等变换为计算逆矩阵提供了新的方法,同时广泛应用于求解线性方程组,化简二次型等方面.

2.5.1 初等变换与初等矩阵

定义 2.10 以下三种变换,称为矩阵的初等变换.

(1)交换矩阵的两行(列);

(2)用非零常数乘矩阵的某一行(列);

(3)将矩阵的某行(列)的若干倍加至另一行(列).

定义 2.11 对单位矩阵施行一次初等变换得到的矩阵称为初等矩阵,其中

(1)将第i行(列)与第j行(列)互换得到的矩阵称为第一类初等矩阵,记作$P(i,j)$,即

$$P(i,j)=\begin{pmatrix}1&&&&&&\\&\ddots&&&&&\\&&0&\cdots&1&&\\&&\vdots&&\vdots&&\\&&1&\cdots&0&&\\&&&&&\ddots&\\&&&&&&1\end{pmatrix}\begin{matrix}\\\\\text{第}i\text{行}\\\\\text{第}j\text{行}\\\\\\\end{matrix};$$

（第i列　第j列）

(2)将第i行(列)乘非零常数k,得到的矩阵称为第二类初等矩阵,记作$P(i(k))$,即

$$P(i(k))=\begin{pmatrix}1&&&&\\&\ddots&&&\\&&k&&\\&&&\ddots&\\&&&&1\end{pmatrix}\text{第}i\text{行};$$

（第i列）

(3)将第j行乘l倍加至第i行,或将第i列乘l倍加至第j列得到的矩阵称为第三类初等矩阵,记作$P(i,j(l))$,即

$$\boldsymbol{P}(i,j(l))=\begin{pmatrix}1 & & & & & & \\ & \ddots & & & & & \\ & & 1 & \cdots & l & & \\ & & & \ddots & \vdots & & \\ & & & & 1 & & \\ & & & & & \ddots & \\ & & & & & & 1\end{pmatrix}\begin{matrix} \\ \\ 第 i 行 \\ \\ 第 j 行 \\ \\ \\ \end{matrix}.$$

$$\qquad\qquad 第 i 列 \qquad 第 j 列$$

不难看到初等矩阵都是可逆的且其逆矩阵仍然是初等矩阵，且有

$$\boldsymbol{P}^{-1}(i,j)=\boldsymbol{P}(i,j),\quad \boldsymbol{P}^{-1}(i(k))=\boldsymbol{P}\left(i\left(\frac{1}{k}\right)\right),$$

$$\boldsymbol{P}^{-1}(i,j(l))=\boldsymbol{P}(i,j(-l)).$$

通过初等矩阵,可以将矩阵的初等变换与矩阵的乘法建立对应关系. 例如,设

$$\boldsymbol{A}=\begin{pmatrix}a_1 & b_1 & c_1 & d_1\\ a_2 & b_2 & c_2 & d_2\\ a_3 & b_3 & c_3 & d_3\end{pmatrix},$$

则有

$$\boldsymbol{P}(2,3)\boldsymbol{A}=\begin{pmatrix}1 & 0 & 0\\ 0 & 0 & 1\\ 0 & 1 & 0\end{pmatrix}\begin{pmatrix}a_1 & b_1 & c_1 & d_1\\ a_2 & b_2 & c_2 & d_2\\ a_3 & b_3 & c_3 & d_3\end{pmatrix}=\begin{pmatrix}a_1 & b_1 & c_1 & d_1\\ a_3 & b_3 & c_3 & d_3\\ a_2 & b_2 & c_2 & d_2\end{pmatrix},$$

$$\boldsymbol{A}\boldsymbol{P}(2,3)=\begin{pmatrix}a_1 & b_1 & c_1 & d_1\\ a_2 & b_2 & c_2 & d_2\\ a_3 & b_3 & c_3 & d_3\end{pmatrix}\begin{pmatrix}1 & 0 & 0 & 0\\ 0 & 0 & 1 & 0\\ 0 & 1 & 0 & 0\\ 0 & 0 & 0 & 1\end{pmatrix}=\begin{pmatrix}a_1 & c_1 & b_1 & d_1\\ a_2 & c_2 & b_2 & d_2\\ a_3 & c_3 & b_3 & d_3\end{pmatrix}.$$

结果表示,矩阵 $\boldsymbol{A}$ 左乘 $\boldsymbol{P}(2,3)$ 等价于将 $\boldsymbol{A}$ 的第 2,3 行交换位置,右乘 $\boldsymbol{P}(2,3)$ 等价于将 $\boldsymbol{A}$ 的第 2,3 列交换位置. 一般地,矩阵的初等变换与初等矩阵与 $\boldsymbol{A}$ 的乘法关系可表述如下.

定理 2.2 设 $\boldsymbol{A}$ 为 $m\times n$ 矩阵,则对 $\boldsymbol{A}$ 的行(列)施以某种初等变换等价于用同种的初等矩阵左乘(右乘)$\boldsymbol{A}$.

定理 2.2 可以直接由运算证明,如将 $\boldsymbol{A}_{m\times n}$ 作如下分块:

$$\boldsymbol{A}=\begin{pmatrix}\boldsymbol{A}_1\\ \vdots\\ \boldsymbol{A}_i\\ \vdots\\ \boldsymbol{A}_j\\ \vdots\\ \boldsymbol{A}_m\end{pmatrix},$$

其中,$\boldsymbol{A}_i$ 为 $\boldsymbol{A}$ 的第 $i(i=1,2,\cdots,m)$ 行,则有

$$\boldsymbol{P}(i,j)\boldsymbol{A}=\begin{pmatrix}1&&&&&&\\&\ddots&&&&&\\&&0&\cdots&1&&\\&&\vdots&&\vdots&&\\&&1&\cdots&0&&\\&&&&&\ddots&\\&&&&&&1\end{pmatrix}\begin{pmatrix}\boldsymbol{A}_1\\\vdots\\\boldsymbol{A}_i\\\vdots\\\boldsymbol{A}_j\\\vdots\\\boldsymbol{A}_m\end{pmatrix}=\begin{pmatrix}\boldsymbol{A}_1\\\vdots\\\boldsymbol{A}_j\\\vdots\\\boldsymbol{A}_i\\\vdots\\\boldsymbol{A}_m\end{pmatrix},$$

$$\boldsymbol{P}(i(k))\boldsymbol{A}=\begin{pmatrix}1&&&&\\&\ddots&&&\\&&k&&\\&&&\ddots&\\&&&&1\end{pmatrix}\begin{pmatrix}\boldsymbol{A}_1\\\vdots\\\boldsymbol{A}_i\\\vdots\\\boldsymbol{A}_m\end{pmatrix}=\begin{pmatrix}\boldsymbol{A}_1\\\vdots\\k\boldsymbol{A}_i\\\vdots\\\boldsymbol{A}_m\end{pmatrix},$$

$$\boldsymbol{P}(i,j(k))\boldsymbol{A}=\begin{pmatrix}1&&&&&&\\&\ddots&&&&&\\&&1&\cdots&k&&\\&&&\ddots&\vdots&&\\&&&&1&&\\&&&&&\ddots&\\&&&&&&1\end{pmatrix}\begin{pmatrix}\boldsymbol{A}_1\\\vdots\\\boldsymbol{A}_i\\\vdots\\\boldsymbol{A}_j\\\vdots\\\boldsymbol{A}_m\end{pmatrix}=\begin{pmatrix}\boldsymbol{A}_1\\\vdots\\\boldsymbol{A}_i+k\boldsymbol{A}_j\\\vdots\\\boldsymbol{A}_j\\\vdots\\\boldsymbol{A}_m\end{pmatrix}.$$

定义 2.12　如果矩阵 $\boldsymbol{B}$ 可以由矩阵 $\boldsymbol{A}$ 经若干次初等变换得到,则称 $\boldsymbol{A}$ 与 $\boldsymbol{B}$ 是等价的.

显然,矩阵 $\boldsymbol{A}$ 与矩阵 $\boldsymbol{B}$ 等价的充分必要条件是,存在若干个初等矩阵 $\boldsymbol{P}_1,\cdots,\boldsymbol{P}_s,\boldsymbol{Q}_1,\boldsymbol{Q}_2,\cdots,\boldsymbol{Q}_t$ 使得

$$\boldsymbol{B}=\boldsymbol{P}_1\cdots\boldsymbol{P}_s\boldsymbol{A}\boldsymbol{Q}_1\cdots\boldsymbol{Q}_t.$$

矩阵等价的概念描述了矩阵在经过若干次初等变换后得到的矩阵与原矩阵之间的关系,可以证明等价关系具有反身性、对称性和传递性.

2.5.2　化矩阵为标准形

对矩阵作初等变换可以简化矩阵形式.

定理 2.3　任意一个矩阵 $\boldsymbol{A}_{m\times n}$,经过若干次初等变换可以化成如下形式:

$$
\boldsymbol{D}=\left(\begin{array}{cccc:ccc}
1 & 0 & \cdots & 0 & 0 & \cdots & 0\\
0 & 1 & \cdots & 0 & 0 & \cdots & 0\\
\vdots & \vdots & & \vdots & \vdots & & \vdots\\
0 & 0 & \cdots & 1 & 0 & \cdots & 0\\
\hdashline
0 & 0 & \cdots & 0 & 0 & \cdots & 0\\
\vdots & \vdots & & \vdots & \vdots & & \vdots\\
0 & 0 & \cdots & 0 & 0 & \cdots & 0
\end{array}\right)=\begin{pmatrix}\boldsymbol{E}_r & \boldsymbol{O}_{r\times(n-r)}\\ \boldsymbol{O}_{(m-r)\times r} & \boldsymbol{O}_{(m-r)\times(n-r)}\end{pmatrix},
\tag{2. 3}
$$

其中,$0\leqslant r\leqslant\min\{m,n\}$,$\boldsymbol{D}$ 称为矩阵 $\boldsymbol{A}$ 的标准形.

定理 2. 3 也可表述为,任意一个矩阵 $\boldsymbol{A}_{m\times n}$ 都与一个形如式(2. 3)的矩阵 $\boldsymbol{D}$ 等价.

证 若 $\boldsymbol{A}=\boldsymbol{O}$,则 $\boldsymbol{A}$ 已为标准形,此时 $r=0$.

若 $\boldsymbol{A}\neq\boldsymbol{O}$,则其中至少有一个元素不为零,不妨设 $a_{11}\neq0$,否则经过若干次初等行(列)交换,可将非零元素移至第 1 行第 1 列. 将 $-\dfrac{a_{i1}}{a_{11}}$乘第 1 行加至第 $i(i=2,\cdots,m)$行,再用 $-\dfrac{a_{1j}}{a_{11}}$乘第 1 列加至第 $j(j=2,\cdots,n)$列,$\boldsymbol{A}$ 变为

$$
\boldsymbol{A}\longrightarrow\begin{pmatrix}a_{11} & 0 & \cdots & 0\\ 0 & & & \\ \vdots & & \boldsymbol{A}_1 & \\ 0 & & & \end{pmatrix},
$$

其中,$\boldsymbol{A}_1$ 是一个$(m-1)\times(n-1)$矩阵. 再重复上面变换,经过有限步骤,即可化 $\boldsymbol{A}$ 为标准形 $\boldsymbol{D}$.

根据定理 2. 3,可以进一步得到与矩阵的逆矩阵相关的重要结论.

推论 1 n 阶矩阵 $\boldsymbol{A}$ 可逆的充分必要条件是 $\boldsymbol{A}$ 可以表示为若干个初等矩阵的乘积.

证 由定理 2. 3 知,$\boldsymbol{A}_n$ 经若干次初等变换可化为标准形 $\boldsymbol{D}_n$,即存在若干初等矩阵 $\boldsymbol{Q}_1,\boldsymbol{Q}_2,\cdots,\boldsymbol{Q}_s,\boldsymbol{P}_1,\cdots,\boldsymbol{P}_t$,使得

$$
\boldsymbol{D}=\boldsymbol{Q}_1\boldsymbol{Q}_2\cdots\boldsymbol{Q}_s\boldsymbol{A}\boldsymbol{P}_1\boldsymbol{P}_2\cdots\boldsymbol{P}_t,
$$

两边取行列式,有

$$
|\boldsymbol{D}|=|\boldsymbol{Q}_1||\boldsymbol{Q}_2|\cdots|\boldsymbol{Q}_s||\boldsymbol{A}||\boldsymbol{P}_1||\boldsymbol{P}_2|\cdots|\boldsymbol{P}_t|.
$$

显然,$|\boldsymbol{A}|\neq0$ 的充要条件是$|\boldsymbol{D}|\neq0$,即 $\boldsymbol{D}=\boldsymbol{E}$. 于是

$$
\boldsymbol{A}=\boldsymbol{Q}_s^{-1}\boldsymbol{Q}_{s-1}^{-1}\cdots\boldsymbol{Q}_1^{-1}\boldsymbol{P}_t^{-1}\boldsymbol{P}_{t-1}^{-1}\cdots\boldsymbol{P}_1^{-1},
$$

即 $\boldsymbol{A}$ 可以表示为若干个初等矩阵的乘积.

推论 2 可逆矩阵 $\boldsymbol{A}$ 可以经过若干次初等行变换(或列变换)化为单位矩阵.

该结论在前面的推导中已经得证.

2.5.3 用初等变换求逆矩阵

下面用初等变换的方法求逆矩阵.

由定理 2.3 的推论 2 知,对于可逆矩阵 $\boldsymbol{A}$,必存在若干初等矩阵 $\boldsymbol{Q}_1,\boldsymbol{Q}_2,\cdots,\boldsymbol{Q}_s$,使得

$$\boldsymbol{Q}_1\boldsymbol{Q}_2\cdots\boldsymbol{Q}_s\boldsymbol{A}=\boldsymbol{E},$$

于是有

$$\boldsymbol{Q}_1\boldsymbol{Q}_2\cdots\boldsymbol{Q}_s\boldsymbol{E}=\boldsymbol{A}^{-1},$$

即在对矩阵 $\boldsymbol{A}$ 作若干次初等行变换化 $\boldsymbol{A}$ 为 $\boldsymbol{E}$ 的同时,也对单位矩阵 $\boldsymbol{E}$ 作同种的初等行变换,将 $\boldsymbol{E}$ 变为 $\boldsymbol{A}^{-1}$,从而提供了求逆矩阵的一种方法,称为初等变换法.

具体做法是:

先将 $\boldsymbol{A}$ 和 $\boldsymbol{E}$ 两个 n 阶矩阵组合为 $n\times 2n$ 矩阵

$$(\boldsymbol{A}\,\vdots\,\boldsymbol{E}),$$

再按矩阵分块乘法,左乘 $\boldsymbol{Q}_1\boldsymbol{Q}_2\cdots\boldsymbol{Q}_s$,有

$$\boldsymbol{Q}_1\boldsymbol{Q}_2\cdots\boldsymbol{Q}_s(\boldsymbol{A}\,\vdots\,\boldsymbol{E})=(\boldsymbol{Q}_1\boldsymbol{Q}_2\cdots\boldsymbol{Q}_s\boldsymbol{A}\,\vdots\,\boldsymbol{Q}_1\boldsymbol{Q}_2\cdots\boldsymbol{Q}_s\boldsymbol{E})=(\boldsymbol{E}\,\vdots\,\boldsymbol{A}^{-1}),$$

其中,左乘 $\boldsymbol{Q}_1\boldsymbol{Q}_2\cdots\boldsymbol{Q}_s$,即表示将 $\boldsymbol{A}$ 化为单位矩阵的变换过程,当 $\boldsymbol{A}\to\boldsymbol{E}$ 时,右边子块 $\boldsymbol{E}\to\boldsymbol{A}^{-1}$.

例 1 用初等变换法求矩阵 $\boldsymbol{A}$ 的逆矩阵 $\boldsymbol{A}^{-1}$,其中

$$\boldsymbol{A}=\begin{pmatrix}1&2&3\\2&2&1\\3&4&3\end{pmatrix}$$

解 用矩阵的初等变换求逆矩阵的方法是

$$(\boldsymbol{A}\,\vdots\,\boldsymbol{E})\xrightarrow{\text{初等行变换}}(\boldsymbol{E}\,\vdots\,\boldsymbol{A}^{-1}),$$

其中,$\boldsymbol{E}$ 是 3 阶单位矩阵.

具体到本题,有

$$\left(\begin{array}{ccc:ccc}1&2&3&1&0&0\\2&2&1&0&1&0\\3&4&3&0&0&1\end{array}\right)\xrightarrow[\text{③}+\text{①}\times(-3)]{\text{②}+\text{①}\times(-2)}\left(\begin{array}{ccc:ccc}1&2&3&1&0&0\\0&-2&-5&-2&1&0\\0&-2&-6&-3&0&1\end{array}\right)$$

$$\xrightarrow{\text{③}+\text{②}\times(-1)}\left(\begin{array}{ccc:ccc}1&2&3&1&0&0\\0&-2&-5&-2&1&0\\0&0&-1&-1&-1&1\end{array}\right)$$

$$\xrightarrow{\text{①}+\text{②},\text{②}+\text{③}\times(-5)}\left(\begin{array}{ccc:ccc}1&0&-2&-1&1&0\\0&-2&0&3&6&-5\\0&0&-1&-1&-1&1\end{array}\right)$$

$$\xrightarrow{\text{①}+\text{③}\times(-2),\text{②}\times\left(-\frac{1}{2}\right),\text{③}\times(-1)}\left(\begin{array}{ccc:ccc}1&0&0&1&3&-2\\0&1&0&-\frac{3}{2}&-3&\frac{5}{2}\\0&0&1&1&1&-1\end{array}\right),$$

于是
$$A^{-1}=\begin{pmatrix}1 & 3 & -2\\ -\frac{3}{2} & -3 & \frac{5}{2}\\ 1 & 1 & -1\end{pmatrix}.$$

注 若用初等列变换求逆矩阵,即是

$$\begin{pmatrix}A\\ \hdashline E\end{pmatrix}\xrightarrow{\text{初等列变换}}\begin{pmatrix}E\\ \hdashline A^{-1}\end{pmatrix}.$$

作为练习,用初等列变换求一下上述例1中 A 的逆 A^{-1}.

例2 设 $A=\begin{pmatrix}0&0&2&5\\0&0&1&3\\2&3&0&0\\2&2&0&0\end{pmatrix}$,求 A^{-1}.

解 对 A 作分块,设 $A_1=\begin{pmatrix}2&5\\1&3\end{pmatrix}$,$A_2=\begin{pmatrix}2&3\\2&2\end{pmatrix}$,有

$$A=\begin{pmatrix}O&A_1\\A_2&O\end{pmatrix}.$$

由 $|A_1|=\begin{vmatrix}2&5\\1&3\end{vmatrix}=1$, $|A_2|=\begin{vmatrix}2&3\\2&2\end{vmatrix}=-2$,知 A_1, A_2 可逆,且

$$A_1^{-1}=\begin{pmatrix}3&-5\\-1&2\end{pmatrix},\quad A_2^{-1}=-\frac{1}{2}\begin{pmatrix}2&-3\\-2&2\end{pmatrix}=\begin{pmatrix}-1&\frac{3}{2}\\1&-1\end{pmatrix}.$$

又由

$$\left(\begin{array}{cc:cc}O&A_1&E_2&O\\A_2&O&O&E_2\end{array}\right)\longrightarrow\left(\begin{array}{cc:cc}A_2&O&O&E_2\\O&A_1&E_2&O\end{array}\right)\xrightarrow[A_1^{-1}②]{A_2^{-1}①}\left(\begin{array}{cc:cc}E_2&O&O&A_2^{-1}\\O&E_2&A_1^{-1}&O\end{array}\right),$$

因此

$$A^{-1}=\begin{pmatrix}O&A_2^{-1}\\A_1^{-1}&O\end{pmatrix}=\begin{pmatrix}0&0&-1&\frac{3}{2}\\0&0&1&-1\\3&-5&0&0\\-1&2&0&0\end{pmatrix}.$$

2.6 矩阵的秩

根据2.5节定理2.3,任何一个矩阵 A 都可以通过初等变换化为标准形 Λ,Λ 中对角线上非零元的个数 r 是刻画矩阵特征的重要指标,称为矩阵的秩.下面给出秩的一般概念以及用初等变换求矩阵秩的方法.

2.6.1 矩阵秩的概念

定义 2.13 设$\boldsymbol{A}=(a_{ij})$是$m\times n$矩阵，从$\boldsymbol{A}$中任取k行k列$(1\leqslant k\leqslant \min\{m,n\})$，位于这些行列相交处的元素按原来的次序组成的一个$k$阶行列式称为矩阵$\boldsymbol{A}$的一个$k$阶子式.

例如，设

$$\boldsymbol{A}=\begin{pmatrix}2 & 5 & 6 & 4\\ 1 & -1 & 0 & -3\\ 3 & 4 & 2 & 8\end{pmatrix}.$$

在$\boldsymbol{A}$中抽取第1，2行和第2，3列，它们交叉位置上的元素构成$\boldsymbol{A}$的一个二阶子式$\begin{vmatrix}5 & 6\\ -1 & 0\end{vmatrix}$.

一般地，对于一个$m\times n$的矩阵$\boldsymbol{A}$，共有$C_m^k C_n^k$个k阶子式. 如果矩阵$\boldsymbol{A}$的所有一阶子式，即$\boldsymbol{A}$的所有元素为零，则$\boldsymbol{A}=\boldsymbol{O}$，否则至少有一个一阶子式不为零. 还可以进一步考察$\boldsymbol{A}$的所有二阶、三阶子式中是否有非零子式，直至$\min\{m,n\}$阶子式. 显然，必存在一个阶数最大的非零子式，这个最大阶数就是矩阵$\boldsymbol{A}$的秩.

定义 2.14 矩阵$\boldsymbol{A}$的不等于零的子式的最大阶数称为矩阵$\boldsymbol{A}$的秩，记作$r(\boldsymbol{A})$或秩$(\boldsymbol{A})$.

零矩阵的秩规定为0，即$r(\boldsymbol{O})=0$.

由矩阵的秩的定义，可以得出下面结论：

(1)若$\boldsymbol{A}$为$m\times n$矩阵，则$r(\boldsymbol{A})\leqslant\min\{m,n\}$，即矩阵$\boldsymbol{A}$的秩不会超过其行数或列数. 当$r(\boldsymbol{A})=\min\{m,n\}$时，称$\boldsymbol{A}$为满秩的或称$\boldsymbol{A}$为满秩矩阵.

(2)若$\boldsymbol{A}$为方阵，则$\boldsymbol{A}$满秩(即$r(\boldsymbol{A})=n$)的充分必要条件是$\boldsymbol{A}$可逆.

(3)若$\boldsymbol{A}$有一个r阶子式不为零，则$r(\boldsymbol{A})\geqslant r$；若$\boldsymbol{A}$的所有$r+1$阶子式为零，则$r(\boldsymbol{A})\leqslant r$；若$\boldsymbol{A}$至少有一个$r$阶子式不为零，且全部$r+1$阶子式为零，则$r(\boldsymbol{A})=r$.

(4)$r(\boldsymbol{A})=r(\boldsymbol{A}^{\mathrm{T}})$，$r(k\boldsymbol{A})=r(\boldsymbol{A})(k\neq 0)$.

(5)若$\boldsymbol{A}_1$是矩阵$\boldsymbol{A}$的子块，则$r(\boldsymbol{A}_1)\leqslant r(\boldsymbol{A})$.

(6)若$\boldsymbol{A},\boldsymbol{B}$分别为$n$阶、$m$阶方阵，$r(\boldsymbol{A})=r_1$，$r(\boldsymbol{B})=r_2$，则

$$r\begin{pmatrix}\boldsymbol{A} & \boldsymbol{O}\\ \boldsymbol{O} & B\end{pmatrix}=r(\boldsymbol{A})+r(\boldsymbol{B})=r_1+r_2.$$

例1 求矩阵$\boldsymbol{A}=\begin{pmatrix}1 & 2 & 3 & 4\\ 1 & -1 & 2 & 1\\ 2 & 1 & 5 & 5\end{pmatrix}$的秩.

解 首先$\boldsymbol{A}$有二阶非零子式$\begin{vmatrix}1 & 2\\ 1 & -1\end{vmatrix}=-3\neq 0$. 又因$\boldsymbol{A}$的第

三行元素为其第一行与第二行对应元素之和,故由行列式的性质,其所有三阶子式均为零,于是 $r(\boldsymbol{A})=2$.

一般地,用定义求矩阵的秩不切实际.例如一个 4×5 阶矩阵,仅验证所有三阶子式是否为零,就要计算 $C_4^3C_5^3=40$ 个三阶行列式.因此,需要找到一个简便易行的方法求矩阵的秩,这种方法就是初等变换法.

2.6.2 用初等变换求矩阵的秩

初等变换是否会改变矩阵的秩,这是用初等变换法求矩阵的秩必须要解决的关键问题.

定理 2.4 初等变换不改变矩阵的秩.

证 只考虑对矩阵作一次初等行变换的情况,其余情况可以类推.

设矩阵 $\boldsymbol{A}_{m\times n}$ 经一次初等行变换变为矩阵 $\boldsymbol{B}_{m\times n}$, $r(\boldsymbol{A})=r_1$, $r(\boldsymbol{B})=r_2$.

在对 $\boldsymbol{A}$ 施行第一、第二种变换,即交换两行位置或用非零数 k 乘某行时,根据行列式的性质,不会改变 $\boldsymbol{A}$ 中任意 r_1+1 阶子式为零和至少有一个 r_1 阶子式不为零的事实,因此, $r(\boldsymbol{B})=r(\boldsymbol{A})$,即

$$r_1=r_2.$$

在对 $\boldsymbol{A}$ 施行第三种变换,即将 i 行的 l 倍加至第 j 行时,如果 $\boldsymbol{B}$ 中 r_1+1 阶子式 $|\boldsymbol{B}_1|$ 不含第 j 行或同时含第 i,j 行,则 $|\boldsymbol{B}_1|$ 即为 $\boldsymbol{A}$ 中 r_1+1 阶子式,其值为零,如果 $\boldsymbol{B}$ 中 r_1+1 阶子式 $|\boldsymbol{B}_1|$ 不含第 i 行只含第 j 行,则由行列式性质 4, $|\boldsymbol{B}_1|=|\boldsymbol{A}_1|+l|\boldsymbol{A}_2|$,其中 $|\boldsymbol{A}_1|$, $|\boldsymbol{A}_2|$ 为 $\boldsymbol{A}$ 的 r_1+1 阶子式,由 $|\boldsymbol{A}_1|=0$, $|\boldsymbol{A}_2|=0$,也有 $|\boldsymbol{B}_1|=0$,从而证明 $\boldsymbol{B}$ 中所有 r_1+1 阶子式为零.因此, $r(\boldsymbol{B})\leqslant r_1$,即 $r_2\leqslant r_1$.同理, $\boldsymbol{A}$ 也可看作对矩阵 $\boldsymbol{B}$ 施行第三种变换,即将第 i 行的 $-l$ 倍加至第 j 行得到的矩阵,同时有 $r(\boldsymbol{A})\leqslant r_2$,即 $r_1\leqslant r_2$,于是有 $r_1=r_2$.

综上所述,对 $\boldsymbol{A}$ 施行一次初等行变换,不改变 $\boldsymbol{A}$ 的秩.同理可证,对 $\boldsymbol{A}$ 施行一次初等列变换也不改变 $\boldsymbol{A}$ 的秩,所以初等变换不改变矩阵的秩.

由定理 2.4,可以推出以下结论.

推论 1 矩阵 $\boldsymbol{A}$ 左乘或右乘可逆矩阵,不改变矩阵的秩.

推论 2 $m\times n$ 的矩阵 $\boldsymbol{A}$ 和矩阵 $\boldsymbol{B}$ 等价的充分必要条件是 $r(\boldsymbol{A})=r(\boldsymbol{B})$.

推论 1 和推论 2 的证明留作练习.

由定理 2.3 知,任何一个矩阵 $\boldsymbol{A}$ 均与一个标准形 $\boldsymbol{D}=\begin{pmatrix}\boldsymbol{E}_r & \boldsymbol{O}\\ \boldsymbol{O} & \boldsymbol{O}\end{pmatrix}$ 等价,从而 $r(\boldsymbol{A})=r(\boldsymbol{D})=r$.因此,对于任何一个矩阵,经过若

干次初等变换均可化为 $\boldsymbol{D}$,即可得到 $r(\boldsymbol{A})$. 这种求秩的方法叫作初等变换法.

例 2　利用初等变换求矩阵

$$\boldsymbol{A}=\begin{pmatrix}1&-2&-1&0&2\\-2&4&2&6&-6\\2&-1&0&2&3\\3&3&3&3&4\end{pmatrix}\text{的秩.}$$

解　对 $\boldsymbol{A}$ 施以初等行变换,

$$\boldsymbol{A}=\begin{pmatrix}1&-2&-1&0&2\\-2&4&2&6&-6\\2&-1&0&2&3\\3&3&3&3&4\end{pmatrix}\xrightarrow[\text{④}-\text{①}\times 3]{\substack{\text{②}+\text{①}\times 2\\ \text{③}-\text{①}\times 2}}\begin{pmatrix}1&-2&-1&0&2\\0&0&0&6&-2\\0&3&2&2&-1\\0&9&6&3&-2\end{pmatrix}$$

$$\xrightarrow{\text{②与③互换}}\begin{pmatrix}1&-2&-1&0&2\\0&3&2&2&-1\\0&0&0&6&-2\\0&9&6&3&-2\end{pmatrix}\xrightarrow{\text{③与④互换}}\begin{pmatrix}1&-2&-1&0&2\\0&3&2&2&-1\\0&9&6&3&-2\\0&0&0&6&-2\end{pmatrix}$$

$$\xrightarrow{\text{③}-\text{②}\times 3}\begin{pmatrix}1&-2&-1&0&2\\0&3&2&2&-1\\0&0&0&-3&1\\0&0&0&6&-2\end{pmatrix}\xrightarrow{\text{④}+\text{③}\times 2}\begin{pmatrix}1&-2&-1&0&2\\0&3&2&2&-1\\0&0&0&-3&1\\0&0&0&0&0\end{pmatrix}$$

$=\boldsymbol{B}$.

可以看出,矩阵 $\boldsymbol{B}$ 中存在三阶非零子式 $\begin{vmatrix}1&-2&0\\0&3&2\\0&0&-3\end{vmatrix}=-9\neq 0$,

且其所有四阶子式均为零. 因此,$r(\boldsymbol{A})=r(\boldsymbol{B})=3$.

例 2 说明实际通过初等变换求矩阵的秩时,不一定将 $\boldsymbol{A}$ 化为标准形,一般只要化为 $\boldsymbol{B}$ 的形式即可. 形如 $\boldsymbol{B}$ 的矩阵称为阶梯形矩阵.

习题 2

1. 设 $\boldsymbol{A}=\begin{pmatrix}-1&3&2\\2&0&3\end{pmatrix}$,$\boldsymbol{B}=\begin{pmatrix}3&4&2\\7&-3&3\end{pmatrix}$,计算 $\boldsymbol{A}+\boldsymbol{B}$,$\boldsymbol{A}-\boldsymbol{B}$.

2. 设

$$\boldsymbol{A}=\begin{pmatrix}3&1&1&2\\2&1&2&4\\1&2&3&0\end{pmatrix},\ \boldsymbol{B}=\begin{pmatrix}1&1&-1&3\\2&-1&0&1\\1&0&1&-1\end{pmatrix},$$

求:(1)$2\boldsymbol{A}-\boldsymbol{B}$;(2)$3\boldsymbol{A}+2\boldsymbol{B}$;

(3)$\boldsymbol{X}$ 满足 $\boldsymbol{A}-\boldsymbol{X}=2\boldsymbol{X}+3\boldsymbol{B}$,求 $\boldsymbol{X}$.

3. 设 $\boldsymbol{A}=\begin{pmatrix}1&3\\0&-4\end{pmatrix}$,$\boldsymbol{B}=\begin{pmatrix}3&0\\-2&2\end{pmatrix}$,$\boldsymbol{C}=\begin{pmatrix}-4&-6\\2&7\end{pmatrix}$,$x,y,z$ 为实数且满足等式 $x\boldsymbol{A}-y\boldsymbol{B}+z\boldsymbol{C}=\boldsymbol{E}$,求 x,y,z.

4. 计算：

(1) $\begin{pmatrix}1&2\\3&4\end{pmatrix}\begin{pmatrix}-2&3\\1&-2\end{pmatrix}$；

(2) $\begin{pmatrix}1&2\\-2&0\\4&3\end{pmatrix}\begin{pmatrix}-1&3\\1&-2\end{pmatrix}$；

(3) $\begin{pmatrix}5&1&0\\2&4&5\end{pmatrix}\begin{pmatrix}1&2\\-2&0\\4&3\end{pmatrix}$；

(4) $\begin{pmatrix}1&0&0\\0&1&0\\-2&0&1\end{pmatrix}\begin{pmatrix}1&2&3&4\\2&3&4&1\\3&4&1&2\end{pmatrix}$；

(5) $(1,-2,4,5,3)\begin{pmatrix}1\\-2\\4\\5\\3\end{pmatrix}$；

(6) $(1,1,1)\begin{pmatrix}2&-5&0&-8\\-1&3&9&3\\3&2&-7&2\end{pmatrix}\begin{pmatrix}2\\11\\1\\4\end{pmatrix}$.

5. 求下列各题中的 $\boldsymbol{AB}, \boldsymbol{BA}, \boldsymbol{AB}-\boldsymbol{BA}$：

(1) $\boldsymbol{A}=\begin{pmatrix}5&-1&2\\3&5&0\\1&4&1\end{pmatrix}$,

$\boldsymbol{B}=\begin{pmatrix}5&9&-10\\-3&3&6\\7&-21&28\end{pmatrix}$；

(2) $\boldsymbol{A}=\begin{pmatrix}1&-2&3\\-2&2&0\\1&-1&0\end{pmatrix}$,

$\boldsymbol{B}=\begin{pmatrix}1&3&-2\\1&3&-2\\1&3&-2\end{pmatrix}$.

6. 用矩阵乘法计算下列连续进行的线性变换的结果：

$$\begin{cases}x_1=y_1-y_2+y_3,\\x_2=\quad\ \ 2y_2+y_3,\\x_3=2y_1+y_2-y_3;\end{cases}\quad\begin{cases}y_1=2z_1+z_2+z_3,\\y_2=z_1-2z_2+z_3,\\y_3=z_1\quad\quad -z_3.\end{cases}$$

7. 计算：

(1) $\begin{pmatrix}1&1\\0&1\end{pmatrix}^{10}$；

(2) $\begin{pmatrix}\cos\varphi&-\sin\varphi\\\sin\varphi&\cos\varphi\end{pmatrix}^n$；

(3) $\begin{pmatrix}\lambda&1&0\\0&\lambda&1\\0&0&\lambda\end{pmatrix}^n$；

(4) $\left(\begin{pmatrix}2\\3\\-1\end{pmatrix}(1,2,3)\right)^n$；

(5) $\begin{pmatrix}1&-1&-1&-1\\-1&1&-1&-1\\-1&-1&1&-1\\-1&-1&-1&1\end{pmatrix}^n$；

(6) $\boldsymbol{A}^n-2\boldsymbol{A}^{n-1}$，其中，$\boldsymbol{A}=\begin{pmatrix}1&0&1\\0&2&0\\1&0&1\end{pmatrix}$.

8. 设 $f(x)=x^2-3x+2$，

$\boldsymbol{A}=\begin{pmatrix}1&-1&3\\0&1&-1\\0&0&1\end{pmatrix}$，求 $f(\boldsymbol{A})$.

9. 设 $\boldsymbol{A}=\begin{pmatrix}2&1&-1\\0&3&2\end{pmatrix}$，

$\boldsymbol{B}=\begin{pmatrix}1&2&0\\0&-1&2\\1&3&0\end{pmatrix}$，验证 $(\boldsymbol{AB})^{\mathrm{T}}=\boldsymbol{B}^{\mathrm{T}}\boldsymbol{A}^{\mathrm{T}}$.

10. 设

$$\boldsymbol{A}=\left(\begin{array}{cc:cc}1&0&1&3\\0&1&2&4\\\hdashline 0&0&0&-2\\0&0&-2&0\end{array}\right),\quad \boldsymbol{B}=\left(\begin{array}{cc:cc}1&2&0&0\\2&0&0&0\\\hdashline 1&0&1&0\\-1&3&0&1\end{array}\right),$$

按指定分块的方法计算 $\boldsymbol{A}^{\mathrm{T}}\boldsymbol{B}, \boldsymbol{A}^2$.

11. 设四阶矩阵

$\boldsymbol{A}=(\boldsymbol{\alpha},\boldsymbol{\gamma}_2,\boldsymbol{\gamma}_3,\boldsymbol{\gamma}_4)$， $\boldsymbol{B}=(\boldsymbol{\beta},\boldsymbol{\gamma}_2,\boldsymbol{\gamma}_3,\boldsymbol{\gamma}_4)$，其中 $\boldsymbol{\alpha},\boldsymbol{\beta},\boldsymbol{\gamma}_2,\boldsymbol{\gamma}_3,\boldsymbol{\gamma}_4$ 均为四阶矩阵的列. 若 $|\boldsymbol{A}|=4$，$|\boldsymbol{B}|=1$，求行列式 $|\boldsymbol{A}+\boldsymbol{B}|$.

12. 证明：如果 $\boldsymbol{A}^2=\boldsymbol{A}$，但 $\boldsymbol{A}$ 不是单位矩阵，则 $\boldsymbol{A}$ 必为奇异矩阵.

13. 判断下列矩阵是否可逆，若可逆，求其逆矩阵：

(1) $\begin{pmatrix}38 & 7\\ 11 & 2\end{pmatrix}$　　(2) $\begin{pmatrix}1 & 2 & 1\\ 3 & 4 & 5\\ 3 & 2 & 8\end{pmatrix}$；

(3) $\begin{pmatrix}1 & -3 & 8\\ 0 & 1 & -3\\ 0 & 0 & 1\end{pmatrix}$；

(4) $\begin{pmatrix}2 & 2 & 3\\ 1 & -1 & 0\\ -1 & 2 & 1\end{pmatrix}$.

14. 利用分块矩阵求下列矩阵的逆矩阵：

(1) $\begin{pmatrix}2 & 1 & 0 & 0\\ 1 & 1 & 0 & 0\\ 0 & 0 & 2 & 5\\ 0 & 0 & 1 & 3\end{pmatrix}$；

(2) $\begin{pmatrix}2 & 1 & 0 & 0\\ 1 & 1 & 0 & 0\\ -1 & 2 & 2 & 5\\ 1 & -1 & 1 & 3\end{pmatrix}$.

15. 设 $\boldsymbol{A},\boldsymbol{B},\boldsymbol{C}$ 为三阶矩阵，且

$$\boldsymbol{B}=\begin{pmatrix}1 & 2 & 1\\ 1 & -4 & 3\\ 1 & 0 & -1\end{pmatrix},\boldsymbol{C}=\begin{pmatrix}1 & 0 & 1\\ 0 & 1 & 3\\ 0 & -1 & 2\end{pmatrix},$$

证明：若 $\boldsymbol{ABC}=\boldsymbol{E}$，则 $\boldsymbol{A}$ 可逆，并求逆矩阵 $\boldsymbol{A}^{-1}$.

16. 设 $\boldsymbol{A},\boldsymbol{B},\boldsymbol{C},\boldsymbol{D}$ 均为 n 阶矩阵，且 $\boldsymbol{A}$ 可逆，记

$$\boldsymbol{P}=\begin{pmatrix}\boldsymbol{E} & \boldsymbol{O}\\ -\boldsymbol{CA}^{-1} & \boldsymbol{E}\end{pmatrix},\quad \boldsymbol{Q}=\begin{pmatrix}\boldsymbol{A} & \boldsymbol{B}\\ \boldsymbol{C} & \boldsymbol{D}\end{pmatrix},$$

$$\boldsymbol{R}=\begin{pmatrix}\boldsymbol{E} & \boldsymbol{A}^{-1}\boldsymbol{B}\\ \boldsymbol{O} & \boldsymbol{E}\end{pmatrix}.$$

(1) 计算 $\boldsymbol{PQR}$；

(2) 证明：$\begin{vmatrix}\boldsymbol{A} & \boldsymbol{B}\\ \boldsymbol{C} & \boldsymbol{D}\end{vmatrix}=|\boldsymbol{A}\|\boldsymbol{D}-\boldsymbol{CA}^{-1}\boldsymbol{B}|$.

17. 求解下列矩阵方程：

(1) $\begin{pmatrix}1 & -2\\ 3 & -5\end{pmatrix}\boldsymbol{X}=\begin{pmatrix}1 & 3\\ 3 & 5\end{pmatrix}$；

(2) $\begin{pmatrix}1 & 1 & -1\\ -2 & 1 & 1\\ 1 & 1 & 1\end{pmatrix}\boldsymbol{X}=\begin{pmatrix}-1 & 3\\ 2 & 1\\ 4 & 2\end{pmatrix}$；

(3) $\boldsymbol{X}\begin{pmatrix}2 & 0 & -1\\ -2 & 1 & 3\\ 1 & 1 & 1\end{pmatrix}=\begin{pmatrix}1 & 4 & -3\\ 2 & 0 & 5\end{pmatrix}$.

18. 设 $\boldsymbol{A},\boldsymbol{B}$ 为 n 阶方阵，且存在 n 阶可逆矩阵 $\boldsymbol{P}$，使得 $\boldsymbol{A}=\boldsymbol{P}^{-1}\boldsymbol{BP}$，证明：

$$\boldsymbol{A}^n=\boldsymbol{P}^{-1}\boldsymbol{B}^n\boldsymbol{P}.$$

19. 设 $\boldsymbol{A}$ 为 n 阶方阵，$\boldsymbol{P}$ 为 n 阶可逆矩阵，λ 为任意常数，证明：

(1) $|\lambda\boldsymbol{E}+\boldsymbol{P}^{-1}\boldsymbol{AP}|=|\lambda\boldsymbol{E}+\boldsymbol{A}|$；

(2) $|\lambda\boldsymbol{E}+\boldsymbol{P}^{-1}\boldsymbol{AP}|=|\lambda\boldsymbol{E}+\boldsymbol{A}^{\mathrm{T}}|$.

20. 设 $\boldsymbol{A},\boldsymbol{B},\boldsymbol{C},\boldsymbol{D}$ 均为 n 阶方阵，且 $\boldsymbol{ABCD}=\boldsymbol{E}$，证明：

(1) $\boldsymbol{CDAB}=\boldsymbol{E}$；

(2) $\boldsymbol{A},\boldsymbol{B},\boldsymbol{C},\boldsymbol{D}$ 均可逆，且 $\boldsymbol{C}^{-1}\boldsymbol{B}^{-1}\boldsymbol{A}^{-1}\boldsymbol{D}^{-1}=\boldsymbol{E}$.

21. 证明：若方阵 $\boldsymbol{A}$ 满足等式 $\boldsymbol{A}^2-2\boldsymbol{A}+\boldsymbol{E}=\boldsymbol{O}$，则必可逆，并给出 $\boldsymbol{A}^{-1}$.

22. 判断下列结论是否正确：

(1) 两个三角矩阵的乘积仍为三角矩阵；

(2) 设 $\boldsymbol{A},\boldsymbol{B}$ 为 n 阶对角矩阵，则

$(\boldsymbol{A}-\boldsymbol{B})^3=\boldsymbol{A}^3-3\boldsymbol{A}^2\boldsymbol{B}+3\boldsymbol{AB}^2-\boldsymbol{B}^3$；

(3) 设 $\boldsymbol{A}$ 为 n 阶矩阵，$\boldsymbol{A}^*$ 为其伴随矩阵，则 $\boldsymbol{A}$ 与 $\boldsymbol{A}^*$ 可交换；

(4) $\boldsymbol{A}^*=\boldsymbol{O}$ 的充分必要条件是 $\boldsymbol{A}=\boldsymbol{O}$；

(5) 任何一个 $s\times n$ 的矩阵 $\boldsymbol{A}$，其对应的 $\boldsymbol{AA}^{\mathrm{T}}$ 都是对称矩阵；

(6) 若 $\boldsymbol{A}$ 为可逆的反对称矩阵，则 $\boldsymbol{A}^{-1}$ 也必为反对称矩阵.

23. 设 $\boldsymbol{A},\boldsymbol{B}$ 为 n 阶矩阵，已知 $\boldsymbol{A}=\begin{pmatrix}1&0&0\\0&2&0\\0&0&-3\end{pmatrix}$且满足 $\boldsymbol{ABA}^*=3\boldsymbol{AB}-2\boldsymbol{E}$，求矩阵$\boldsymbol{B}$.

24. 已知 $\boldsymbol{A}^{-1}=\begin{pmatrix}1&2&3\\1&1&3\\1&2&5\end{pmatrix}$，求$(\boldsymbol{A}^*)^{-1}$，$|(\boldsymbol{A}^*)^*-\boldsymbol{A}|$.

25. 证明：任何一个矩阵均可表示为一个对称矩阵和一个反对称矩阵之和.

26. 设$\boldsymbol{A}$为三阶可逆矩阵，若将$\boldsymbol{A}$的第2,3行交换位置，然后再将第1行的2倍加至第3行，得到矩阵$\boldsymbol{B}$，求$\boldsymbol{AB}^{-1}$.

27. 计算下列矩阵乘法：

(1) $\begin{pmatrix}0&1&0\\1&0&0\\0&0&1\end{pmatrix}^{2007}\cdot\begin{pmatrix}a_{11}&a_{12}&a_{13}&a_{14}\\a_{21}&a_{22}&a_{23}&a_{24}\\a_{31}&a_{32}&a_{33}&a_{34}\end{pmatrix}\cdot\begin{pmatrix}1&0&0&0\\0&1&0&0\\-1&0&1&0\\0&0&0&1\end{pmatrix}^{7}$;

(2) $\left(\begin{pmatrix}1&0&1\\0&1&0\\0&0&1\end{pmatrix}^{-1}\right)^{7}\cdot\begin{pmatrix}a_{11}&a_{12}&a_{13}&a_{14}\\a_{21}&a_{22}&a_{23}&a_{24}\\a_{31}&a_{32}&a_{33}&a_{34}\end{pmatrix}\cdot\left(\begin{pmatrix}0&0&1&0\\0&1&0&0\\1&0&0&0\\0&0&0&1\end{pmatrix}^{-1}\right)^{2007}$.

28. 用初等变换法求下列矩阵的逆矩阵：

(1) $\begin{pmatrix}1&-2&1&3\\0&1&-2&1\\0&0&1&-2\\0&0&0&1\end{pmatrix}$;

(2) $\begin{pmatrix}1&1&1&1\\1&1&-1&-1\\1&-1&1&-1\\1&-1&-1&1\end{pmatrix}$;

(3) $\begin{pmatrix}0&0&n-2&0&\cdots&0\\0&0&0&n-3&\cdots&0\\\vdots&\vdots&\vdots&\vdots&&\vdots\\0&0&0&0&\cdots&1\\n&0&0&0&\cdots&0\\0&n-1&0&0&\cdots&0\end{pmatrix}$.

29. 求下列矩阵的秩：

(1) $\begin{pmatrix}1&-1&1&-1\\-1&2&1&-1\\-1&-1&1&1\\1&0&-3&1\end{pmatrix}$;

(2) $\begin{pmatrix}0&1&1&1&-2\\0&2&2&2&0\\0&-1&-1&1&1\\1&-1&-1&1&5\end{pmatrix}$;

(3) $\begin{pmatrix}3&4&-1&0&-2\\2&1&2&2&0\\5&5&1&2&-2\\7&6&3&4&-2\end{pmatrix}$;

(4) $\begin{pmatrix}1&1&1&3&-2&0\\3&7&7&2&-6&0\\0&-1&-1&1&1&3\\4&2&2&10&3&4\end{pmatrix}$.

30. 设 $\boldsymbol{A}=\begin{pmatrix}a&b&b&b\\b&a&b&b\\b&b&a&b\\b&b&b&a\end{pmatrix}$，其中，$b$ 为非零常数，且 $r(\boldsymbol{A})=3$，试问 a 应满足什么条件？

31. 设$\boldsymbol{A}$为三阶矩阵，$\boldsymbol{A}^*$为其伴随矩阵，且$r(\boldsymbol{A})=2$，求下列矩阵的秩：

(1) $\boldsymbol{A}^*$;　　(2) $\begin{pmatrix}\boldsymbol{A}&\boldsymbol{O}\\\boldsymbol{O}&\boldsymbol{A}^*\end{pmatrix}$.

32. 设$\boldsymbol{A}$是一个二阶矩阵，且$\boldsymbol{A}^2=\boldsymbol{E}$，但$\boldsymbol{A}\neq\pm\boldsymbol{E}$，证明：$\boldsymbol{A}+\boldsymbol{E}$，$\boldsymbol{A}-\boldsymbol{E}$的秩都是1.

第3章 向量与向量空间

向量是特殊形式的矩阵，即 $1\times n$ 阶或 $n\times 1$ 阶矩阵($n\geqslant 2$). 当 $n=2$ 时，即对应平面上的向量，本章主要讲解向量之间的线性相关性和线性无关性，以及由 n 维向量形成的线性空间的结构，为后面学习线性方程组的求解奠定基础.

3.1 向量

3.1.1 向量的概念

定义 3.1 由 n 个数 $a_1,a_2,\cdots,a_n$ 组成的一个 n 元有序数组排成一个 $n\times 1$ 阶矩阵

$$\begin{pmatrix} a_1 \\ a_2 \\ \vdots \\ a_n \end{pmatrix},$$

称为一个 n 维列向量，或简称 n 维向量，其中，第 i 个数 a_i 称为向量的第 i 个分量. 一般用小写黑体希腊字母 $\boldsymbol{\alpha},\boldsymbol{\beta},\boldsymbol{\gamma},\cdots$ 表示向量，而用带有下标的小写拉丁字母 $a_i,b_j,c_k,\cdots$ 表示向量的分量. 为了书写方便，向量常常写成行的形式，用 $1\times n$ 阶矩阵的转置

$$(a_1,a_2,\cdots,a_n)^{\mathrm{T}}$$

表示 n 维列向量.

同样地，一个 $1\times n$ 阶矩阵

$$(a_1,a_2,\cdots,a_n)$$

称为一个 n 维行向量. 如无特殊说明，向量一般指列向量.

分量都为实数的向量称为实向量，分量有复数的向量称为复向量，如没有特别声明，本书讨论的都是实向量.

如果 n 维向量 $\boldsymbol{\alpha}=(a_1,a_2,\cdots,a_n)^{\mathrm{T}}$ 与 $\boldsymbol{\beta}=(b_1,b_2,\cdots,b_n)^{\mathrm{T}}$ 对应的分量全相等，即

$$a_i=b_i \quad (i=1,2,\cdots,n),$$

则称向量 $\boldsymbol{\alpha}$ 与 $\boldsymbol{\beta}$ 相等，记作 $\boldsymbol{\alpha}=\boldsymbol{\beta}$.

所有分量都是0的向量称为**零向量**,记作$\mathbf{0}=(0,0,\cdots,0)^{\mathrm{T}}$.

我们用$\mathbb{R}^n$表示全体n维实向量(所有分量都是实数)的集合.如图3.1所示,当$n=2$时,在一个平面上建立了直角坐标系后,平面上的每一点由它的坐标(a,b)决定,我们可以把平面上的点(a,b)等同于二维向量$\begin{pmatrix}a\\b\end{pmatrix}$.于是$\mathbb{R}^2$可以看作平面上点的集合.直观上,用带有箭头的从点$O(0,0)$到点$P(a,b)$的有向线段表示向量$\begin{pmatrix}a\\b\end{pmatrix}$.同样地,$\mathbb{R}^3$可以看作空间中点的集合.

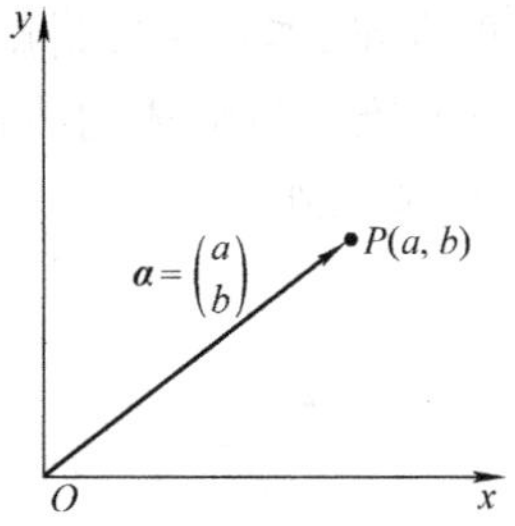

图 3.1

3.1.2 向量的线性运算

由于向量可以看作特殊结构的矩阵,因此,矩阵的加法及数乘运算对于向量也成立.

定义3.2 设$\boldsymbol{\alpha},\boldsymbol{\beta}$是$\mathbb{R}^n$中的两个向量,$\boldsymbol{\alpha}=(a_1,a_2,\cdots,a_n)^{\mathrm{T}}$,$\boldsymbol{\beta}=(b_1,b_2,\cdots,b_n)^{\mathrm{T}}$,则向量

$$(a_1+b_1,a_2+b_2,\cdots,a_n+b_n)^{\mathrm{T}}$$

称为向量$\boldsymbol{\alpha}$与向量$\boldsymbol{\beta}$的和,记为$\boldsymbol{\alpha}+\boldsymbol{\beta}$,即两个$n$维向量之和仍为$n$维向量,其分量为向量对应分量之和.

定义3.3 设$\boldsymbol{\alpha}$是$\mathbb{R}^n$中的一个向量,且$\boldsymbol{\alpha}=(a_1,a_2,\cdots,a_n)^{\mathrm{T}}$,$k$为任意实数,则向量

$$(ka_1,ka_2,\cdots,ka_n)^{\mathrm{T}}$$

称为数k与向量$\boldsymbol{\alpha}$的乘积,记作$k\boldsymbol{\alpha}$,即数与n维向量的乘积仍为n维向量,其分量是原向量分量的常数倍.

向量的加法运算和数乘运算,统称为线性运算.对应于矩阵的线性运算,向量的线性运算也满足下列运算律:

(1)$\boldsymbol{\alpha}+\boldsymbol{\beta}=\boldsymbol{\beta}+\boldsymbol{\alpha}$;

(2)$(\boldsymbol{\alpha}+\boldsymbol{\beta})+\boldsymbol{\gamma}=\boldsymbol{\alpha}+(\boldsymbol{\beta}+\boldsymbol{\gamma})$;

(3)$\boldsymbol{\alpha}+\mathbf{0}=\mathbf{0}+\boldsymbol{\alpha}$;

(4)$\boldsymbol{\alpha}+(-\boldsymbol{\alpha})=\mathbf{0}$;

(5)$k(\boldsymbol{\alpha}+\boldsymbol{\beta})=k\boldsymbol{\alpha}+k\boldsymbol{\beta}$;

(6)$(k+l)\boldsymbol{\alpha}=k\boldsymbol{\alpha}+l\boldsymbol{\alpha}$;

(7) $(kl)\boldsymbol{\alpha}=k(l\boldsymbol{\alpha})+l(k\boldsymbol{\alpha})$;

(8) $1\boldsymbol{\alpha}=\boldsymbol{\alpha}$.

其中，$\boldsymbol{\alpha},\boldsymbol{\beta},\boldsymbol{\gamma}$ 是任意 n 维向量，k,l 是任意实数，$-\boldsymbol{\alpha}$ 表示 $(-1)\boldsymbol{\alpha}$，称为 $\boldsymbol{\alpha}$ 的负向量.

为了方便起见，我们用负向量定义向量的减法，即向量 $\boldsymbol{\alpha}$ 与 $\boldsymbol{\beta}$ 的差为

$$\boldsymbol{\alpha}-\boldsymbol{\beta}=\boldsymbol{\alpha}+(-\boldsymbol{\beta}).$$

$\mathbb{R}^n$ 连同上面定义的加法和数乘运算称为 n 维向量空间，仍记作 $\mathbb{R}^n$.

3.2　向量组的线性关系

3.2.1　线性组合

定义 3.4　设 $\boldsymbol{\alpha}_1,\boldsymbol{\alpha}_2,\cdots,\boldsymbol{\alpha}_s\in\mathbb{R}^n$，$k_1,k_2,\cdots,k_s\in\mathbb{R}$，则表达式

$$k_1\boldsymbol{\alpha}_1+k_2\boldsymbol{\alpha}_2+\cdots+k_s\boldsymbol{\alpha}_s$$

称为 $\boldsymbol{\alpha}_1,\boldsymbol{\alpha}_2,\cdots,\boldsymbol{\alpha}_s$ 的一个线性组合，其中，$k_1,k_2,\cdots,k_s$ 称为组合系数，如果向量 $\boldsymbol{\beta}$ 能够表示为 $\boldsymbol{\alpha}_1,\boldsymbol{\alpha}_2,\cdots,\boldsymbol{\alpha}_s$ 的线性组合，即存在一组数 $k_1,k_2,\cdots,k_s$，使得

$$\boldsymbol{\beta}=k_1\boldsymbol{\alpha}_1+k_2\boldsymbol{\alpha}_2+\cdots+k_s\boldsymbol{\alpha}_s \tag{3.1}$$

成立，则称 $\boldsymbol{\beta}$ 可以由 $\boldsymbol{\alpha}_1,\boldsymbol{\alpha}_2,\cdots,\boldsymbol{\alpha}_s$ 线性表出.

注 1　零向量可以被任何向量组线性表出，这是因为只要取组合系数全为零即可.

注 2　向量组中任何一个向量均可被自身向量组表示.

事实上，设 $\boldsymbol{\alpha}_i$ 为向量组 $\boldsymbol{\alpha}_1,\boldsymbol{\alpha}_2,\cdots,\boldsymbol{\alpha}_i,\cdots,\boldsymbol{\alpha}_s$ 中的一个向量，总有

$$\boldsymbol{\alpha}_i=0\boldsymbol{\alpha}_1+0\boldsymbol{\alpha}_2+\cdots+\boldsymbol{\alpha}_i+0\boldsymbol{\alpha}_{i+1}+\cdots+0\boldsymbol{\alpha}_s,$$

即 $\boldsymbol{\alpha}_i(i=1,2,\cdots,s)$ 可以被向量组 $\boldsymbol{\alpha}_1,\boldsymbol{\alpha}_2,\cdots,\boldsymbol{\alpha}_s$ 线性表示.

3.2.2　线性相关与线性无关

定义 3.5　设 $\boldsymbol{\alpha}_1,\boldsymbol{\alpha}_2,\cdots,\boldsymbol{\alpha}_s\in\mathbb{R}^n(s\geqslant 1)$，如果存在不全为零的常数 $k_1,k_2,\cdots,k_s$，使得

$$k_1\boldsymbol{\alpha}_1+k_2\boldsymbol{\alpha}_2+\cdots+k_s\boldsymbol{\alpha}_s=\boldsymbol{0}, \tag{3.2}$$

则称 $\boldsymbol{\alpha}_1,\boldsymbol{\alpha}_2,\cdots,\boldsymbol{\alpha}_s$ 线性相关，否则称 $\boldsymbol{\alpha}_1,\boldsymbol{\alpha}_2,\cdots,\boldsymbol{\alpha}_s$ 线性无关. 换句话说，如果 $\boldsymbol{\alpha}_1,\boldsymbol{\alpha}_2,\cdots,\boldsymbol{\alpha}_s$ 线性无关，那么由

$$k_1\boldsymbol{\alpha}_1+k_2\boldsymbol{\alpha}_2+\cdots+k_s\boldsymbol{\alpha}_s=\boldsymbol{0},$$

可以推出 $k_1=k_2=\cdots=k_s=0$.

注 包含零向量的向量组必线性相关.

证 不妨设向量组 $\boldsymbol{\alpha}_1=\mathbf{0},\boldsymbol{\alpha}_2,\boldsymbol{\alpha}_3,\cdots,\boldsymbol{\alpha}_s$. 由于

$$\boldsymbol{\alpha}_1+0\boldsymbol{\alpha}_2+\cdots+0\boldsymbol{\alpha}_s=\boldsymbol{\alpha}_1=\mathbf{0},$$

知 $\boldsymbol{\alpha}_1,\boldsymbol{\alpha}_2,\cdots,\boldsymbol{\alpha}_s$ 线性相关.

例 1 单个向量 $\boldsymbol{\alpha}$ 线性无关的充要条件是 $\boldsymbol{\alpha}$ 为非零向量.

证 设数 k,使得 $k\boldsymbol{\alpha}=\mathbf{0}$,显然方程 $k\boldsymbol{\alpha}=\mathbf{0}$ 仅有零解的充分必要条件是 $\boldsymbol{\alpha}\neq\mathbf{0}$,故 $\boldsymbol{\alpha}\neq\mathbf{0}$ 是 $\boldsymbol{\alpha}$ 线性无关的充要条件.

注 在 $\mathbb{R}^n$ 中,任意 $n+1$ 个向量必线性相关.

证 设 $\boldsymbol{\alpha}_1,\boldsymbol{\alpha}_2,\cdots,\boldsymbol{\alpha}_{n+1}$ 为 n 维向量组,则向量方程

$$k_1\boldsymbol{\alpha}_1+k_2\boldsymbol{\alpha}_2+\cdots+k_{n+1}\boldsymbol{\alpha}_{n+1}=\mathbf{0}$$

等价于一个由 n 个方程组成的 $n+1$ 元齐次线性方程组. 一般地,齐次线性方程组当未知量的个数大于方程数时,必有非零解. 事实上将本题对应的齐次线性方程组改写为

$$\begin{pmatrix} a_{11} & a_{12} & \cdots & a_{1n} & a_{1,n+1} \\ a_{21} & a_{22} & \cdots & a_{2n} & a_{2,n+1} \\ \vdots & \vdots & & \vdots & \vdots \\ a_{n1} & a_{n2} & \cdots & a_{nn} & a_{n,n+1} \\ 0 & 0 & \cdots & 0 & 0 \end{pmatrix}\begin{pmatrix} k_1 \\ k_2 \\ \vdots \\ k_n \\ k_{n+1} \end{pmatrix}=\begin{pmatrix} 0 \\ 0 \\ \vdots \\ 0 \\ 0 \end{pmatrix},$$

其系数行列式 $D_{n+1}=0$,由定理 1.6 知,方程组有非零解,即 $\boldsymbol{\alpha}_1,\boldsymbol{\alpha}_2,\cdots,\boldsymbol{\alpha}_{n+1}$ 必线性相关.

例 2 两个非零向量 $\boldsymbol{\alpha},\boldsymbol{\beta}$ 线性相关的充要条件是两个向量的对应分量成比例.

证 若两个非零向量 $\boldsymbol{\alpha},\boldsymbol{\beta}$ 线性相关,则必存在不全为零的常数 k,l,使得

$$k\boldsymbol{\alpha}+l\boldsymbol{\beta}=\mathbf{0}.$$

若 $k=0$,有 $l\boldsymbol{\beta}=\mathbf{0}$,又因为 $\boldsymbol{\beta}\neq\mathbf{0}$,从而有 $l=0$,不合题意,因此 $k\neq0$. 于是,$\boldsymbol{\alpha}=-\dfrac{l}{k}\boldsymbol{\beta}$,即向量 $\boldsymbol{\alpha}$ 与 $\boldsymbol{\beta}$ 对应分量成比例.

又若向量 $\boldsymbol{\alpha}$ 与 $\boldsymbol{\beta}$ 对应分量成比例,即存在比例常数 k,使得 $\boldsymbol{\alpha}=k\boldsymbol{\beta}$,即存在非零常数 $1,-k$,使得 $\boldsymbol{\alpha}-k\boldsymbol{\beta}=\mathbf{0}$ 成立,故 $\boldsymbol{\alpha},\boldsymbol{\beta}$ 线性相关.

在 $\mathbb{R}^2$ 中,两个向量线性相关当且仅当它们共线,在 $\mathbb{R}^3$ 中,三个向量 $\boldsymbol{\alpha}_1,\boldsymbol{\alpha}_2,\boldsymbol{\alpha}_3$ 线性相关当且仅当 $\boldsymbol{\alpha}_1,\boldsymbol{\alpha}_2,\boldsymbol{\alpha}_3$ 共面. 如在 $\mathbb{R}^2$ 中向量 $\begin{pmatrix}2\\1\end{pmatrix}$ 与 $\begin{pmatrix}4\\2\end{pmatrix}$ 线性相关,而 $\begin{pmatrix}1\\2\end{pmatrix}$ 与 $\begin{pmatrix}3\\1\end{pmatrix}$ 线性无关,则 $\begin{pmatrix}2\\1\end{pmatrix}$ 与 $\begin{pmatrix}4\\2\end{pmatrix}$ 共线,$\begin{pmatrix}1\\2\end{pmatrix}$ 与 $\begin{pmatrix}3\\1\end{pmatrix}$ 不共线,如图 3.2 所示.

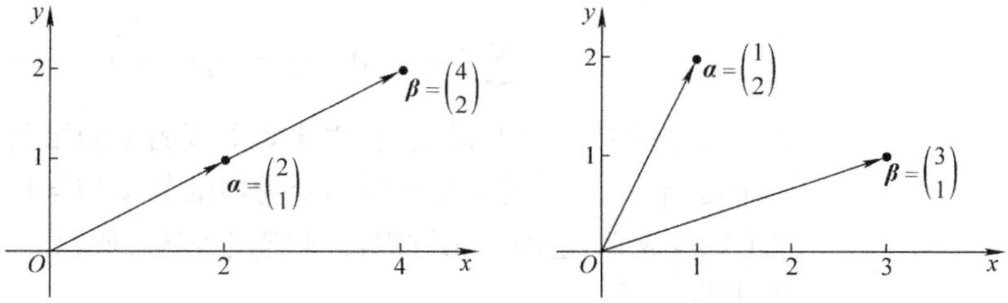

图　3.2

3.3　向量组的秩

3.3.1　等价向量组

前面我们讨论了向量组内向量之间的关系，现在讨论两个向量组之间的关系. 首先，介绍两个向量组等价的概念.

如果向量组 $\boldsymbol{\alpha}_1,\boldsymbol{\alpha}_2,\cdots,\boldsymbol{\alpha}_s$ 中的每一个向量 $\boldsymbol{\alpha}_i(i=1,2,\cdots,s)$ 都可由 $\boldsymbol{\beta}_1,\boldsymbol{\beta}_2,\cdots,\boldsymbol{\beta}_t$ 线性表出，则称向量组 $\boldsymbol{\alpha}_1,\boldsymbol{\alpha}_2,\cdots,\boldsymbol{\alpha}_s$ 可由向量组 $\boldsymbol{\beta}_1,\boldsymbol{\beta}_2,\cdots,\boldsymbol{\beta}_t$ 线性表出；如果两个向量组 $\boldsymbol{\alpha}_1,\boldsymbol{\alpha}_2,\cdots,\boldsymbol{\alpha}_s$ 和 $\boldsymbol{\beta}_1,\boldsymbol{\beta}_2,\cdots,\boldsymbol{\beta}_t$ 可以互相线性表出，则称两个向量组**等价**，记作

$$\{\boldsymbol{\alpha}_1,\boldsymbol{\alpha}_2,\cdots,\boldsymbol{\alpha}_s\}\cong\{\boldsymbol{\beta}_1,\boldsymbol{\beta}_2,\cdots,\boldsymbol{\beta}_t\}.$$

根据定义，向量组的等价具有三条基本性质：

(1) 反身性：任意向量组与其自身等价，即

$$\{\boldsymbol{\alpha}_1,\boldsymbol{\alpha}_2,\cdots,\boldsymbol{\alpha}_s\}\cong\{\boldsymbol{\alpha}_1,\boldsymbol{\alpha}_2,\cdots,\boldsymbol{\alpha}_s\};$$

(2) 对称性：如果 $\{\boldsymbol{\alpha}_1,\boldsymbol{\alpha}_2,\cdots,\boldsymbol{\alpha}_s\}\cong\{\boldsymbol{\beta}_1,\boldsymbol{\beta}_2,\cdots,\boldsymbol{\beta}_t\}$，则

$$\{\boldsymbol{\beta}_1,\boldsymbol{\beta}_2,\cdots,\boldsymbol{\beta}_t\}\cong\{\boldsymbol{\alpha}_1,\boldsymbol{\alpha}_2,\cdots,\boldsymbol{\alpha}_s\};$$

(3) 传递性：如果 $\{\boldsymbol{\alpha}_1,\boldsymbol{\alpha}_2,\cdots,\boldsymbol{\alpha}_s\}\cong\{\boldsymbol{\beta}_1,\boldsymbol{\beta}_2,\cdots,\boldsymbol{\beta}_t\}$，且 $\{\boldsymbol{\beta}_1,\boldsymbol{\beta}_2,\cdots,\boldsymbol{\beta}_t\}\cong(\boldsymbol{\gamma}_1,\boldsymbol{\gamma}_2,\cdots,\boldsymbol{\gamma}_q\}$，则 $\{\boldsymbol{\alpha}_1,\boldsymbol{\alpha}_2,\cdots,\boldsymbol{\alpha}_s\}\cong\{\boldsymbol{\gamma}_1,\boldsymbol{\gamma}_2,\cdots,\boldsymbol{\gamma}_q\}$.

定理 3.1　如果向量组 $\boldsymbol{\alpha}_1,\boldsymbol{\alpha}_2,\cdots,\boldsymbol{\alpha}_s$ 可由 $\boldsymbol{\beta}_1,\boldsymbol{\beta}_2,\cdots,\boldsymbol{\beta}_t$ 线性表出，且 $s>t$，则向量组 $\boldsymbol{\alpha}_1,\boldsymbol{\alpha}_2,\cdots,\boldsymbol{\alpha}_s$ 线性相关. 即若个数多的向量组被个数少的向量组线性表出，则其必线性相关.

证　考察向量方程

$$x_1\boldsymbol{\alpha}_1+x_2\boldsymbol{\alpha}_2+\cdots+x_s\boldsymbol{\alpha}_s=\boldsymbol{0}. \tag{3.3}$$

由于 $\boldsymbol{\alpha}_1,\boldsymbol{\alpha}_2,\cdots,\boldsymbol{\alpha}_s$ 可以由 $\boldsymbol{\beta}_1,\boldsymbol{\beta}_2,\cdots,\boldsymbol{\beta}_t$ 线性表出，即存在一组数 l_{ij} $(i=1,2,\cdots,s;j=1,2,\cdots,t)$，使得

$$\boldsymbol{\alpha}_i=\sum_{j=1}^{t}l_{ij}\boldsymbol{\beta}_j\quad(i=1,2,\cdots,s),$$

代入式(3.4)可得

$$\sum_{j=1}^{t}\left(\sum_{i=1}^{s}l_{ij}x_i\right)\boldsymbol{\beta}_j=\boldsymbol{0}, \tag{3.4}$$

注意到 $s>t$，齐次线性方程组

$$\sum_{i=1}^{s} l_{ij}x_i = 0 \quad (j = 1,2,\cdots,t)$$

的未知量个数大于方程数,利用 3.2.2 节例 1 的结论,知该方程组有非零解,从而证明存在一组不全为零的数 $x_i(i=1,2,\cdots,s)$ 使方程(3.5)成立,也即证明方程(3.4)有非零解,所以 $\boldsymbol{\alpha}_1,\boldsymbol{\alpha}_2,\cdots,\boldsymbol{\alpha}_s$ 线性相关.

定理 3.1 的几何意义是:在$\mathbb{R}^3$中,如果三个向量 $\boldsymbol{\alpha}_1,\boldsymbol{\alpha}_2,\boldsymbol{\alpha}_3$ 都可由两个向量 $\boldsymbol{\beta}_1,\boldsymbol{\beta}_2$ 线性表出,则 $\boldsymbol{\alpha}_1,\boldsymbol{\alpha}_2,\boldsymbol{\alpha}_3$ 共面.

由定理 3.1 可以得到以下推论.

推论 1 设向量组 $\boldsymbol{\alpha}_1,\boldsymbol{\alpha}_2,\cdots,\boldsymbol{\alpha}_s$ 可由 $\boldsymbol{\beta}_1,\boldsymbol{\beta}_2,\cdots,\boldsymbol{\beta}_t$ 线性表出,且 $\boldsymbol{\alpha}_1,\boldsymbol{\alpha}_2,\cdots,\boldsymbol{\alpha}_s$ 线性无关,则 $s\leqslant t$.

显然,这个推论是定理 3.1 的逆否命题. 由推论 1 又可得下面推论.

推论 2 两个等价的线性无关向量组,必包含有相同个数的向量.

3.3.2 向量组的极大线性无关组

一个向量组的部分组称为一个**极大线性无关组**,如果这个部分组本身是线性无关的,且向量组中任意一个向量都可由这个部分组线性表出.

可以证明,包含非零向量的向量组一定有极大线性无关组. 这样,在有关线性表出的问题中,可以用极大线性无关组代替原向量组,从而剔除那些“多余”的向量.

例 1 在$\mathbb{R}^4$中令 $\boldsymbol{\alpha}_1=(1,2,4,0)$,$\boldsymbol{\alpha}_2=(0,1,2,0)$,$\boldsymbol{\alpha}_3=(1,3,6,0)$. 因 $\boldsymbol{\alpha}_3=\boldsymbol{\alpha}_1+\boldsymbol{\alpha}_2$,故向量组 $\boldsymbol{\alpha}_1,\boldsymbol{\alpha}_2,\boldsymbol{\alpha}_3$ 线性相关. 又易知 $\boldsymbol{\alpha}_1$ 与 $\boldsymbol{\alpha}_2$ 线性无关. 于是 $\boldsymbol{\alpha}_1,\boldsymbol{\alpha}_2$ 是 $\boldsymbol{\alpha}_1,\boldsymbol{\alpha}_2,\boldsymbol{\alpha}_3$ 的一个极大线性无关组. 类似地,验证知,$\boldsymbol{\alpha}_2,\boldsymbol{\alpha}_3$,$\boldsymbol{\alpha}_1,\boldsymbol{\alpha}_3$ 也是其极大线性无关组.

例 1 表明,一个向量组的极大线性无关组一般不是唯一的,但各极大线性无关组的个数是相同的,极大线性无关组的个数反映了向量组的本质特征.

从这个例子可以看出,一个向量组的极大线性无关组一般不是唯一的,但极大线性无关组包含向量的个数是唯一的. 这个结论可以由向量组与其任意一个极大线性无关组等价及定理 3.1 的推论 2 证明. 极大线性无关组所含向量的个数反映了向量组本身的性质. 因此引入秩的概念.

定义 3.6 向量组 $\boldsymbol{\alpha}_1,\boldsymbol{\alpha}_2,\cdots,\boldsymbol{\alpha}_s$ 的极大线性无关组中的向量个数称为向量组 $\boldsymbol{\alpha}_1,\boldsymbol{\alpha}_2,\cdots,\boldsymbol{\alpha}_s$ 的**秩**,记作

$$r(\boldsymbol{\alpha}_1,\boldsymbol{\alpha}_2,\cdots,\boldsymbol{\alpha}_s).$$

全部由零向量组成的向量组没有极大线性无关组,我们规定它

的秩为0.

例2 设 $\boldsymbol{\alpha}_1,\boldsymbol{\alpha}_2,\cdots,\boldsymbol{\alpha}_s$ 和 $\boldsymbol{\beta}_1,\boldsymbol{\beta}_2,\cdots,\boldsymbol{\beta}_t$ 为两个 n 维向量组，且 $r(\boldsymbol{\alpha}_1,\boldsymbol{\alpha}_2,\cdots,\boldsymbol{\alpha}_s)=r_1,r(\boldsymbol{\beta}_1,\boldsymbol{\beta}_2,\cdots,\boldsymbol{\beta}_t)=r_2$. 证明:

$$\max\{r_1,r_2\}\leqslant r(\boldsymbol{\alpha}_1,\boldsymbol{\alpha}_2,\cdots,\boldsymbol{\alpha}_s,\boldsymbol{\beta}_1,\boldsymbol{\beta}_2,\cdots,\boldsymbol{\beta}_t)\leqslant r_1+r_2.$$

证 不妨设 $\boldsymbol{\alpha}_1,\boldsymbol{\alpha}_2,\cdots,\boldsymbol{\alpha}_{r_1}$ 为向量组 $\boldsymbol{\alpha}_1,\boldsymbol{\alpha}_2,\cdots,\boldsymbol{\alpha}_s$ 的一个极大线性无关组，$\boldsymbol{\beta}_1,\boldsymbol{\beta}_2,\cdots,\boldsymbol{\beta}_{r_2}$ 为向量组 $\boldsymbol{\beta}_1,\boldsymbol{\beta}_2,\cdots,\boldsymbol{\beta}_t$ 的一个极大线性无关组，$r_1\geqslant r_2$. 于是，$\boldsymbol{\alpha}_1,\boldsymbol{\alpha}_2,\cdots,\boldsymbol{\alpha}_{r_1}$ 是向量组 $\boldsymbol{\alpha}_1,\boldsymbol{\alpha}_2,\cdots,\boldsymbol{\alpha}_s,\boldsymbol{\beta}_1,\boldsymbol{\beta}_2,\cdots,\boldsymbol{\beta}_t$ 的一个线性无关部分组，其极大线性无关组可以由 $\boldsymbol{\alpha}_1,\boldsymbol{\alpha}_2,\cdots,\boldsymbol{\alpha}_{r_1}$ 扩展生成. 扩展时，可以不用添加任何向量或者至多添加部分组 $\boldsymbol{\beta}_1,\boldsymbol{\beta}_2,\cdots,\boldsymbol{\beta}_{r_2}$ 构成极大线性无关组，其个数 r_3 满足不等式 $r_1\leqslant r_3\leqslant r_1+r_2$，即

$$\max\{r_1,r_2\}\leqslant r(\boldsymbol{\alpha}_1,\boldsymbol{\alpha}_2,\cdots,\boldsymbol{\alpha}_s,\boldsymbol{\beta}_1,\boldsymbol{\beta}_2,\cdots,\boldsymbol{\beta}_t)\leqslant r_1+r_2.$$

定理3.2 如果向量组 $\boldsymbol{\alpha}_1,\boldsymbol{\alpha}_2,\cdots,\boldsymbol{\alpha}_s$ 可由 $\boldsymbol{\beta}_1,\boldsymbol{\beta}_2,\cdots,\boldsymbol{\beta}_t$ 线性表出，则

$$r(\boldsymbol{\alpha}_1,\boldsymbol{\alpha}_2,\cdots,\boldsymbol{\alpha}_s)\leqslant r(\boldsymbol{\beta}_1,\boldsymbol{\beta}_2,\cdots,\boldsymbol{\beta}_t).$$

证 设两个向量组的秩分别是 p 和 q. 不失一般性设 $\boldsymbol{\alpha}_1,\boldsymbol{\alpha}_2,\cdots,\boldsymbol{\alpha}_p$ 和 $\boldsymbol{\beta}_1,\boldsymbol{\beta}_2,\cdots,\boldsymbol{\beta}_q$ 分别是 $\boldsymbol{\alpha}_1,\boldsymbol{\alpha}_2,\cdots,\boldsymbol{\alpha}_s$ 和 $\boldsymbol{\beta}_1,\boldsymbol{\beta}_2,\cdots,\boldsymbol{\beta}_t$ 的一个极大线性无关组. 显然，$\boldsymbol{\alpha}_1,\boldsymbol{\alpha}_2,\cdots,\boldsymbol{\alpha}_p$ 可由向量组 $\boldsymbol{\beta}_1,\boldsymbol{\beta}_2,\cdots,\boldsymbol{\beta}_t$ 线性表出，而向量组 $\boldsymbol{\beta}_1,\boldsymbol{\beta}_2,\cdots,\boldsymbol{\beta}_t$ 中的每一个向量都可由其极大线性无关组 $\boldsymbol{\beta}_1,\boldsymbol{\beta}_2,\cdots,\boldsymbol{\beta}_q$ 线性表出，因此 $\boldsymbol{\alpha}_1,\boldsymbol{\alpha}_2,\cdots,\boldsymbol{\alpha}_p$ 可由 $\boldsymbol{\beta}_1,\boldsymbol{\beta}_2,\cdots,\boldsymbol{\beta}_q$ 线性表出. 根据定理3.1的推论1，由于 $\boldsymbol{\alpha}_1,\boldsymbol{\alpha}_2,\cdots,\boldsymbol{\alpha}_p$ 线性无关，得 $p\leqslant q$. 因此，定理成立.

由定理3.2可以得到下面两个推论.

推论1 等价的向量组有相同的秩.

推论2 向量 $\boldsymbol{\beta}$ 可被向量组 $\boldsymbol{\alpha}_1,\boldsymbol{\alpha}_2,\cdots,\boldsymbol{\alpha}_s$ 线性表示的充分必要条件是

$$r(\boldsymbol{\alpha}_1,\boldsymbol{\alpha}_2,\cdots,\boldsymbol{\alpha}_s,\boldsymbol{\beta})=r(\boldsymbol{\alpha}_1,\boldsymbol{\alpha}_2,\cdots,\boldsymbol{\alpha}_s).$$

这是因为 $\boldsymbol{\beta}$ 被向量组 $\boldsymbol{\alpha}_1,\boldsymbol{\alpha}_2,\cdots,\boldsymbol{\alpha}_s$ 表示，即向量组 $\boldsymbol{\alpha}_1,\boldsymbol{\alpha}_2,\cdots,\boldsymbol{\alpha}_s,\boldsymbol{\beta}$ 与 $\boldsymbol{\alpha}_1,\boldsymbol{\alpha}_2,\cdots,\boldsymbol{\alpha}_s$ 等价. 于是由推论1知，两向量组的秩相等.

一个线性无关的向量组的极大线性无关组就是该向量组本身. 所以向量组 $\boldsymbol{\alpha}_1,\boldsymbol{\alpha}_2,\cdots,\boldsymbol{\alpha}_s$ 线性无关的充分必要条件是 $r(\boldsymbol{\alpha}_1,\boldsymbol{\alpha}_2,\cdots,\boldsymbol{\alpha}_s)=s$.

定理3.3 如果向量组 $\boldsymbol{\alpha}_1,\boldsymbol{\alpha}_2,\cdots,\boldsymbol{\alpha}_s$ 可由 $\boldsymbol{\beta}_1,\boldsymbol{\beta}_2,\cdots,\boldsymbol{\beta}_t$ 线性表出，并且它们有相同的秩，则

$$\{\boldsymbol{\alpha}_1,\boldsymbol{\alpha}_2,\cdots,\boldsymbol{\alpha}_s\}\cong\{\boldsymbol{\beta}_1,\boldsymbol{\beta}_2,\cdots,\boldsymbol{\beta}_t\}.$$

证 设 $\boldsymbol{\alpha}_1,\boldsymbol{\alpha}_2,\cdots,\boldsymbol{\alpha}_s$ 的一个极大线性无关组是 $\boldsymbol{\alpha}_{i_1},\boldsymbol{\alpha}_{i_2},\cdots,\boldsymbol{\alpha}_{i_r}$，且 $\boldsymbol{\beta}_1,\boldsymbol{\beta}_2,\cdots,\boldsymbol{\beta}_t$ 的一个极大线性无关组是 $\boldsymbol{\beta}_{j_1},\boldsymbol{\beta}_{j_2},\cdots,\boldsymbol{\beta}_{j_r}$. 显然根据条件，$\boldsymbol{\alpha}_{i_1},\boldsymbol{\alpha}_{i_2},\cdots,\boldsymbol{\alpha}_{i_r}$ 可由 $\boldsymbol{\beta}_{j_1},\boldsymbol{\beta}_{j_2},\cdots,\boldsymbol{\beta}_{j_r}$ 线性表出，因此 $\{\boldsymbol{\alpha}_{i_1},\boldsymbol{\alpha}_{i_2},\cdots,\boldsymbol{\alpha}_{i_r},\boldsymbol{\beta}_{j_1},\boldsymbol{\beta}_{j_2},\cdots,\boldsymbol{\beta}_{j_r}\}\cong\{\boldsymbol{\beta}_{j_1},\boldsymbol{\beta}_{j_2},\cdots,\boldsymbol{\beta}_{j_r}\}$. 由定理3.2的推论2得

$$r\{\boldsymbol{\alpha}_{i_1},\boldsymbol{\alpha}_{i_2},\cdots,\boldsymbol{\alpha}_{i_r},\boldsymbol{\beta}_{j_1},\boldsymbol{\beta}_{j_2},\cdots,\boldsymbol{\beta}_{j_r}\}=r,$$

但$\boldsymbol{\alpha}_{i_1},\boldsymbol{\alpha}_{i_2},\cdots,\boldsymbol{\alpha}_{i_r}$线性无关,所以它是$\boldsymbol{\alpha}_{i_1},\boldsymbol{\alpha}_{i_2},\cdots,\boldsymbol{\alpha}_{i_r},\boldsymbol{\beta}_{j_1},\boldsymbol{\beta}_{j_2},\cdots,\boldsymbol{\beta}_{j_r}$的一个极大线性无关组,从而$\boldsymbol{\beta}_{j_1},\boldsymbol{\beta}_{j_2},\cdots,\boldsymbol{\beta}_{j_r}$可由$\boldsymbol{\alpha}_{i_1},\boldsymbol{\alpha}_{i_2},\cdots,\boldsymbol{\alpha}_{i_r}$线性表出,即$\boldsymbol{\alpha}_{i_1},\boldsymbol{\alpha}_{i_2},\cdots,\boldsymbol{\alpha}_{i_r}$与$\boldsymbol{\beta}_{j_1},\boldsymbol{\beta}_{j_2},\cdots,\boldsymbol{\beta}_{j_r}$等价. 由等价的反身性和传递性可知,$\{\boldsymbol{\alpha}_1,\boldsymbol{\alpha}_2,\cdots,\boldsymbol{\alpha}_s\}\cong\{\boldsymbol{\beta}_1,\boldsymbol{\beta}_2,\cdots,\boldsymbol{\beta}_t\}$.

3.3.3 向量组的秩与矩阵的秩的关系

现在我们来研究向量组的秩与矩阵的秩之间的联系. 设$\boldsymbol{A}$是一个$m\times n$矩阵

$$\boldsymbol{A}=\begin{pmatrix} a_{11} & \cdots & a_{1j} & \cdots & a_{1n}\\ \vdots & & \vdots & & \vdots\\ a_{i1} & \cdots & a_{ij} & \cdots & a_{in}\\ \vdots & & \vdots & & \vdots\\ a_{m1} & \cdots & a_{mj} & \cdots & a_{mn}\end{pmatrix},$$

$\boldsymbol{A}$的行向量组记为

$$\boldsymbol{\alpha}_1=(a_{11},\cdots,a_{1n}),\quad \cdots,\quad \boldsymbol{\alpha}_i=(a_{i1},\cdots,a_{in}),\quad \cdots,\quad \boldsymbol{\alpha}_m=(a_{m1},\cdots,a_{mn}),$$

$\boldsymbol{A}$的列向量组记为

$$\boldsymbol{\beta}_1=\begin{pmatrix} a_{11}\\ \vdots\\ a_{m1}\end{pmatrix},\quad \cdots,\quad \boldsymbol{\beta}_j=\begin{pmatrix} a_{1j}\\ \vdots\\ a_{mj}\end{pmatrix},\quad \cdots,\quad \boldsymbol{\beta}_n=\begin{pmatrix} a_{1n}\\ \vdots\\ a_{mn}\end{pmatrix},$$

即把$\boldsymbol{A}$写成按行或按列分块的形式

$$\boldsymbol{A}=\begin{pmatrix}\boldsymbol{\alpha}_1\\ \vdots\\ \boldsymbol{\alpha}_i\\ \vdots\\ \boldsymbol{\alpha}_m\end{pmatrix}=(\boldsymbol{\beta}_1,\cdots,\boldsymbol{\beta}_j,\cdots,\boldsymbol{\beta}_n).$$

矩阵$\boldsymbol{A}$的行向量组$\boldsymbol{\alpha}_1,\boldsymbol{\alpha}_2,\cdots,\boldsymbol{\alpha}_m$的秩称为$\boldsymbol{A}$的**行秩**;矩阵$\boldsymbol{A}$的列向量组$\boldsymbol{\beta}_1,\boldsymbol{\beta}_2,\cdots,\boldsymbol{\beta}_n$的秩称为$\boldsymbol{A}$的**列秩**.

下面利用矩阵的初等变换来证明矩阵的行秩等于列秩,并且等于矩阵的秩.

定理 3.4 初等行变换不改变矩阵列向量组的线性相关关系.

证 设矩阵$\boldsymbol{A}$经过若干次初等行变换化为矩阵$\boldsymbol{B}$,即存在可逆矩阵$\boldsymbol{P}$,使得$\boldsymbol{PA}=\boldsymbol{B}$. 设$\boldsymbol{\alpha}_1,\boldsymbol{\alpha}_2,\cdots,\boldsymbol{\alpha}_n;\boldsymbol{\beta}_1,\boldsymbol{\beta}_2,\cdots,\boldsymbol{\beta}_n$分别是矩阵$\boldsymbol{A}$,$\boldsymbol{B}$的列向量组. 于是有

$$\boldsymbol{P}(\boldsymbol{\alpha}_1,\boldsymbol{\alpha}_2,\cdots,\boldsymbol{\alpha}_n)=(\boldsymbol{P}\boldsymbol{\alpha}_1,\boldsymbol{P}\boldsymbol{\alpha}_2,\cdots,\boldsymbol{P}\boldsymbol{\alpha}_n)=(\boldsymbol{\beta}_1,\boldsymbol{\beta}_2,\cdots,\boldsymbol{\beta}_n),$$

即有$\boldsymbol{P}\boldsymbol{\alpha}_j=\boldsymbol{\beta}_j$或$\boldsymbol{\alpha}_j=\boldsymbol{P}^{-1}\boldsymbol{\beta}_j(j=1,2,\cdots,n)$.

若设矩阵$\boldsymbol{A}$的列向量组线性相关,即存在一组不全为零的数

$k_1, k_2, \cdots, k_n$，使得

$$k_1\boldsymbol{\alpha}_1 + k_2\boldsymbol{\alpha}_2 + \cdots + k_n\boldsymbol{\alpha}_n = \mathbf{0},$$

左乘 $\boldsymbol{P}$ 有

$$k_1\boldsymbol{P}\boldsymbol{\alpha}_1 + k_2\boldsymbol{P}\boldsymbol{\alpha}_2 + \cdots + k_n\boldsymbol{P}\boldsymbol{\alpha}_n = k_1\boldsymbol{\beta}_1 + k_2\boldsymbol{\beta}_2 + \cdots + k_n\boldsymbol{\beta}_n = \mathbf{0},$$

即 $\boldsymbol{\beta}_1, \boldsymbol{\beta}_2, \cdots, \boldsymbol{\beta}_n$ 也线性相关.

反之，若矩阵 $\boldsymbol{B}$ 的列向量组线性相关，则存在一组数 $k_1, k_2, \cdots, k_n$，使

$$k_1\boldsymbol{\beta}_1 + k_2\boldsymbol{\beta}_2 + \cdots + k_n\boldsymbol{\beta}_n = \mathbf{0},$$

两边左乘 $\boldsymbol{P}^{-1}$，也有

$$k_1\boldsymbol{P}^{-1}\boldsymbol{\beta}_1 + k_2\boldsymbol{P}^{-1}\boldsymbol{\beta}_2 + \cdots + k_n\boldsymbol{P}^{-1}\boldsymbol{\beta}_n = k_1\boldsymbol{\alpha}_1 + k_2\boldsymbol{\alpha}_2 + \cdots + k_n\boldsymbol{\alpha}_n = \mathbf{0},$$

从而知 $\boldsymbol{\alpha}_1, \boldsymbol{\alpha}_2, \cdots, \boldsymbol{\alpha}_n$ 线性相关.

综上所述，矩阵 $\boldsymbol{A}$ 和矩阵 $\boldsymbol{B}$ 的列向量组有相同的线性相关性.

推论 1　矩阵的初等变换不改变矩阵的行秩和列秩.

我们知道，任意非零矩阵 $\boldsymbol{A}$ 可以经过一系列初等变换化为标准形，即

$$\boldsymbol{A} \xrightarrow{\text{初等变换}} \begin{pmatrix} \boldsymbol{E}_r & \boldsymbol{O} \\ \boldsymbol{O} & \boldsymbol{O} \end{pmatrix},$$

其中，$r = r(\boldsymbol{A})$ 是矩阵 $\boldsymbol{A}$ 的秩. 显然，标准形的行秩等于列秩等于 r.

推论 2　任意矩阵的行秩与列秩都等于它的秩.

根据推论 2，可以用矩阵的秩来计算向量组的秩. 步骤是：把向量组按列向量排成一个矩阵，然后对其施行初等行变换，化为阶梯形矩阵. 则向量组的秩等于阶梯形矩阵中非零行的个数. 与此同时，由其中非零行第一个非零元素对应的原向量组中的向量构成了向量组的一个极大线性无关组.

例 3　求向量组

$$\boldsymbol{\alpha}_1 = \begin{pmatrix} 1 \\ -1 \\ 2 \\ 4 \end{pmatrix},\quad \boldsymbol{\alpha}_2 = \begin{pmatrix} 0 \\ 3 \\ 1 \\ 2 \end{pmatrix},\quad \boldsymbol{\alpha}_3 = \begin{pmatrix} 3 \\ 0 \\ 7 \\ 14 \end{pmatrix},\quad \boldsymbol{\alpha}_4 = \begin{pmatrix} 2 \\ 1 \\ 5 \\ 6 \end{pmatrix},\quad \boldsymbol{\alpha}_5 = \begin{pmatrix} 1 \\ -1 \\ 2 \\ 0 \end{pmatrix}$$

的秩和一个极大线性无关组.

解　把向量组按列排列成矩阵，并作初等行变换.

$$(\boldsymbol{\alpha}_1, \boldsymbol{\alpha}_2, \boldsymbol{\alpha}_3, \boldsymbol{\alpha}_4, \boldsymbol{\alpha}_5) = \begin{pmatrix} 1 & 0 & 3 & 2 & 1 \\ -1 & 3 & 0 & 1 & -1 \\ 2 & 1 & 7 & 5 & 2 \\ 4 & 2 & 14 & 6 & 0 \end{pmatrix}$$

$$\xrightarrow{\text{初等行变换}} \begin{pmatrix} 1 & 0 & 3 & 2 & 1 \\ 0 & 1 & 1 & 1 & 0 \\ 0 & 0 & 0 & -4 & -4 \\ 0 & 0 & 0 & 0 & 0 \end{pmatrix} = (\boldsymbol{\beta}_1, \boldsymbol{\beta}_2, \boldsymbol{\beta}_3, \boldsymbol{\beta}_4, \boldsymbol{\beta}_5),$$

易知,$r(\boldsymbol{\alpha}_1,\boldsymbol{\alpha}_2,\boldsymbol{\alpha}_3,\boldsymbol{\alpha}_4,\boldsymbol{\alpha}_5)=3$,并且$\boldsymbol{\beta}_1,\boldsymbol{\beta}_2,\boldsymbol{\beta}_4$是$\boldsymbol{\beta}_1,\boldsymbol{\beta}_2,\boldsymbol{\beta}_3,\boldsymbol{\beta}_4,\boldsymbol{\beta}_5$的一个极大线性无关组,从而知,原向量组的一个极大线性无关组是$\boldsymbol{\alpha}_1,\boldsymbol{\alpha}_2,\boldsymbol{\alpha}_4$.

也可以把向量组按行向量排成一个矩阵,对其施行初等行变换,化为阶梯形矩阵,由此计算向量组的秩,同时给出一个极大线性无关组.

例 4 求下列向量组的一个极大线性无关组,并将其余向量用该极大线性无关组表出:

$$\boldsymbol{\alpha}_1=(2,0,1,1),\quad \boldsymbol{\alpha}_2=(-1,-1,-1,-1),$$
$$\boldsymbol{\alpha}_3=(1,-1,0,0),\quad \boldsymbol{\alpha}_4=(0,-2,-1,-1).$$

解 把$\boldsymbol{\alpha}_1,\boldsymbol{\alpha}_2,\boldsymbol{\alpha}_3,\boldsymbol{\alpha}_4$按行向量排成一个矩阵,然后作初等行变换,得

$$\boldsymbol{A}=\begin{pmatrix}2&0&1&1\\-1&-1&-1&-1\\1&-1&0&0\\0&-2&-1&-1\end{pmatrix}\begin{matrix}\boldsymbol{\alpha}_1\\\boldsymbol{\alpha}_2\\\boldsymbol{\alpha}_3\\\boldsymbol{\alpha}_4\end{matrix}\longrightarrow\begin{pmatrix}1&-1&0&0\\2&0&1&1\\-1&-1&-1&-1\\0&-2&-1&-1\end{pmatrix}\begin{matrix}\boldsymbol{\alpha}_3\\\boldsymbol{\alpha}_1\\\boldsymbol{\alpha}_2\\\boldsymbol{\alpha}_4\end{matrix}\longrightarrow$$

$$\begin{pmatrix}1&-1&0&0\\0&2&1&1\\0&-2&-1&-1\\0&-2&-1&-1\end{pmatrix}\begin{matrix}\boldsymbol{\alpha}_3\\\boldsymbol{\alpha}_1-2\boldsymbol{\alpha}_3\\\boldsymbol{\alpha}_2+\boldsymbol{\alpha}_3\\\boldsymbol{\alpha}_4\end{matrix}\longrightarrow\begin{pmatrix}1&-1&0&0\\0&2&1&1\\0&0&0&0\\0&0&0&0\end{pmatrix}\begin{matrix}\boldsymbol{\alpha}_3\\\boldsymbol{\alpha}_1-2\boldsymbol{\alpha}_3\\\boldsymbol{\alpha}_2+\boldsymbol{\alpha}_3-\boldsymbol{\alpha}_4\\\boldsymbol{\alpha}_1-2\boldsymbol{\alpha}_3+\boldsymbol{\alpha}_4\end{matrix}$$

所以$r(\boldsymbol{\alpha}_1,\boldsymbol{\alpha}_2,\boldsymbol{\alpha}_3,\boldsymbol{\alpha}_4)=2$. 最后两行分别对应$\boldsymbol{\alpha}_1+\boldsymbol{\alpha}_2-\boldsymbol{\alpha}_3=\mathbf{0}$,$\boldsymbol{\alpha}_1-2\boldsymbol{\alpha}_3+\boldsymbol{\alpha}_4=\mathbf{0}$,可得

$$\boldsymbol{\alpha}_2=\boldsymbol{\alpha}_3-\boldsymbol{\alpha}_1,\boldsymbol{\alpha}_4=2\boldsymbol{\alpha}_3-\boldsymbol{\alpha}_1.$$

因此$\{\boldsymbol{\alpha}_1,\boldsymbol{\alpha}_2,\boldsymbol{\alpha}_3,\boldsymbol{\alpha}_4\}\cong\{\boldsymbol{\alpha}_1,\boldsymbol{\alpha}_3\}$,故$\boldsymbol{\alpha}_1,\boldsymbol{\alpha}_3$是$\boldsymbol{\alpha}_1,\boldsymbol{\alpha}_2,\boldsymbol{\alpha}_3,\boldsymbol{\alpha}_4$的一个极大线性无关组.

同样可以验证,$\boldsymbol{\alpha}_2,\boldsymbol{\alpha}_3$或$\boldsymbol{\alpha}_3,\boldsymbol{\alpha}_4$也是该向量组的极大线性无关组.

3.4 向量空间$\mathbb{R}^n$

3.4.1 子空间、基、维数和坐标

定义 3.7 设W是向量空间$\mathbb{R}^n$的一个子集,且对向量的加法和数乘运算封闭,则称W是$\mathbb{R}^n$的一个子空间.

即,W构成$\mathbb{R}^n$的子空间的充分必要条件是:

(1)如果$\boldsymbol{\alpha},\boldsymbol{\beta}\in W$,则$\boldsymbol{\alpha}+\boldsymbol{\beta}\in W$;

(2)如果$\boldsymbol{\alpha}\in W$,则对任意常数k,$k\boldsymbol{\alpha}\in W$.

注 $\mathbb{R}^n$与$\{0\}$是$\mathbb{R}^n$的两个平凡子空间,除此之外的子空间称

为非平凡子空间.

定义 3.8　向量空间$\mathbb{R}^n$中的极大无关组称为$\mathbb{R}^n$的基. 极大无关组中所含向量的个数称为$\mathbb{R}^n$的维数.

注　由 3.3.2 小节知，$\mathbb{R}^n$中的极大无关组不是唯一的，但每个极大无关组所含向量的个数(叫作向量组的秩)是相等的，因此$\mathbb{R}^n$的维数是一个不变量. 具体地，令 $\boldsymbol{e}_1=\underbrace{(1,0,\cdots,0)}_{n个}$，$\boldsymbol{e}_2=\underbrace{(0,1,0,\cdots,0)}_{n个}$，$\cdots$，$\boldsymbol{e}_n=\underbrace{(0,0,\cdots,0,1)}_{n个}$ 为$\mathbb{R}^n$中一组向量，易知，$\{\boldsymbol{e}_1,\boldsymbol{e}_2,\cdots,\boldsymbol{e}_n\}$线性无关，而且对任意向量$\boldsymbol{\alpha}=(a_1,a_2,\cdots,a_n)\in\mathbb{R}^n$，都有

$$\boldsymbol{\alpha}=a_1\boldsymbol{e}_1+a_2\boldsymbol{e}_2+\cdots+a_n\boldsymbol{e}_n.$$

因此，$\{\boldsymbol{e}_1,\boldsymbol{e}_2,\cdots,\boldsymbol{e}_n\}$是$\mathbb{R}^n$的一组基，称为典型标准基。进而，$\mathbb{R}^n$的维数为 n，记为 $\dim\mathbb{R}^n=n$.

这也是称$\mathbb{R}^n$为 n 维欧氏空间的原因.

3.4.2　向量空间的坐标

由定义 3.8 及定理 3.2 可知，向量空间的一组基可以线性表出向量空间的任何一个向量，且表达式唯一. 于是，可以在线性空间 V 中建立“坐标”的概念.

定义 3.9　设 $\boldsymbol{\alpha}_1,\boldsymbol{\alpha}_2,\cdots,\boldsymbol{\alpha}_n$ 是向量空间$\mathbb{R}^n$的一组基，任取 $\boldsymbol{\alpha}\in\mathbb{R}^n$，如果

$$\boldsymbol{\alpha}=x_1\boldsymbol{\alpha}_1+x_2\boldsymbol{\alpha}_2+\cdots+x_n\boldsymbol{\alpha}_n,$$

则由系数组成的 n 元有序数组$(x_1,x_2,\cdots,x_n)$称为 $\boldsymbol{\alpha}$ 在基 $\boldsymbol{\alpha}_1,\boldsymbol{\alpha}_2,\cdots,\boldsymbol{\alpha}_n$ 下的坐标.

如果 $\boldsymbol{\alpha}$ 在基 $\boldsymbol{\alpha}_1,\boldsymbol{\alpha}_2,\cdots,\boldsymbol{\alpha}_n$ 下的坐标是$(x_1,x_2,\cdots,x_n)$，则向量 $\boldsymbol{x}=(x_1,x_2,\cdots,x_n)^{\mathrm{T}}$ 称为 $\boldsymbol{\alpha}$ 在基 $\boldsymbol{\alpha}_1,\boldsymbol{\alpha}_2,\cdots,\boldsymbol{\alpha}_n$ 下的坐标向量，也简称坐标.

例 1　设 $\boldsymbol{\alpha}_1=\begin{pmatrix}1\\-1\\0\\2\end{pmatrix},\boldsymbol{\alpha}_2=\begin{pmatrix}0\\1\\0\\3\end{pmatrix},\boldsymbol{\alpha}_3=\begin{pmatrix}-1\\0\\2\\1\end{pmatrix},\boldsymbol{\alpha}_4=\begin{pmatrix}1\\0\\0\\0\end{pmatrix}$.

(1)证明：$\boldsymbol{\alpha}_1,\boldsymbol{\alpha}_2,\boldsymbol{\alpha}_3,\boldsymbol{\alpha}_4$ 是向量空间$\mathbb{R}^4$的一组基；

(2)求向量 $\boldsymbol{\alpha}=(1,2,0,1)^{\mathrm{T}}$在基 $\boldsymbol{\alpha}_1,\boldsymbol{\alpha}_2,\boldsymbol{\alpha}_3,\boldsymbol{\alpha}_4$ 下的坐标.

解　(1)由 $\boldsymbol{\alpha}_1,\boldsymbol{\alpha}_2,\boldsymbol{\alpha}_3,\boldsymbol{\alpha}_4$ 为列向量组构成 4 阶方阵 $\boldsymbol{A}$，且

$$|\boldsymbol{A}|=\begin{vmatrix}1&0&-1&1\\-1&1&0&0\\0&0&2&0\\2&3&1&0\end{vmatrix}=-10,$$

可知 $\boldsymbol{\alpha}_1,\boldsymbol{\alpha}_2,\boldsymbol{\alpha}_3,\boldsymbol{\alpha}_4$ 线性无关，又 $\dim\mathbb{R}^4=4$，所以 $\boldsymbol{\alpha}_1,\boldsymbol{\alpha}_2,\boldsymbol{\alpha}_3,\boldsymbol{\alpha}_4$ 为$\mathbb{R}^4$

的一组基.

(2)设

$$x_1\boldsymbol{\alpha}_1+x_2\boldsymbol{\alpha}_2+x_3\boldsymbol{\alpha}_3+x_4\boldsymbol{\alpha}_4=\boldsymbol{\alpha},$$

即

$$\begin{pmatrix}1&0&-1&1\\-1&1&0&0\\0&0&2&0\\2&3&1&0\end{pmatrix}\begin{pmatrix}x_1\\x_2\\x_3\\x_4\end{pmatrix}=\begin{pmatrix}1\\2\\0\\1\end{pmatrix},$$

解得

$$\boldsymbol{x}=\begin{pmatrix}x_1\\x_2\\x_3\\x_4\end{pmatrix}=\begin{pmatrix}1&0&-1&1\\-1&1&0&0\\0&0&2&0\\2&3&1&0\end{pmatrix}^{-1}\begin{pmatrix}1\\2\\0\\1\end{pmatrix}=\begin{pmatrix}-1\\1\\0\\2\end{pmatrix}.$$

因此,在基 $\boldsymbol{\alpha}_1,\boldsymbol{\alpha}_2,\boldsymbol{\alpha}_3,\boldsymbol{\alpha}_4$ 下,$\boldsymbol{\alpha}$ 的坐标为$(-1,1,0,2)^{\mathrm{T}}$.

因为在$\mathbb{R}^4$的标准基 $\boldsymbol{e}_1,\boldsymbol{e}_2,\boldsymbol{e}_3,\boldsymbol{e}_4$ 下,$\boldsymbol{\alpha}$ 的坐标为$(1,2,0,1)^{\mathrm{T}}$,所以,同一向量在不同基下的坐标是不相同的.

3.4.3 基变换与坐标变换

下面考察$\mathbb{R}^n$中向量在不同基下的坐标变换.

设 $\boldsymbol{\alpha}_1,\boldsymbol{\alpha}_2,\cdots,\boldsymbol{\alpha}_n$ 和 $\boldsymbol{\beta}_1,\boldsymbol{\beta}_2,\cdots,\boldsymbol{\beta}_n$ 是$\mathbb{R}^n$中的两组基,根据基的定义,基向量组相互等价,因此,$\boldsymbol{\beta}_1,\boldsymbol{\beta}_2,\cdots,\boldsymbol{\beta}_n$ 可以被向量组 $\boldsymbol{\alpha}_1,\boldsymbol{\alpha}_2,\cdots,\boldsymbol{\alpha}_n$ 线性表出,即存在 n 组数:$a_{1i},a_{2i},\cdots,a_{ni}(i=1,2,\cdots,n)$,使得

$$\boldsymbol{\beta}_i=a_{1i}\boldsymbol{\alpha}_1+a_{2i}\boldsymbol{\alpha}_2+\cdots+a_{ni}\boldsymbol{\alpha}_n,$$

即有

$$(\boldsymbol{\beta}_1,\boldsymbol{\beta}_2,\cdots,\boldsymbol{\beta}_n)=(\boldsymbol{\alpha}_1,\boldsymbol{\alpha}_2,\cdots,\boldsymbol{\alpha}_n)\begin{pmatrix}a_{11}&a_{12}&\cdots&a_{1n}\\a_{21}&a_{22}&\cdots&a_{2n}\\\vdots&\vdots&&\vdots\\a_{n1}&a_{n2}&\cdots&a_{nn}\end{pmatrix}. \quad (3.5)$$

记矩阵 $\boldsymbol{T}=(a_{ij})_{n\times n}$,并称 $\boldsymbol{T}$ 为从 $\boldsymbol{\alpha}_1,\boldsymbol{\alpha}_2,\cdots,\boldsymbol{\alpha}_n$ 到 $\boldsymbol{\beta}_1,\boldsymbol{\beta}_2,\cdots,\boldsymbol{\beta}_n$ 的过渡矩阵.

定义 3.10 设 $\boldsymbol{\alpha}_1,\boldsymbol{\alpha}_2,\cdots,\boldsymbol{\alpha}_n$ 和 $\boldsymbol{\beta}_1,\boldsymbol{\beta}_2,\cdots,\boldsymbol{\beta}_n$ 是向量空间$\mathbb{R}^n$的两组基,若有矩阵 $\boldsymbol{T}_{n\times n}$,使

$$(\boldsymbol{\beta}_1,\boldsymbol{\beta}_2,\cdots,\boldsymbol{\beta}_n)=(\boldsymbol{\alpha}_1,\boldsymbol{\alpha}_2,\cdots,\boldsymbol{\alpha}_n)\boldsymbol{T}, \quad (3.6)$$

则称矩阵 $\boldsymbol{T}$ 为从基 $\boldsymbol{\alpha}_1,\boldsymbol{\alpha}_2,\cdots,\boldsymbol{\alpha}_n$ 到基 $\boldsymbol{\beta}_1,\boldsymbol{\beta}_2,\cdots,\boldsymbol{\beta}_n$ 的过渡矩阵.式(3.6)或式(3.7)称为基变换公式.

在前面讨论中容易得出关于过渡矩阵 $\boldsymbol{T}$ 的性质:

(1)从基 $\boldsymbol{\alpha}_1,\boldsymbol{\alpha}_2,\cdots,\boldsymbol{\alpha}_n$ 到基 $\boldsymbol{\beta}_1,\boldsymbol{\beta}_2,\cdots,\boldsymbol{\beta}_n$ 的过渡矩阵是可逆的.

(2)过渡矩阵的第 i 列的列向量是 $\boldsymbol{\beta}_i$ 在基 $\boldsymbol{\alpha}_1,\boldsymbol{\alpha}_2,\cdots,\boldsymbol{\alpha}_n$ 下的坐标向量.

每一个 $\boldsymbol{\alpha}_i$ 在标准基 $\boldsymbol{e}_1,\boldsymbol{e}_2,\cdots,\boldsymbol{e}_n$ 下的坐标向量就是 $\boldsymbol{\alpha}_i$ 本身. 因此,标准基到基 $\boldsymbol{\alpha}_1,\boldsymbol{\alpha}_2,\cdots,\boldsymbol{\alpha}_n$ 的过渡矩阵是

$$\boldsymbol{A}=(\boldsymbol{\alpha}_1,\boldsymbol{\alpha}_2,\cdots,\boldsymbol{\alpha}_n).$$

对照坐标变换公式(3.7),知 $\boldsymbol{\beta}_j$ 在标准基下的坐标向量是矩阵 $\boldsymbol{AT}$ 的第 j 列,即标准基到基 $\boldsymbol{\beta}_1,\boldsymbol{\beta}_2,\cdots,\boldsymbol{\beta}_n$ 的过渡矩阵是 $\boldsymbol{AT}$. 另一方面,标准基到基 $\boldsymbol{\beta}_1,\boldsymbol{\beta}_2,\cdots,\boldsymbol{\beta}_n$ 的过渡矩阵是

$$\boldsymbol{B}=(\boldsymbol{\beta}_1,\boldsymbol{\beta}_2,\cdots,\boldsymbol{\beta}_n).$$

所以

$$\boldsymbol{B}=\boldsymbol{AT} \quad 或 \quad \boldsymbol{T}=\boldsymbol{A}^{-1}\boldsymbol{B}. \tag{3.7}$$

式(3.8)说明,欲求过渡矩阵 $\boldsymbol{T}$,只需将两组基按列向量排成 $r\times 2r$ 矩阵,然后作初等行变换. 将子块 $\boldsymbol{A}$ 化为单位矩阵即可:

$$(\boldsymbol{A}\ \vdots\ \boldsymbol{B})\xrightarrow{\text{初等行变换}}(\boldsymbol{E}\ \vdots\ \boldsymbol{T}). \tag{3.8}$$

例2 在$\mathbb{R}^3$中,给定典型标准基 $\boldsymbol{e}_1=(1,0,0),\boldsymbol{e}_2=(0,1,0),\boldsymbol{e}_3=(0,0,1)$;和另一组基 $\boldsymbol{\alpha}_1=(1,0,0),\boldsymbol{\alpha}_2=(1,1,0),\boldsymbol{\alpha}_3=(1,1,1)$. 求由 $\boldsymbol{e}_1,\boldsymbol{e}_2,\boldsymbol{e}_3$ 到 $\boldsymbol{\alpha}_1,\boldsymbol{\alpha}_2,\boldsymbol{\alpha}_3$ 的过渡矩阵.

解 由

$$\begin{cases}\boldsymbol{\alpha}_1=1\cdot\boldsymbol{e}_1+0\cdot\boldsymbol{e}_2+0\cdot\boldsymbol{e}_3,\\ \boldsymbol{\alpha}_2=1\cdot\boldsymbol{e}_1+1\cdot\boldsymbol{e}_2+0\cdot\boldsymbol{e}_3,\\ \boldsymbol{\alpha}_3=1\cdot\boldsymbol{e}_1+1\cdot\boldsymbol{e}_2+1\cdot\boldsymbol{e}_3,\end{cases}$$

得

$$(\boldsymbol{\alpha}_1,\boldsymbol{\alpha}_2,\boldsymbol{\alpha}_3)(\boldsymbol{e}_1,\boldsymbol{e}_2,\boldsymbol{e}_3)\begin{pmatrix}1&1&1\\0&1&1\\0&0&1\end{pmatrix},$$

故,由基 $\boldsymbol{e}_1,\boldsymbol{e}_2,\boldsymbol{e}_3$ 到基 $\boldsymbol{\alpha}_1,\boldsymbol{\alpha}_2,\boldsymbol{\alpha}_3$ 的过渡矩阵为

$$A=\begin{pmatrix}1&1&1\\0&1&1\\0&0&1\end{pmatrix}.$$

下面进一步讨论同一向量在不同基下坐标之间的关系.

设 $\boldsymbol{\alpha}$ 是向量空间 V 中任意一个向量,在两组基 $\boldsymbol{\alpha}_1,\boldsymbol{\alpha}_2,\cdots,\boldsymbol{\alpha}_r$ 与 $\boldsymbol{\beta}_1,\boldsymbol{\beta}_2,\cdots,\boldsymbol{\beta}_r$ 下的坐标向量分别是

$$\boldsymbol{x}=(x_1,x_2,\cdots,x_r)^{\mathrm{T}},\quad \boldsymbol{y}=(y_1,y_2,\cdots,y_r)^{\mathrm{T}},$$

即有

$$\boldsymbol{\alpha}=(\boldsymbol{\alpha}_1,\boldsymbol{\alpha}_2,\cdots,\boldsymbol{\alpha}_r)\boldsymbol{x}=(\boldsymbol{\beta}_1,\boldsymbol{\beta}_2,\cdots,\boldsymbol{\beta}_r)\boldsymbol{y}. \tag{3.9}$$

若设 $\boldsymbol{T}$ 为基 $\boldsymbol{\alpha}_1,\boldsymbol{\alpha}_2,\cdots,\boldsymbol{\alpha}_r$ 到基 $\boldsymbol{\beta}_1,\boldsymbol{\beta}_2,\cdots,\boldsymbol{\beta}_r$ 的过渡矩阵,即有

$$(\boldsymbol{\beta}_1,\boldsymbol{\beta}_2,\cdots,\boldsymbol{\beta}_r)=(\boldsymbol{\alpha}_1,\boldsymbol{\alpha}_2,\cdots,\boldsymbol{\alpha}_r)\boldsymbol{T}, \tag{3.10}$$

将式(3.11)代入式(3.10),有

$$\boldsymbol{x}=\boldsymbol{T}\boldsymbol{y}.$$

定理 3.5 设 $\boldsymbol{T}$ 为向量空间 V 的一组基 $\boldsymbol{\alpha}_1,\boldsymbol{\alpha}_2,\cdots,\boldsymbol{\alpha}_r$ 到另一组基 $\boldsymbol{\beta}_1,\boldsymbol{\beta}_2,\cdots,\boldsymbol{\beta}_r$ 的过渡矩阵,V 中任意向量 $\boldsymbol{\alpha}$ 在两组基下的坐标向量分别为 $\boldsymbol{x}$ 和 $\boldsymbol{y}$,则

$$\boldsymbol{x}=\boldsymbol{T}\boldsymbol{y}. \tag{3.11}$$

称式(3.11)为坐标变换公式.

例 3 在三维向量空间中,求由基 $\boldsymbol{\alpha}_1=(1,2,1)^{\mathrm{T}},\boldsymbol{\alpha}_2=(2,3,3)^{\mathrm{T}},\boldsymbol{\alpha}_3=(3,7,1)^{\mathrm{T}}$ 到基 $\boldsymbol{\beta}_1=(3,1,4)^{\mathrm{T}},\boldsymbol{\beta}_2=(5,2,1)^{\mathrm{T}},\boldsymbol{\beta}_3=(1,1,-6)^{\mathrm{T}}$ 的过渡矩阵及向量 $\boldsymbol{\alpha}$ 在这两组基下的坐标的关系.

解 设

$$\boldsymbol{A}=(\boldsymbol{\alpha}_1,\boldsymbol{\alpha}_2,\boldsymbol{\alpha}_3)=\begin{pmatrix}1&2&3\\2&3&7\\1&3&1\end{pmatrix},\quad \boldsymbol{B}=(\boldsymbol{\beta}_1,\boldsymbol{\beta}_2,\boldsymbol{\beta}_3)=\begin{pmatrix}3&5&1\\1&2&1\\4&1&-6\end{pmatrix},$$

做初等行变换,得

$$(\boldsymbol{A}\,\vdots\,\boldsymbol{B})=\left(\begin{array}{ccc:ccc}1&2&3&3&5&1\\2&3&7&1&2&1\\1&3&1&4&1&-6\end{array}\right)\longrightarrow\left(\begin{array}{ccc:ccc}1&0&0&-27&-71&-41\\0&1&0&9&20&9\\0&0&1&4&12&8\end{array}\right),$$

得变换矩阵

$$\boldsymbol{T}=\begin{pmatrix}-27&-71&-41\\9&20&9\\4&12&8\end{pmatrix}.$$

若 $\boldsymbol{\alpha}$ 在基 $\boldsymbol{\alpha}_1,\boldsymbol{\alpha}_2,\boldsymbol{\alpha}_3$ 和基 $\boldsymbol{\beta}_1,\boldsymbol{\beta}_2,\boldsymbol{\beta}_3$ 下的坐标向量分别为 $\boldsymbol{x},\boldsymbol{y}$,则向量 $\boldsymbol{\alpha}$ 在两组基下的坐标关系为

$$\boldsymbol{x}=\boldsymbol{T}\boldsymbol{y},$$

即

$$\begin{pmatrix}x_1\\x_2\\x_3\end{pmatrix}=\begin{pmatrix}-27&-71&-41\\9&20&9\\4&12&8\end{pmatrix}\begin{pmatrix}y_1\\y_2\\y_3\end{pmatrix},$$

或

$$\boldsymbol{y}=\boldsymbol{T}^{-1}\boldsymbol{x},$$

即

$$\begin{pmatrix}y_1\\y_2\\y_3\end{pmatrix}=\begin{pmatrix}13&19&\dfrac{181}{4}\\-9&-13&-\dfrac{63}{2}\\7&10&\dfrac{99}{4}\end{pmatrix}\begin{pmatrix}x_1\\x_2\\x_3\end{pmatrix}.$$

3.5 $\mathbb{R}^n$中的内积

3.5.1 向量的内积

在解析几何中，我们知道，$\mathbb{R}^3$ 中的两个向量 $\boldsymbol{\alpha}$ 与 $\boldsymbol{\beta}$ 的内积是

$$\boldsymbol{\alpha}\cdot\boldsymbol{\beta}=\|\boldsymbol{\alpha}\|\|\boldsymbol{\beta}\|\cos\theta\ (0\leqslant\theta\leqslant\pi),$$

其中，$\|\cdot\|$ 表示向量的长度，θ 是 $\boldsymbol{\alpha}$ 与 $\boldsymbol{\beta}$ 的夹角. 根据定义，向量的长度与向量之间的夹角可以用内积表示，即

$$\|\boldsymbol{\alpha}\|=\sqrt{\boldsymbol{\alpha}\cdot\boldsymbol{\alpha}},\quad \cos\theta=\frac{\boldsymbol{\alpha}\cdot\boldsymbol{\beta}}{\|\boldsymbol{\alpha}\|\|\boldsymbol{\beta}\|}\quad(\boldsymbol{\alpha},\boldsymbol{\beta}\neq\boldsymbol{0}).$$

下面把内积的概念推广到$\mathbb{R}^n$中，这样就可以在$\mathbb{R}^n$中定义向量的长度和夹角的概念.

定义 3.11　设 $\boldsymbol{\alpha}=(a_1,a_2,\cdots,a_n)^{\mathrm{T}}$，$\boldsymbol{\beta}=(b_1,b_2,\cdots,b_n)^{\mathrm{T}}$ 是 $\mathbb{R}^n$ 中的两个向量，则

$$\boldsymbol{\alpha}^{\mathrm{T}}\boldsymbol{\beta}=(a_1,a_2,\cdots,a_n)\begin{pmatrix}b_1\\b_2\\\vdots\\b_n\end{pmatrix}=a_1b_1+a_2b_2+\cdots+a_nb_n\in\mathbb{R}$$

称为向量 $\boldsymbol{\alpha}$ 与 $\boldsymbol{\beta}$ 的内积或数量积，也称为点积，记为 $\boldsymbol{\alpha}\cdot\boldsymbol{\beta}$ 或 $(\boldsymbol{\alpha},\boldsymbol{\beta})$.

定义了向量内积的 n 维向量空间$\mathbb{R}^n$通常称为欧氏空间.

由内积定义可得下面性质.

定理 3.6　$\mathbb{R}^n$ 中的内积运算满足以下性质：

(1) $\boldsymbol{\alpha}\cdot\boldsymbol{\beta}=\boldsymbol{\beta}\cdot\boldsymbol{\alpha}$;

(2) $(\boldsymbol{\alpha}+\boldsymbol{\beta})\cdot\boldsymbol{\gamma}=\boldsymbol{\alpha}\cdot\boldsymbol{\gamma}+\boldsymbol{\beta}\cdot\boldsymbol{\gamma}$;

(3) $(k\boldsymbol{\alpha})\cdot\boldsymbol{\beta}=k(\boldsymbol{\alpha}\cdot\boldsymbol{\beta})=\boldsymbol{\alpha}\cdot(k\boldsymbol{\beta})$;

(4) $\boldsymbol{\alpha}\cdot\boldsymbol{\alpha}\geqslant0$，且 $\boldsymbol{\alpha}\cdot\boldsymbol{\alpha}=0$ 的充要条件是 $\boldsymbol{\alpha}=\boldsymbol{0}$.

其中，$\boldsymbol{\alpha}$，$\boldsymbol{\beta}$ 和 $\boldsymbol{\gamma}$ 是$\mathbb{R}^n$中的任意向量，k 是$\mathbb{R}$ 中的任意常数.

如果 $\boldsymbol{\alpha}\in\mathbb{R}^n$，那么 $\boldsymbol{\alpha}\cdot\boldsymbol{\alpha}$ 的算术平方根是有意义的，由于 $\boldsymbol{\alpha}\cdot\boldsymbol{\alpha}$ 总是非负的. 因此可以用它定义向量的长度.

定义 3.12　设 $\boldsymbol{\alpha}=(a_1,a_2,\cdots,a_n)^{\mathrm{T}}\in\mathbb{R}^n$，称 $\sqrt{\boldsymbol{\alpha}\cdot\boldsymbol{\alpha}}$为 $\boldsymbol{\alpha}$ 的**长度**或**范数**，记作$\|\boldsymbol{\alpha}\|$，即

$$\|\boldsymbol{\alpha}\|=\sqrt{\boldsymbol{\alpha}\cdot\boldsymbol{\alpha}}=\sqrt{a_1^2+a_2^2+\cdots+a_n^2}.$$

当$\|\boldsymbol{\alpha}\|=1$ 时，$\boldsymbol{\alpha}$ 称为**单位向量**.

向量的长度具有以下性质：

(1) $\|\boldsymbol{\alpha}\|\geqslant0$，且$\|\boldsymbol{\alpha}\|=0$ 的充要条件是 $\boldsymbol{\alpha}=\boldsymbol{0}$;

(2) $\|k\boldsymbol{\alpha}\| = |k|\|\boldsymbol{\alpha}\|$;

(3)柯西 - 施瓦茨(**Cauchy-Schwarz**)**不等式** 设 $\boldsymbol{\alpha}$ 与 $\boldsymbol{\beta}$ 是$\mathbb{R}^n$ 中的两个向量,则

$$|\boldsymbol{\alpha}\cdot\boldsymbol{\beta}| \leqslant \|\boldsymbol{\alpha}\|\|\boldsymbol{\beta}\|,$$

且等号成立的充要条件是 $\boldsymbol{\alpha},\boldsymbol{\beta}$ 线性相关.

如果 $\boldsymbol{\alpha}\neq\mathbf{0}$,用$\frac{1}{\|\boldsymbol{\alpha}\|}$乘以 $\boldsymbol{\alpha}$,得到一个单位向量 $\boldsymbol{\beta}$,即

$$\boldsymbol{\beta} = \frac{1}{\|\boldsymbol{\alpha}\|}\boldsymbol{\alpha},$$

称为 $\boldsymbol{\alpha}$ 的**规范化向量**或**单位化向量**. 显然 $\boldsymbol{\beta}$ 与 $\boldsymbol{\alpha}$ 是同方向的. 求单位化向量的过程称为**单位化**或**规范化**.

例 1 设 $\boldsymbol{\alpha} = (1,0,-3,4)^{\mathrm{T}} \in \mathbb{R}^4$,将 $\boldsymbol{\alpha}$ 单位化.

解 先计算向量 $\boldsymbol{\alpha}$ 的长度,得

$$\|\boldsymbol{\alpha}\| = \sqrt{\boldsymbol{\alpha}\cdot\boldsymbol{\alpha}} = \sqrt{1^2+0^2+(-3)^2+4^2} = \sqrt{26},$$

再将 $\boldsymbol{\alpha}$ 单位化,得

$$\boldsymbol{\beta} = \frac{1}{\|\boldsymbol{\alpha}\|}\boldsymbol{\alpha} = \frac{1}{\sqrt{26}}\boldsymbol{\alpha} = \left(\frac{\sqrt{26}}{26},0,-\frac{3\sqrt{26}}{26},\frac{2\sqrt{26}}{13}\right).$$

3.5.2 正交向量组

正交是几何向量垂直的概念在$\mathbb{R}^n$中的推广. 在解析几何中,我们知道,两个非零向量 $\boldsymbol{\alpha}$ 与 $\boldsymbol{\beta}$ 互相垂直的充分必要条件是它们的长度及其和的长度满足勾股定理,即

$$\|\boldsymbol{\alpha}+\boldsymbol{\beta}\|^2 = \|\boldsymbol{\alpha}\|^2 + \|\boldsymbol{\beta}\|^2. \tag{3.12}$$

利用内积的性质,得式(3.13)的左边为

$$\begin{aligned}\|\boldsymbol{\alpha}+\boldsymbol{\beta}\|^2 &= (\boldsymbol{\alpha}+\boldsymbol{\beta})\cdot(\boldsymbol{\alpha}+\boldsymbol{\beta})\\ &= \boldsymbol{\alpha}\cdot(\boldsymbol{\alpha}+\boldsymbol{\beta})+\boldsymbol{\beta}\cdot(\boldsymbol{\alpha}+\boldsymbol{\beta})\\ &= \boldsymbol{\alpha}\cdot\boldsymbol{\alpha}+\boldsymbol{\alpha}\cdot\boldsymbol{\beta}+\boldsymbol{\beta}\cdot\boldsymbol{\alpha}+\boldsymbol{\beta}\cdot\boldsymbol{\beta}\\ &= \|\boldsymbol{\alpha}\|^2+\|\boldsymbol{\beta}\|^2+2\boldsymbol{\alpha}\cdot\boldsymbol{\beta}.\end{aligned}$$

因此,$\boldsymbol{\alpha}$ 与 $\boldsymbol{\beta}$ 互相垂直的充分必要条件是 $\boldsymbol{\alpha}\cdot\boldsymbol{\beta}=0$. 一般地,对$\mathbb{R}^n$中的向量,我们把垂直称为正交.

定义 3.13 设 $\boldsymbol{\alpha},\boldsymbol{\beta}\in\mathbb{R}^n$,如果 $\boldsymbol{\alpha}\cdot\boldsymbol{\beta}=0$,则称 $\boldsymbol{\alpha}$ 与 $\boldsymbol{\beta}$ 正交,记作 $\boldsymbol{\alpha}\perp\boldsymbol{\beta}$.

根据定义,显然,$\mathbb{R}^n$中的零向量与任意向量都正交;并且只有零向量与其自身正交. 由内积的性质可知,如果 $\boldsymbol{\beta}$ 与 $\boldsymbol{\alpha}_i\,(i=1,2,\cdots,s)$ 正交,则 $\boldsymbol{\beta}$ 与 $\boldsymbol{\alpha}_1,\boldsymbol{\alpha}_2,\cdots,\boldsymbol{\alpha}_s$ 的任意线性组合正交.

因此可直接得到下面的勾股定理.

定理 3.7(勾股定理) 如果 $\boldsymbol{\alpha}\perp\boldsymbol{\beta}$,则

$$\|\boldsymbol{\alpha}+\boldsymbol{\beta}\|^2 = \|\boldsymbol{\alpha}\|^2 + \|\boldsymbol{\beta}\|^2,$$

如果 $\boldsymbol{\alpha}_1,\boldsymbol{\alpha}_2,\cdots\boldsymbol{\alpha}_s$ 两两互相正交,则

$$\|\boldsymbol{\alpha}_1+\boldsymbol{\alpha}_2+\cdots+\boldsymbol{\alpha}_s\|^2=\|\boldsymbol{\alpha}_1\|^2+\|\boldsymbol{\alpha}_2\|^2+\cdots+\|\boldsymbol{\alpha}_s\|^2.$$

注　在$\mathbb{R}^n$中,基本单位向量$\boldsymbol{e}_1,\boldsymbol{e}_2,\cdots,\boldsymbol{e}_n$满足

$$\boldsymbol{e}_i\cdot\boldsymbol{e}_j=\begin{cases}1, & i=j,\\ 0, & i\neq j,\end{cases}\quad i,j=1,2,\cdots,n. \tag{3.13}$$

因此,$\boldsymbol{e}_1,\boldsymbol{e}_2,\cdots,\boldsymbol{e}_n$是一组两两互相正交的单位向量.

设$\boldsymbol{\eta}\in\mathbb{R}^n,\boldsymbol{\eta}\neq\mathbf{0}$. 任给一个向量$\boldsymbol{\beta}$,我们希望把$\boldsymbol{\beta}$分解成两个向量的和

$$\boldsymbol{\beta}=\hat{\boldsymbol{\beta}}+\boldsymbol{\gamma}, \tag{3.14}$$

使得$\hat{\boldsymbol{\beta}}$是$\boldsymbol{\eta}$的常数倍,并且$\boldsymbol{\gamma}$与$\boldsymbol{\eta}$正交. 为此,令$\boldsymbol{\gamma}=\boldsymbol{\beta}-k\boldsymbol{\eta}$,则$\boldsymbol{\gamma}\perp\boldsymbol{\eta}$的充要条件是

$$0=(\boldsymbol{\beta}-k\boldsymbol{\eta})\cdot\boldsymbol{\eta}=\boldsymbol{\beta}\cdot\boldsymbol{\eta}-k(\boldsymbol{\eta}\cdot\boldsymbol{\eta}). \tag{3.15}$$

于是,式(3.16)成立,且$\boldsymbol{\gamma}$与$\boldsymbol{\eta}$正交的充要条件是$k=\dfrac{\boldsymbol{\beta}\cdot\boldsymbol{\eta}}{\boldsymbol{\eta}\cdot\boldsymbol{\eta}}$和$\hat{\boldsymbol{\beta}}=\dfrac{\boldsymbol{\beta}\cdot\boldsymbol{\eta}}{\boldsymbol{\eta}\cdot\boldsymbol{\eta}}\boldsymbol{\eta}$(见图3.3).

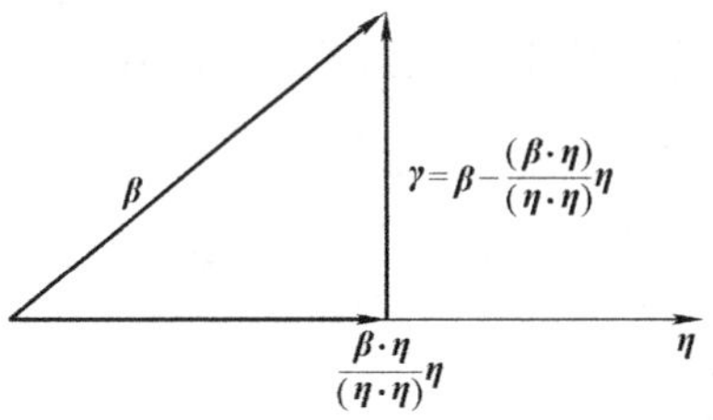

图　3.3

我们把向量$\hat{\boldsymbol{\beta}}$称为向量$\boldsymbol{\beta}$在$\boldsymbol{\eta}$上的**正交投影**,向量$\boldsymbol{\gamma}$称为$\boldsymbol{\beta}$对$\boldsymbol{\eta}$的**正交分量**,即

$$\hat{\boldsymbol{\beta}}=\frac{\boldsymbol{\beta}\cdot\boldsymbol{\eta}}{\boldsymbol{\eta}\cdot\boldsymbol{\eta}}\boldsymbol{\eta},\ \boldsymbol{\gamma}=\boldsymbol{\beta}-\frac{\boldsymbol{\beta}\cdot\boldsymbol{\eta}}{\boldsymbol{\eta}\cdot\boldsymbol{\eta}}\boldsymbol{\eta}. \tag{3.16}$$

注　$\mathbb{R}^n$中的一组两两正交的非零向量组称为一个**正交组**;如果正交组中的向量都是单位向量,则称该正交组为**标准正交组**或**规范正交组**.

显然,$\mathbb{R}^n$中的任意一个正交组,都可以通过单位化导出一个标准正交组.

例2　若$\boldsymbol{\alpha}_1,\boldsymbol{\alpha}_2,\cdots,\boldsymbol{\alpha}_s$是$\mathbb{R}^n$中的一个正交组,则$\boldsymbol{\alpha}_1,\boldsymbol{\alpha}_2,\cdots,\boldsymbol{\alpha}_s$线性无关.

证　设$k_1\boldsymbol{\alpha}_1+k_2\boldsymbol{\alpha}_2+\cdots+k_s\boldsymbol{\alpha}_s=\mathbf{0}$. 分别用$\boldsymbol{\alpha}_i(i=1,2,\cdots,s)$与等式两边作内积. 由于当$i\neq j$时,有$\boldsymbol{\alpha}_i\cdot\boldsymbol{\alpha}_j=0$,可得

$$\begin{aligned}0&=\mathbf{0}\cdot\boldsymbol{\alpha}_i=(k_1\boldsymbol{\alpha}_1+k_2\boldsymbol{\alpha}_2+\cdots+k_s\boldsymbol{\alpha}_s)\cdot\boldsymbol{\alpha}_i\\&=k_1(\boldsymbol{\alpha}_1\cdot\boldsymbol{\alpha}_i)+k_2(\boldsymbol{\alpha}_2\cdot\boldsymbol{\alpha}_i)+\cdots+k_s(\boldsymbol{\alpha}_s\cdot\boldsymbol{\alpha}_i)\\&=k_i(\boldsymbol{\alpha}_i\cdot\boldsymbol{\alpha}_i).\end{aligned}$$

又$\boldsymbol{\alpha}_i\cdot\boldsymbol{\alpha}_j\neq0$,因此$k_i=0(i=1,2,\cdots,s)$. 所以$\boldsymbol{\alpha}_1,\boldsymbol{\alpha}_2,\cdots,\boldsymbol{\alpha}_s$线性

无关.

例 2 表明向量组线性无关是向量组为正交组的必要条件. 反之,线性无关向量组未必是正交组. 不过,对于一组$\mathbb{R}^n$中给定的线性无关向量 $\boldsymbol{\alpha}_1,\boldsymbol{\alpha}_2,\cdots,\boldsymbol{\alpha}_s$,可以通过适当变换构造出一组正交组. 例如,对于给定的无关向量组 $\boldsymbol{\alpha}_1,\boldsymbol{\alpha}_2$,由于 $\boldsymbol{\alpha}_1\neq\mathbf{0}$,可取$\boldsymbol{\beta}_1$ 等于 $\boldsymbol{\alpha}_1$,$\boldsymbol{\beta}_2$ 等于 $\boldsymbol{\alpha}_2$ 与 $\boldsymbol{\alpha}_2$ 在 $\boldsymbol{\alpha}_1$ 上的正交投影之差,即

$$\boldsymbol{\beta}_1=\boldsymbol{\alpha}_1,\boldsymbol{\beta}_2=\boldsymbol{\alpha}_2-\frac{\boldsymbol{\alpha}_2\cdot\boldsymbol{\beta}_1}{\boldsymbol{\beta}_1\cdot\boldsymbol{\beta}_1}\boldsymbol{\beta}_1,$$

则$\boldsymbol{\beta}_1,\boldsymbol{\beta}_2$ 是一个由 $\boldsymbol{\alpha}_1,\boldsymbol{\alpha}_2$ 构造的正交组.

对于给定的线性无关的向量组 $\boldsymbol{\alpha}_1,\boldsymbol{\alpha}_2,\boldsymbol{\alpha}_3$,先求出一个正交组$\boldsymbol{\beta}_1,\boldsymbol{\beta}_2$,然后取$\boldsymbol{\beta}_3$ 为

$$\boldsymbol{\beta}_3=\boldsymbol{\alpha}_3-\frac{\boldsymbol{\alpha}_3\cdot\boldsymbol{\beta}_1}{\boldsymbol{\beta}_1\cdot\boldsymbol{\beta}_1}\boldsymbol{\beta}_1-\frac{\boldsymbol{\alpha}_3\cdot\boldsymbol{\beta}_2}{\boldsymbol{\beta}_2\cdot\boldsymbol{\beta}_2}\boldsymbol{\beta}_2,$$

则$\boldsymbol{\beta}_1,\boldsymbol{\beta}_2,\boldsymbol{\beta}_3$ 是一个由 $\boldsymbol{\alpha}_1,\boldsymbol{\alpha}_2,\boldsymbol{\alpha}_3$ 构造的正交组.

以上正交化过程称为施密特(Schimidt)正交化过程.

定理 3.8(施密特正交化过程) 设 $\boldsymbol{\alpha}_1,\boldsymbol{\alpha}_2,\cdots,\boldsymbol{\alpha}_s$ 是一组线性无关的向量. 定义

$$\begin{aligned}
\boldsymbol{\beta}_1&=\boldsymbol{\alpha}_1,\\
\boldsymbol{\beta}_2&=\boldsymbol{\alpha}_2-\frac{\boldsymbol{\alpha}_2\cdot\boldsymbol{\beta}_1}{\boldsymbol{\beta}_1\cdot\boldsymbol{\beta}_1}\boldsymbol{\beta}_1,\\
\boldsymbol{\beta}_3&=\boldsymbol{\alpha}_3-\frac{\boldsymbol{\alpha}_3\cdot\boldsymbol{\beta}_1}{\boldsymbol{\beta}_1\cdot\boldsymbol{\beta}_1}\boldsymbol{\beta}_1-\frac{\boldsymbol{\alpha}_3\cdot\boldsymbol{\beta}_2}{\boldsymbol{\beta}_2\cdot\boldsymbol{\beta}_2}\boldsymbol{\beta}_2,\\
&\ \ \vdots\\
\boldsymbol{\beta}_i&=\boldsymbol{\alpha}_i-\frac{\boldsymbol{\alpha}_i\cdot\boldsymbol{\beta}_1}{\boldsymbol{\beta}_1\cdot\boldsymbol{\beta}_1}\boldsymbol{\beta}_1-\frac{\boldsymbol{\alpha}_i\cdot\boldsymbol{\beta}_2}{\boldsymbol{\beta}_2\cdot\boldsymbol{\beta}_2}\boldsymbol{\beta}_2-\cdots-\frac{\boldsymbol{\alpha}_i\cdot\boldsymbol{\beta}_{i-1}}{\boldsymbol{\beta}_{i-1}\cdot\boldsymbol{\beta}_{i-1}}\boldsymbol{\beta}_{i-1},\\
&\ \ \vdots\\
\boldsymbol{\beta}_s&=\boldsymbol{\alpha}_s-\frac{\boldsymbol{\alpha}_s\cdot\boldsymbol{\beta}_1}{\boldsymbol{\beta}_1\cdot\boldsymbol{\beta}_1}\boldsymbol{\beta}_1-\frac{\boldsymbol{\alpha}_s\cdot\boldsymbol{\beta}_2}{\boldsymbol{\beta}_2\cdot\boldsymbol{\beta}_2}\boldsymbol{\beta}_2-\cdots-\frac{\boldsymbol{\alpha}_s\cdot\boldsymbol{\beta}_{i-1}}{\boldsymbol{\beta}_{i-1}\cdot\boldsymbol{\beta}_{i-1}}\boldsymbol{\beta}_{i-1}-\cdots-\\
&\quad\frac{\boldsymbol{\alpha}_s\cdot\boldsymbol{\beta}_{s-1}}{\boldsymbol{\beta}_{s-1}\cdot\boldsymbol{\beta}_{s-1}}\boldsymbol{\beta}_{s-1},
\end{aligned}$$

则$\boldsymbol{\beta}_1,\boldsymbol{\beta}_2,\cdots,\boldsymbol{\beta}_s$ 是一个正交组,并且$\boldsymbol{\beta}_1,\boldsymbol{\beta}_2,\cdots,\boldsymbol{\beta}_i$ 与 $\boldsymbol{\alpha}_1,\boldsymbol{\alpha}_2,\cdots,\boldsymbol{\alpha}_i$ 等价($i=1,2,\cdots,s$).

施密特正交化过程证明了$\mathbb{R}^n$中一定有由 n 个向量组成的正交组,我们称之为$\mathbb{R}^n$的一个**正交基**. 把正交基中的每一个基向量单位化后,就可以得到$\mathbb{R}^n$的一个由 n 个向量组成的标准正交组,我们称之为$\mathbb{R}^n$的一个**标准正交基**.

例 3 在$\mathbb{R}^3$中,设

$$\boldsymbol{\varepsilon}_1=(1,1,1)^{\mathrm{T}},\quad \boldsymbol{\varepsilon}_2=(0,1,2)^{\mathrm{T}},\quad \boldsymbol{\varepsilon}_3=(2,0,3)^{\mathrm{T}}.$$

用施密特正交化过程,构造一组标准正交基.

解　先把 $\boldsymbol{\varepsilon}_1,\boldsymbol{\varepsilon}_2,\boldsymbol{\varepsilon}_3$ 正交化:

$$\boldsymbol{\xi}_1=\boldsymbol{\varepsilon}_1=(1,1,1)^{\mathrm{T}},$$

$$\boldsymbol{\xi}_2=\boldsymbol{\varepsilon}_2-\frac{(\boldsymbol{\varepsilon}_2,\boldsymbol{\xi}_1)}{(\boldsymbol{\xi}_1,\boldsymbol{\xi}_1)}\boldsymbol{\xi}_1=(0,1,2)^{\mathrm{T}}-\frac{3}{3}(1,1,1)^{\mathrm{T}}=(-1,0,1)^{\mathrm{T}},$$

$$\begin{aligned}\boldsymbol{\xi}_3&=\boldsymbol{\varepsilon}_3-\frac{(\boldsymbol{\varepsilon}_3,\boldsymbol{\xi}_1)}{(\boldsymbol{\xi}_1,\boldsymbol{\xi}_1)}\boldsymbol{\xi}_1-\frac{(\boldsymbol{\varepsilon}_3,\boldsymbol{\xi}_2)}{(\boldsymbol{\xi}_2,\boldsymbol{\xi}_2)}\boldsymbol{\xi}_2\\&=(2,0,3)^{\mathrm{T}}-\frac{5}{3}(1,1,1)^{\mathrm{T}}-\frac{1}{2}(-1,0,1)^{\mathrm{T}}\\&=\left(\frac{5}{6},-\frac{5}{3},\frac{5}{6}\right)^{\mathrm{T}}.\end{aligned}$$

然后,再单位化,得$\mathbb{R}^3$的一个标准正交基为

$$\boldsymbol{\eta}_1=\frac{1}{\|\boldsymbol{\xi}_1\|}\boldsymbol{\xi}_1=\left(\frac{1}{\sqrt{3}},\frac{1}{\sqrt{3}},\frac{1}{\sqrt{3}}\right)^{\mathrm{T}},$$

$$\boldsymbol{\eta}_2=\frac{1}{\|\boldsymbol{\xi}_2\|}\boldsymbol{\xi}_2=\left(-\frac{1}{\sqrt{2}},0,\frac{1}{\sqrt{2}}\right)^{\mathrm{T}},$$

$$\boldsymbol{\eta}_3=\frac{1}{\|\boldsymbol{\xi}_3\|}\boldsymbol{\xi}_3=\left(\frac{1}{\sqrt{6}},-\frac{2}{\sqrt{6}},\frac{1}{\sqrt{6}}\right)^{\mathrm{T}}.$$

3.5.3　正交矩阵

最后介绍正交矩阵的概念及性质,正交矩阵在后面二次型化标准形时有重要应用.

定义 3.14　设 $\boldsymbol{A}$ 是 n 阶实矩阵,如果 $\boldsymbol{A}^{\mathrm{T}}\boldsymbol{A}=\boldsymbol{E}$,则 $\boldsymbol{A}$ 称为**正交矩阵**.

设 $\boldsymbol{A}$ 是 n 阶实矩阵,把 $\boldsymbol{A}$ 按列分块,得 $\boldsymbol{A}=(\boldsymbol{\alpha}_1,\boldsymbol{\alpha}_2,\cdots,\boldsymbol{\alpha}_n)$,其中,$\boldsymbol{\alpha}_1,\boldsymbol{\alpha}_2,\cdots,\boldsymbol{\alpha}_n\in\mathbb{R}^n$. 则

$$\boldsymbol{A}^{\mathrm{T}}\boldsymbol{A}=\begin{pmatrix}\boldsymbol{\alpha}_1^{\mathrm{T}}\\\boldsymbol{\alpha}_2^{\mathrm{T}}\\\vdots\\\boldsymbol{\alpha}_n^{\mathrm{T}}\end{pmatrix}(\boldsymbol{\alpha}_1,\boldsymbol{\alpha}_2,\cdots,\boldsymbol{\alpha}_n)=\begin{pmatrix}\boldsymbol{\alpha}_1^{\mathrm{T}}\boldsymbol{\alpha}_1&\boldsymbol{\alpha}_1^{\mathrm{T}}\boldsymbol{\alpha}_2&\cdots&\boldsymbol{\alpha}_1^{\mathrm{T}}\boldsymbol{\alpha}_n\\\boldsymbol{\alpha}_2^{\mathrm{T}}\boldsymbol{\alpha}_1&\boldsymbol{\alpha}_2^{\mathrm{T}}\boldsymbol{\alpha}_2&\cdots&\boldsymbol{\alpha}_2^{\mathrm{T}}\boldsymbol{\alpha}_n\\\vdots&\vdots&&\vdots\\\boldsymbol{\alpha}_n^{\mathrm{T}}\boldsymbol{\alpha}_1&\boldsymbol{\alpha}_n^{\mathrm{T}}\boldsymbol{\alpha}_2&\cdots&\boldsymbol{\alpha}_n^{\mathrm{T}}\boldsymbol{\alpha}_n\end{pmatrix},$$

右边矩阵的第 i 行第 j 列元素恰好是 $\boldsymbol{\alpha}_i$ 与 $\boldsymbol{\alpha}_j$ 的内积 $\boldsymbol{\alpha}_i\cdot\boldsymbol{\alpha}_j$. 因此 $\boldsymbol{A}$ 是正交矩阵的充分必要条件是

$$\boldsymbol{\alpha}_i\cdot\boldsymbol{\alpha}_j=\begin{cases}1, & i=j,\\0, & i\neq j,\end{cases}\quad i,j=1,2,\cdots,n. \tag{3.17}$$

即 $\boldsymbol{A}$ 的列向量组构成$\mathbb{R}^n$的一个标准正交基. 同理,$\boldsymbol{A}$ 的行向量组也构成$\mathbb{R}^n$的一个标准正交基.

根据定义,正交矩阵一定是可逆矩阵,并且 $\boldsymbol{A}\boldsymbol{A}^{\mathrm{T}}=\boldsymbol{E}$ 或 $\boldsymbol{A}^{-1}=\boldsymbol{A}^{\mathrm{T}}$;反之,如果矩阵 $\boldsymbol{A}$ 可逆,且 $\boldsymbol{A}^{-1}=\boldsymbol{A}^{\mathrm{T}}$,则 $\boldsymbol{A}^{\mathrm{T}}\boldsymbol{A}=\boldsymbol{E}$,即 $\boldsymbol{A}$ 是正交矩阵. 由此,我们有下面的定理.

定理 3.9 设 $\boldsymbol{A}$ 是 n 阶矩阵,则下列命题等价:

(1)$\boldsymbol{A}$ 是正交矩阵;

(2)$\boldsymbol{A}$ 可逆,且 $\boldsymbol{A}^{-1}=\boldsymbol{A}^{\mathrm{T}}$;

(3)$\boldsymbol{A}$ 的列向量组是$\mathbb{R}^n$的一个标准正交基(即 $\boldsymbol{A}^{\mathrm{T}}\boldsymbol{A}=\boldsymbol{E}$);

(4)$\boldsymbol{A}$ 的行向量组是$\mathbb{R}^n$的一个标准正交基(即 $\boldsymbol{A}\boldsymbol{A}^{\mathrm{T}}=\boldsymbol{E}$).

例 4 矩阵

$$\boldsymbol{A}=\begin{pmatrix} \frac{1}{\sqrt{2}} & 0 & \frac{1}{2} & \frac{1}{2} \\ 0 & \frac{1}{\sqrt{2}} & -\frac{1}{2} & \frac{1}{2} \\ \frac{1}{\sqrt{2}} & 0 & -\frac{1}{2} & -\frac{1}{2} \\ 0 & \frac{1}{\sqrt{2}} & \frac{1}{2} & -\frac{1}{2} \end{pmatrix}$$

是一个正交矩阵. 可以验证,其列向量组是一个标准正交基;也可以验证,其行向量组是一个标准正交基.

正交矩阵还具有以下性质:

(1)如果 $\boldsymbol{A}$ 是正交矩阵,则 $|\boldsymbol{A}|=\pm 1$;

(2)如果 $\boldsymbol{A}$ 是正交矩阵,则 $\boldsymbol{A}^{\mathrm{T}}$,$\boldsymbol{A}^{-1}$和 $\boldsymbol{A}^*$ 也是正交矩阵;

(3)如果 $\boldsymbol{A}$,$\boldsymbol{B}$ 是正交矩阵,那么 $\boldsymbol{AB}$ 也是正交矩阵.

证明留给读者.

例 5 设 $\boldsymbol{A}$ 为三阶非零实矩阵,且 $\boldsymbol{A}^*=\boldsymbol{A}^{\mathrm{T}}$. 证明:$|\boldsymbol{A}|=1$,且 $\boldsymbol{A}$ 是正交矩阵.

证 由 $\boldsymbol{A}^*=\boldsymbol{A}^{\mathrm{T}}$,得 $|\boldsymbol{A}|^2=|\boldsymbol{A}|$,知$|\boldsymbol{A}|$可能的取值为 0,1. 由 $\boldsymbol{A}\neq\boldsymbol{O}$,知 $\boldsymbol{A}$ 中至少有一个元素 $a_{ij}\neq 0$. 于是

$$|\boldsymbol{A}|=a_{i1}A_{i1}+a_{i2}A_{i2}+a_{i3}A_{i3}=a_{i1}^2+a_{i2}^2+a_{i3}^2>0,$$

其中,A_{ij}是 $\boldsymbol{A}$ 中 a_{ij}的代数余子式. 故 $|\boldsymbol{A}|=1$. 因此 $\boldsymbol{A}^{\mathrm{T}}\boldsymbol{A}=\boldsymbol{A}^*\boldsymbol{A}=|\boldsymbol{A}|\boldsymbol{E}=\boldsymbol{E}$,即 $\boldsymbol{A}$ 是正交矩阵.

习题 3

1. 设 $\boldsymbol{\alpha}=(5,-1,3,2,4)$,$\boldsymbol{\beta}=(3,1,-2,2,1)$,求向量 $\boldsymbol{\gamma}$,使得 $3\boldsymbol{\alpha}+2\boldsymbol{\gamma}=5\boldsymbol{\beta}$.

2. 设 $3\boldsymbol{\alpha}+2\boldsymbol{\beta}=(2,0,-1,2)^{\mathrm{T}}$,$2\boldsymbol{\alpha}-3\boldsymbol{\beta}=(3,1,4,-5)^{\mathrm{T}}$,求 $\boldsymbol{\alpha}$,$\boldsymbol{\beta}$.

3. 判断下列各组向量中,$\boldsymbol{\beta}$ 是否可以被其余向量线性表出,若能表示,写出线性表示式:

(1)$\boldsymbol{\beta}=(3,-7,-3)^{\mathrm{T}}$,$\boldsymbol{\alpha}_1=(1,0,-2)^{\mathrm{T}}$,$\boldsymbol{\alpha}_2=(-4,3,8)^{\mathrm{T}}$,$\boldsymbol{\alpha}_3=(2,5,-4)^{\mathrm{T}}$;

(2)$\boldsymbol{\beta}=(2,-1,6)^{\mathrm{T}}$,$\boldsymbol{\alpha}_1=(1,-2,0)^{\mathrm{T}}$,$\boldsymbol{\alpha}_2=(0,1,2)^{\mathrm{T}}$,$\boldsymbol{\alpha}_3=(5,-6,8)^{\mathrm{T}}$.

4. 证明:n 维列向量组 $\boldsymbol{\alpha}_1,\boldsymbol{\alpha}_2,\cdots,\boldsymbol{\alpha}_n$ 线性无关的充分必要条件是行列式

$$|\boldsymbol{\alpha}_1,\boldsymbol{\alpha}_2,\cdots,\boldsymbol{\alpha}_n|\neq 0.$$

5. 求 k 的值,使下列各组向量线性相关:

(1)$(1,2,-3)^{\mathrm{T}}$,$(-3,-6,9)^{\mathrm{T}}$,$(8,k,$

$5)^T$;

(2) $(3,0,2)^T,(1,2,-1)^T,(2,1,k)^T$;

(3) $(1,0,2,-k)^T,(1,1,1,1)^T,(0,k,3,2)^T,(1,0,0,-1)$;

(4) $(3,0,2k,-1)^T,(2,-3,1,1)^T,(0,-k,4,-2)^T,(1,-2,1,-1)^T,(2,3,4,1)^T$.

6. 设 $\boldsymbol{\alpha}_1,\boldsymbol{\alpha}_2,\boldsymbol{\alpha}_3$ 线性无关,讨论下列向量组的线性相关性:

(1) $\boldsymbol{\alpha}_1+\boldsymbol{\alpha}_2,\boldsymbol{\alpha}_2+\boldsymbol{\alpha}_3,\boldsymbol{\alpha}_3+\boldsymbol{\alpha}_1$;

(2) $\boldsymbol{\alpha}_1-\boldsymbol{\alpha}_2,\boldsymbol{\alpha}_2-\boldsymbol{\alpha}_3,\boldsymbol{\alpha}_3-\boldsymbol{\alpha}_1$;

(3) $\boldsymbol{\alpha}_1+\boldsymbol{\alpha}_2,\boldsymbol{\alpha}_2-\boldsymbol{\alpha}_3,\boldsymbol{\alpha}_3+\boldsymbol{\alpha}_1$;

(4) $\boldsymbol{\alpha}_1-\boldsymbol{\alpha}_2-\boldsymbol{\alpha}_3,\boldsymbol{\alpha}_2-\boldsymbol{\alpha}_3,\boldsymbol{\alpha}_3$.

7. 设 $a_1,a_2,\cdots,a_n$ 是互不相等的数,证明:向量组

$\boldsymbol{\alpha}_1=(1,a_1,a_1^2,\cdots,a_1^{n-1})^T,\boldsymbol{\alpha}_2=(1,a_2,a_2^2,\cdots,a_2^{n-1})^T,\cdots,\boldsymbol{\alpha}_n=(1,a_n,a_n^2,\cdots,a_n^{n-1})^T$ 线性无关.

8. 设 $\boldsymbol{A}$ 为 $m\times n$ 矩阵,$\boldsymbol{\alpha}_1,\boldsymbol{\alpha}_2,\cdots,\boldsymbol{\alpha}_n\in\mathbb{R}^n$,证明:如果 $\boldsymbol{\alpha}_1,\boldsymbol{\alpha}_2,\cdots,\boldsymbol{\alpha}_n$ 线性相关,则 $\boldsymbol{A\alpha}_1,\boldsymbol{A\alpha}_2,\cdots,\boldsymbol{A\alpha}_n$ 也线性相关.

9. 设三阶矩阵 $\boldsymbol{A}=\begin{pmatrix}1&2&-2\\2&1&2\\3&0&4\end{pmatrix}$,$\boldsymbol{\alpha}=(a,1,1)^T$,已知 $\boldsymbol{A\alpha}$ 与 $\boldsymbol{\alpha}$ 线性相关,求常数 a.

10. 设向量 $\boldsymbol{\beta}$ 可以被向量组 $\boldsymbol{\alpha}_1,\boldsymbol{\alpha}_2,\cdots,\boldsymbol{\alpha}_m$ 表示,但不能被向量组(1):$\boldsymbol{\alpha}_1,\boldsymbol{\alpha}_2,\cdots,\boldsymbol{\alpha}_{m-1}$表示,记向量组 $\boldsymbol{\alpha}_1,\boldsymbol{\alpha}_2,\cdots,\boldsymbol{\alpha}_{m-1},\boldsymbol{\beta}$ 为向量组(2),证明:$\boldsymbol{\alpha}_m$ 必能被向量组(2)表示,但不能被向量组(1)表示.

11. 设 $\boldsymbol{\alpha}_1,\boldsymbol{\alpha}_2,\boldsymbol{\beta}_1,\boldsymbol{\beta}_2\in\mathbb{R}^3$,且 $\boldsymbol{\alpha}_1,\boldsymbol{\alpha}_2$ 线性无关,$\boldsymbol{\beta}_1,\boldsymbol{\beta}_2$ 线性无关,证明:必存在非零向量 $\boldsymbol{\gamma}$ 既可被 $\boldsymbol{\alpha}_1,\boldsymbol{\alpha}_2$ 线性表出,也可被 $\boldsymbol{\beta}_1,\boldsymbol{\beta}_2$ 线性表出,并解释其几何意义. 当$\boldsymbol{\alpha}_1=(2,1,1)^T,\boldsymbol{\alpha}_2=(5,2,3)^T,\boldsymbol{\beta}_1=(3,2,-1)^T,\boldsymbol{\beta}_2=(0,-1,3)^T$ 时,求满足上述条件的 $\boldsymbol{\gamma}$.

12. 设向量组 $\boldsymbol{\alpha}_1=(a_{11},a_{12},a_{13})^T,\boldsymbol{\alpha}_2=(a_{21},a_{22},a_{23})^T,\boldsymbol{\alpha}_3=(a_{31},a_{32},a_{33})^T$ 线性无关,证明:向量组 $\boldsymbol{\beta}_1=(a_{11},a_{12},a_{13},a_1)^T,\boldsymbol{\beta}_2=(a_{21},a_{22},a_{23},a_2)^T,\boldsymbol{\beta}_3=(a_{31},a_{32},a_{33},a_3)^T$ 线性无关.

13. 判断下列两个向量组是否等价:

(1) $\boldsymbol{\alpha}_1=(2,1,5)^T,\boldsymbol{\alpha}_2=(1,1,3)^T,\boldsymbol{\alpha}_3=(1,-1,0)^T$;

(2) $\boldsymbol{\beta}_1=(1,2,1)^T,\boldsymbol{\beta}_2=(2,1,4)^T,\boldsymbol{\beta}_3=(2,-1,2)^T$.

14. 设 $r(\boldsymbol{\alpha}_1,\boldsymbol{\alpha}_2,\cdots,\boldsymbol{\alpha}_s)=r(\boldsymbol{\alpha}_1,\boldsymbol{\alpha}_2,\cdots,\boldsymbol{\alpha}_s,\boldsymbol{\beta})=s$,证明:$\boldsymbol{\beta}$ 可以被 $\boldsymbol{\alpha}_1,\boldsymbol{\alpha}_2,\cdots,\boldsymbol{\alpha}_s$ 线性表出,且表达式唯一.

15. 设 $\boldsymbol{\alpha}_1,\boldsymbol{\alpha}_2,\cdots,\boldsymbol{\alpha}_n\in\mathbb{R}^n$,证明:$\boldsymbol{\alpha}_1,\boldsymbol{\alpha}_2,\cdots,\boldsymbol{\alpha}_n$ 线性无关的充要条件是对于$\mathbb{R}^n$中的任意向量 $\boldsymbol{\beta}$,$\boldsymbol{\beta}$ 均可以被 $\boldsymbol{\alpha}_1,\boldsymbol{\alpha}_2,\cdots,\boldsymbol{\alpha}_n$ 线性表出.

16. 设 n 维列向量组 $\boldsymbol{\alpha}_1,\boldsymbol{\alpha}_2,\cdots,\boldsymbol{\alpha}_m(m<n)$线性无关,则下列条件中哪一个是 n 维列向量组$\boldsymbol{\beta}_1,\boldsymbol{\beta}_2,\cdots,\boldsymbol{\beta}_m$ 线性无关的充要条件:

(1)向量组$\boldsymbol{\beta}_1,\boldsymbol{\beta}_2,\cdots,\boldsymbol{\beta}_m$ 可以被向量组 $\boldsymbol{\alpha}_1,\boldsymbol{\alpha}_2,\cdots,\boldsymbol{\alpha}_m$ 线性表出;

(2)向量组 $\boldsymbol{\alpha}_1,\boldsymbol{\alpha}_2,\cdots,\boldsymbol{\alpha}_m$ 可以被向量组 $\boldsymbol{\beta}_1,\boldsymbol{\beta}_2,\cdots,\boldsymbol{\beta}_m$ 线性表出;

(3)向量组 $\boldsymbol{\alpha}_1,\boldsymbol{\alpha}_2,\cdots,\boldsymbol{\alpha}_m$ 与向量组 $\boldsymbol{\beta}_1,\boldsymbol{\beta}_2,\cdots,\boldsymbol{\beta}_m$ 等价;

(4)矩阵 $\boldsymbol{A}=(\boldsymbol{\alpha}_1,\boldsymbol{\alpha}_2,\cdots,\boldsymbol{\alpha}_m)$与矩阵$\boldsymbol{B}=(\boldsymbol{\beta}_1,\boldsymbol{\beta}_2,\cdots,\boldsymbol{\beta}_m)$等价.

17. 求下列向量组的一个极大线性无关组和秩:

(1) $\boldsymbol{\alpha}_1=(1,2,3,4)^T,\boldsymbol{\alpha}_2=(2,3,4,5)^T,$
$\boldsymbol{\alpha}_3=(3,4,5,6)^T,\boldsymbol{\alpha}_4=(4,5,6,7)^T$;

(2) $\boldsymbol{\alpha}_1=(1,1,1,k)^T,\boldsymbol{\alpha}_2=(1,1,1,1)^T,$
$\boldsymbol{\alpha}_3=(1,2,1,1)^T$.

18. 已知向量组 $\boldsymbol{\alpha}_1=(1,2,-1,1)^T,\boldsymbol{\alpha}_2=(2,0,t,0)^T,\boldsymbol{\alpha}_3=(0,-4,5,-2)^T$ 的秩为2,求满足条件的 t.

19. 求向量组 $\boldsymbol{\alpha}_1=(2,1,3,-1)^T,\boldsymbol{\alpha}_2=(3,-1,2,0)^T,\boldsymbol{\alpha}_3=(1,3,4,-2)^T,\boldsymbol{\alpha}_4=(4,-3,1,1)^T$ 的一个极大线性无关组,并将其余向量用此极大线性无关组线性表出.

20. 已知 n 维向量 $\boldsymbol{\alpha}_1,\boldsymbol{\alpha}_2,\boldsymbol{\alpha}_3,\boldsymbol{\alpha}_4$ 的秩为4,求向量组 $\boldsymbol{\beta}_1=\boldsymbol{\alpha}_1+k_1\boldsymbol{\alpha}_2,\boldsymbol{\beta}_2=\boldsymbol{\alpha}_2+k_2\boldsymbol{\alpha}_3,$

$\boldsymbol{\beta}_3=\boldsymbol{\alpha}_3+k_3\boldsymbol{\alpha}_4$ 的秩.

21. 设矩阵$\begin{pmatrix} a_1 & b_1 & c_1 \\ a_2 & b_2 & c_2 \\ a_3 & b_3 & c_3 \end{pmatrix}$是满秩的,试说明下列两条直线的位置关系:

(1)$\dfrac{x-a_3}{a_1-a_2}=\dfrac{y-b_3}{b_1-b_2}=\dfrac{x-c_3}{c_1-c_2}$;

(2)$\dfrac{x-a_1}{a_2-a_3}=\dfrac{y-b_1}{b_2-b_3}=\dfrac{x-c_1}{c_2-c_3}$.

22. 证明:$\boldsymbol{\xi}_1=(2,1,-3)^{\mathrm{T}}$,$\boldsymbol{\xi}_2=(3,2,-5)^{\mathrm{T}}$,$\boldsymbol{\xi}_3=(1,-1,1)^{\mathrm{T}}$ 是$\mathbb{R}^3$的一组基,并求 $\boldsymbol{\alpha}=(6,2,-7)^{\mathrm{T}}$ 在基 $\boldsymbol{\xi}_1,\boldsymbol{\xi}_2,\boldsymbol{\xi}_3$ 下的坐标.

23. 已知$\mathbb{R}^3$的两个基为

$$\boldsymbol{\alpha}_1=\begin{pmatrix}1\\1\\1\end{pmatrix},\boldsymbol{\alpha}_2=\begin{pmatrix}1\\0\\-1\end{pmatrix},\boldsymbol{\alpha}_3=\begin{pmatrix}1\\0\\1\end{pmatrix},$$

$$\boldsymbol{\beta}_1=\begin{pmatrix}1\\2\\1\end{pmatrix},\boldsymbol{\beta}_2=\begin{pmatrix}2\\3\\4\end{pmatrix},\boldsymbol{\beta}_3=\begin{pmatrix}3\\4\\3\end{pmatrix},$$

求从基 $\boldsymbol{\alpha}_1,\boldsymbol{\alpha}_2,\boldsymbol{\alpha}_3$ 到基 $\boldsymbol{\beta}_1,\boldsymbol{\beta}_2,\boldsymbol{\beta}_3$ 的过渡矩阵 $\boldsymbol{T}$.

24. 设 $\boldsymbol{\alpha}_1,\boldsymbol{\alpha}_2,\boldsymbol{\alpha}_3$ 是一组基,若另外两组基为

(1)$\begin{cases}\boldsymbol{\xi}_1=\boldsymbol{\alpha}_1+2\boldsymbol{\alpha}_2+\boldsymbol{\alpha}_3,\\ \boldsymbol{\xi}_2=\boldsymbol{\alpha}_1+\boldsymbol{\alpha}_2+\boldsymbol{\alpha}_3,\\ \boldsymbol{\xi}_3=\boldsymbol{\alpha}_1+\boldsymbol{\alpha}_2;\end{cases}$

(2)$\begin{cases}\boldsymbol{\eta}_1=\boldsymbol{\alpha}_1+\boldsymbol{\alpha}_2+\boldsymbol{\alpha}_3,\\ \boldsymbol{\eta}_2=2\boldsymbol{\alpha}_1+\boldsymbol{\alpha}_2+\boldsymbol{\alpha}_3,\\ \boldsymbol{\eta}_3=\boldsymbol{\alpha}_1-\boldsymbol{\alpha}_2.\end{cases}$

求从基(1)到基(2)的过渡矩阵 $\boldsymbol{A}$.

25. 设 $\boldsymbol{\alpha}=(3,-2,1)^{\mathrm{T}}$,$\boldsymbol{\beta}=(2,1,-2)^{\mathrm{T}}$,$\boldsymbol{\gamma}=(1,2,2)^{\mathrm{T}}$,计算:

(1)$\boldsymbol{\alpha}\cdot\boldsymbol{\beta}$; (2)$\boldsymbol{\beta}\cdot\boldsymbol{\gamma}$;

(3)$\boldsymbol{\alpha}\cdot\boldsymbol{\gamma}$; (4)$\boldsymbol{\beta}\cdot\boldsymbol{\beta}$;

(5)$\boldsymbol{\gamma}\cdot\boldsymbol{\gamma}$; (6)$\dfrac{\boldsymbol{\alpha}\cdot\boldsymbol{\beta}}{\boldsymbol{\beta}\cdot\boldsymbol{\beta}}\boldsymbol{\beta}$;

(7)$\dfrac{\boldsymbol{\alpha}\cdot\boldsymbol{\gamma}}{\boldsymbol{\gamma}\cdot\boldsymbol{\gamma}}\boldsymbol{\gamma}$; (8)$\|\boldsymbol{\alpha}\|$.

26. 设 $\boldsymbol{\gamma}=(3,-4,5)^{\mathrm{T}}$,$W=\{\boldsymbol{\alpha}\in\mathbb{R}^3\mid\boldsymbol{\alpha}\perp\boldsymbol{\gamma}\}$,证明:$W$ 是$\mathbb{R}^3$的子空间. 并解释 W 的几何意义.

27. 在$\mathbb{R}^4$中求一单位向量,使它与 $\boldsymbol{\alpha}_1=(1,2,2,1)^{\mathrm{T}}$,$\boldsymbol{\alpha}_2=(2,-1,1,2)^{\mathrm{T}}$,$\boldsymbol{\alpha}_3=(1,1,2,1)^{\mathrm{T}}$ 都正交.

28. 证明:向量组 $\boldsymbol{\eta}_1=\left(\dfrac{1}{\sqrt{18}},\dfrac{4}{\sqrt{18}},\dfrac{1}{\sqrt{18}}\right)^{\mathrm{T}}$,$\boldsymbol{\eta}_2=\left(\dfrac{2}{3},-\dfrac{1}{3},\dfrac{2}{3}\right)^{\mathrm{T}}$,$\boldsymbol{\eta}_3=\left(\dfrac{1}{\sqrt{2}},0,-\dfrac{1}{\sqrt{2}}\right)^{\mathrm{T}}$ 是$\mathbb{R}^3$的一组标准正交向量.

29. 已知 $\boldsymbol{\varepsilon}_1,\boldsymbol{\varepsilon}_2,\boldsymbol{\varepsilon}_3,\boldsymbol{\varepsilon}_4$ 是$\mathbb{R}^4$的一组标准正交基,设 $W=L(\boldsymbol{\alpha}_1,\boldsymbol{\alpha}_2,\boldsymbol{\alpha}_3)$,其中

$$\boldsymbol{\alpha}_1=\boldsymbol{\varepsilon}_1-\boldsymbol{\varepsilon}_2+2\boldsymbol{\varepsilon}_3,$$
$$\boldsymbol{\alpha}_2=\boldsymbol{\varepsilon}_1+\boldsymbol{\varepsilon}_3-2\boldsymbol{\varepsilon}_4,$$
$$\boldsymbol{\alpha}_3=2\boldsymbol{\varepsilon}_2-\boldsymbol{\varepsilon}_3-\boldsymbol{\varepsilon}_4.$$

用施密特正交化过程由 $\boldsymbol{\alpha}_1,\boldsymbol{\alpha}_2,\boldsymbol{\alpha}_3$ 求 W 的一组标准正交基.

30. 设 $\boldsymbol{\varepsilon}_1=(-1,1,2)^{\mathrm{T}}$,$\boldsymbol{\varepsilon}_2=(1,2,-2)^{\mathrm{T}}$,$\boldsymbol{\varepsilon}_3=(4,-1,-1)^{\mathrm{T}}$,将其正交化、单位化.

31. 设 $\boldsymbol{A},\boldsymbol{B}$ 是正交矩阵,证明:$\begin{pmatrix}\boldsymbol{A} & \boldsymbol{0}\\ \boldsymbol{0} & \boldsymbol{B}\end{pmatrix}$也是正交矩阵.

32. 设 $\boldsymbol{\alpha}$ 是 n 维实列向量,$\boldsymbol{\alpha}^{\mathrm{T}}\boldsymbol{\alpha}=1$,$n$ 阶矩阵 $\boldsymbol{A}=\boldsymbol{E}-2\boldsymbol{\alpha}\boldsymbol{\alpha}^{\mathrm{T}}$,证明:$\boldsymbol{\alpha}$ 是对称的正交矩阵.

33. 检验以下集合对于所指的运算是否构成线性空间:

(1)平面上全体向量,对于通常的加法和如下定义的数量乘法:$k\cdot\boldsymbol{\alpha}=\boldsymbol{0}$;

(2)平面上的第一象限即$\left\{\begin{pmatrix}x\\y\end{pmatrix}\middle| x\geqslant0,y\geqslant0\right\}$,对向量的加法和数乘;

(3)平面上第一象限和第三象限的并集:$\left\{\begin{pmatrix}x\\y\end{pmatrix}\middle| xy\geqslant0\right\}$,对向量的加法和数乘;

(4)$\mathbb{R}_+=\{a\mid a>0\}$,加法与数量乘法定义为 $a\oplus b=ab$,$k\circ a=a^k$.

34. 检验以下集合是否构成$\mathbb{R}[x]$的子空间:

(1) $\{ax^n \mid a\in\mathbb{R}\}$;

(2) $\{a+x^n \mid a\in\mathbb{R}\}(n>3)$;

(3) 全体次数小于 n 的整系数多项式;

(4) 全体常数项为零的多项式.

35. 证明:在连续函数空间,向量组 e^x, e^{2x}, e^{3x}, e^{4x} 线性无关.

36. 求下列向量组生成的子空间的一组基:

(1) $\boldsymbol{\alpha}_1=\begin{pmatrix}1\\0\\4\\2\end{pmatrix},\boldsymbol{\alpha}_2=\begin{pmatrix}2\\1\\-2\\3\end{pmatrix},\boldsymbol{\alpha}_3=\begin{pmatrix}0\\1\\6\\7\end{pmatrix}$,

$$\boldsymbol{\alpha}_4=\begin{pmatrix}1\\1\\3\\2\end{pmatrix},\boldsymbol{\alpha}_5=\begin{pmatrix}-1\\2\\0\\-3\end{pmatrix};$$

(2) $\boldsymbol{\alpha}_1=\begin{pmatrix}2\\1\\3\\1\end{pmatrix},\boldsymbol{\alpha}_2=\begin{pmatrix}4\\3\\-1\\0\end{pmatrix},\boldsymbol{\alpha}_3=\begin{pmatrix}1\\2\\4\\-5\end{pmatrix}$,

$$\boldsymbol{\alpha}_4=\begin{pmatrix}3\\2\\-1\\1\end{pmatrix},\boldsymbol{\alpha}_5=\begin{pmatrix}1\\-2\\1\\0\end{pmatrix}.$$

37. 设 V 是由 M_3 中反对称矩阵组成的子空间. 试求一组基,并求矩阵

$$\boldsymbol{A}=\begin{pmatrix}0&1&-2\\-1&0&3\\2&-3&0\end{pmatrix}$$

在这组基下的坐标.

38. 设 W 是有限维线性空间 V 的子空间. 证明:如果 $\dim W=\dim V$,那么 $W=V$.

39. 设 $\boldsymbol{\alpha}_1,\boldsymbol{\alpha}_2,\boldsymbol{\alpha}_3$ 与 $\boldsymbol{\beta}_1,\boldsymbol{\beta}_2,\boldsymbol{\beta}_3$ 是 V 的两组基,且

$$\boldsymbol{\alpha}_1=\boldsymbol{\beta}_1+\boldsymbol{\beta}_2+\boldsymbol{\beta}_3,\boldsymbol{\alpha}_2=\boldsymbol{\beta}_1+\boldsymbol{\beta}_2,\boldsymbol{\alpha}_3=\boldsymbol{\beta}_1.$$

(1) 求 $\boldsymbol{\alpha}_1,\boldsymbol{\alpha}_2,\boldsymbol{\alpha}_3$ 到 $\boldsymbol{\beta}_1,\boldsymbol{\beta}_2,\boldsymbol{\beta}_3$ 的过渡矩阵;

(2) 如果 $\boldsymbol{\alpha}=2\boldsymbol{\alpha}_1-3\boldsymbol{\alpha}_2+\boldsymbol{\alpha}_3$,求 $\boldsymbol{\alpha}$ 在基 $\boldsymbol{\beta}_1,\boldsymbol{\beta}_2,\boldsymbol{\beta}_3$ 下的坐标;

(3) 如果 $\boldsymbol{\beta}$ 在基 $\boldsymbol{\beta}_1,\boldsymbol{\beta}_2,\boldsymbol{\beta}_3$ 下的坐标是 $(3,2,1)^{\mathrm{T}}$,求 $\boldsymbol{\beta}$ 在基 $\boldsymbol{\alpha}_1,\boldsymbol{\alpha}_2,\boldsymbol{\alpha}_3$ 下的坐标.

40. 在 $\mathbb{R}^3$ 中,定义 $\mathscr{A}$ 如下:

$$\begin{cases}\mathscr{A}\boldsymbol{\eta}_1=(-5,0,3)^{\mathrm{T}},\\ \mathscr{A}\boldsymbol{\eta}_2=(0,-1,6)^{\mathrm{T}},\\ \mathscr{A}\boldsymbol{\eta}_3=(-5,-1,9)^{\mathrm{T}},\end{cases}$$

其中

$$\begin{cases}\boldsymbol{\eta}_1=(-1,0,2)^{\mathrm{T}},\\ \boldsymbol{\eta}_2=(0,1,1)^{\mathrm{T}},\\ \boldsymbol{\eta}_3=(3,-1,0)^{\mathrm{T}}.\end{cases}$$

求 $\mathscr{A}$ 在基 $\boldsymbol{\varepsilon}_1=(1,0,0)^{\mathrm{T}},\boldsymbol{\varepsilon}_2=(0,1,0)^{\mathrm{T}},\boldsymbol{\varepsilon}_3=(0,0,1)^{\mathrm{T}}$ 下的矩阵.

第 4 章 线性方程组

求解线性方程组是线性代数最核心的内容之一. 而且广泛应用于数学的其他方向及工程、经济、金融等研究之中. 本章主要讨论一般线性方程组的求解及解的结构.

4.1 消元法

4.1.1 线性方程组的一般形式

一般线性方程组,即形如

$$\begin{cases} a_{11}x_1+a_{12}x_2+\cdots+a_{1n}x_n=b_1, \\ a_{21}x_1+a_{22}x_2+\cdots+a_{2n}x_n=b_2, \\ \qquad\vdots \\ a_{m1}x_1+a_{m2}x_2+\cdots+a_{mn}x_n=b_m \end{cases} \tag{4.1}$$

的方程组,其中,$x_1,x_2,\cdots,x_n$ 表示 n 个未知量,m 表示方程个数,a_{ij} $(i=1,2,\cdots,m;j=1,2,\cdots,n)$ 表示第 i 个方程中第 j 个未知量的系数,统称方程组(4.1)的系数,$b_i(i=1,2,\cdots,m)$ 称为常数项,且方程个数不一定等于未知量的个数.

方程组(4.1)中,如果 $b_i=0(i=1,2,\cdots,m)$,则称之为齐次线性方程组;如果 b_i 不全为零$(i=1,2,\cdots,m)$,则称之为非齐次线性方程组.

方程组(4.1)的解是由 n 个数组成的 n 维向量 $\boldsymbol{x}=(x_1,x_2,\cdots,x_n)^{\mathrm{T}}$,将其代入方程组(4.1),使得 m 个方程为恒等式.

若记

$$\boldsymbol{A}_{m\times n}=\begin{pmatrix} a_{11} & a_{12} & \cdots & a_{1n} \\ a_{21} & a_{22} & \cdots & a_{2n} \\ \vdots & \vdots & & \vdots \\ a_{m1} & a_{m2} & \cdots & a_{mn} \end{pmatrix}, \quad \boldsymbol{b}=\begin{pmatrix} b_1 \\ b_2 \\ \vdots \\ b_m \end{pmatrix}, \quad \boldsymbol{x}=\begin{pmatrix} x_1 \\ x_2 \\ \vdots \\ x_n \end{pmatrix},$$

则线性方程组(4.1)可表示为矩阵方程

$$\boldsymbol{Ax}=\boldsymbol{b}, \tag{4.2}$$

称为线性方程组(4.1)的矩阵表示,其中,$\boldsymbol{A}$ 称为方程组的系数矩阵,$\boldsymbol{b}$ 为由常数项组成的 n 维列向量,$\boldsymbol{x}$ 为含 n 个未知数的 n 维列向

量. 由 $\boldsymbol{A}$ 与 $\boldsymbol{b}$ 构成的矩阵

$$(\boldsymbol{A} \vdots \boldsymbol{b}) = \left(\begin{array}{cccc:c} a_{11} & a_{12} & \cdots & a_{1n} & b_1 \\ a_{21} & a_{22} & \cdots & a_{2n} & b_2 \\ \vdots & \vdots & & \vdots & \vdots \\ a_{m1} & a_{m2} & \cdots & a_{mn} & b_m \end{array}\right),$$

称为方程组(4.1)的增广矩阵,其中$(\boldsymbol{A} \vdots \boldsymbol{b})$的 m 个 $m+1$ 维行向量$(a_{i1}, a_{i2}, \cdots, a_{in}, b_i)(i=1,2,\cdots,m)$分别对应方程组的 m 个方程.

若记 $\boldsymbol{\alpha}_j$ 为系数矩阵 $\boldsymbol{A}$ 的第 j 个列向量,即

$$\boldsymbol{\alpha}_j = (a_{1j}, a_{2j}, \cdots, a_{mj})^{\mathrm{T}} \quad (j=1,2,\cdots,n),$$

则线性方程组(4.1)可表示为向量方程

$$x_1\boldsymbol{\alpha}_1 + x_2\boldsymbol{\alpha}_2 + \cdots + x_n\boldsymbol{\alpha}_n = \boldsymbol{b}, \tag{4.3}$$

称为线性方程组(4.1)的向量表示.

显然,线性方程组(4.1)、矩阵方程(4.2)和向量方程(4.3)同为线性方程组(4.1)的三种表示形式. 了解这一点,将有助于我们从多种角度来讨论和理解关于线性方程组解的结构.

4.1.2　线性方程组解的讨论

在中学我们就学过二元和三元线性方程组,求解它们的基本方法是代入法和加减消元法,在实际和理论问题中常常会遇到未知数个数与方程个数都非常大的情况,因此,下面对于一般的线性方程组进行介绍,探讨其何时有解及如何求解,进而给出解空间的结构定理.

事实上,加减消元法的实质是对原方程组的系数及常数项保持原位置不动做成的矩阵(下面称之为增广矩阵)作一系列初等行变换,化为一个阶梯形矩阵,对应同解线性方程组,归纳一下,即

定理 4.1　初等行变换把一个线性方程组变为与它同解的线性方程组.

下面证明,对于一般形式的 n 元线性方程组,解的情况只有三种情况:无解、有唯一解、有无穷多组解.

给定非齐次线性方程组

$$\begin{cases} a_{11}x_1 + a_{12}x_2 + \cdots + a_{1n}x_n = b_1, \\ a_{21}x_1 + a_{22}x_2 + \cdots + a_{2n}x_n = b_2, \\ \qquad \vdots \\ a_{m1}x_1 + a_{m2}x_2 + \cdots + a_{mn}x_n = b_m \end{cases}$$

经过若干次初等行变换,其中包括必要时交换未知量的次序,可以将其增广矩阵化为阶梯形矩阵,即

$$\begin{pmatrix} a'_{11} & a'_{12} & \cdots & a'_{1r} & a'_{1,r+1} & \cdots & a'_{1n} & \vdots & d_1 \\ 0 & a'_{22} & \cdots & a'_{2r} & a'_{2,r+1} & \cdots & a'_{2n} & \vdots & d_2 \\ \vdots & \vdots & & \vdots & \vdots & & \vdots & & \vdots \\ 0 & 0 & \cdots & a'_{rr} & a'_{r,r+1} & \cdots & a'_{rn} & \vdots & d_r \\ 0 & 0 & \cdots & 0 & 0 & \cdots & 0 & \vdots & d_{r+1} \\ 0 & 0 & \cdots & 0 & 0 & \cdots & 0 & \vdots & 0 \\ 0 & 0 & \cdots & 0 & 0 & \cdots & 0 & \vdots & 0 \end{pmatrix},$$

其中,$a_{ii}\neq 0(i=1,2,\cdots,r)$.

由定理4.1知,阶梯形矩阵对应的阶梯形方程组

$$\begin{cases} a'_{11}x_1+a'_{12}x_2+\cdots+a'_{1r}x_r+a'_{1,r+1}x_{r+1}+\cdots+a'_{1n}x_n=d_1, \\ \qquad a'_{22}x_2+\cdots+a'_{2r}x_r+a'_{2,r+1}x_{r+1}+\cdots+a'_{2n}x_n=d_2, \\ \qquad\qquad \vdots \\ \qquad\qquad a'_{rr}x'_r+a'_{r,r+1}x'_{r+1}+\cdots+a'_{rn}x_n=d_r, \\ \qquad\qquad\qquad 0=d_{r+1} \end{cases}$$

与原方程组同解,其中 r 表示消元后,去掉“多余”方程后独立方程的个数,且 $r\leqslant m$(不含 $0=d_{r+1}$),于是,有:

当 $d_{r+1}=0$ 且 $n=r$ 时,独立方程个数等于未知量的个数,其系数行列式 $D=|a'_{ij}|\neq 0$,由克拉默法则知,原方程组有唯一解.

当 $d_{r+1}=0$ 且 $n>r$ 时,独立方程个数少于未知量的个数,将有 $n-r$ 个未知量成为自由变量,可以任意取值,原方程组有无穷多组解.

当 $d_{r+1}\neq 0$ 时,出现矛盾方程,故原方程组无解.

于是,归纳一下,即:

定理 4.2 非齐次线性方程组有解的充分必要条件是 $r(\boldsymbol{A}\vdots\boldsymbol{b})=r(\boldsymbol{A})$,且当 $r(\boldsymbol{A}\vdots\boldsymbol{b})=r(\boldsymbol{A})=n$ 时,方程组有唯一解.

例 1 设线性方程组

$$\begin{cases} \lambda x_1+x_2+x_3=1, \\ x_1+\lambda x_2+x_3=1, \\ x_1+x_2+\lambda x_3=-2. \end{cases}$$

讨论方程组在 λ 取何值时,(1)有唯一解;(2)无解;(3)有无穷多组解.

解 对增广矩阵施行初等行变换化为阶梯形矩阵,得

$$(\boldsymbol{A}\vdots\boldsymbol{b})=\left(\begin{array}{ccc:c} \lambda & 1 & 1 & 1 \\ 1 & \lambda & 1 & 1 \\ 1 & 1 & \lambda & -2 \end{array}\right)\longrightarrow\left(\begin{array}{ccc:c} 1 & 1 & \lambda & -2 \\ 0 & \lambda-1 & 1-\lambda & 3 \\ 0 & 0 & 2-\lambda-\lambda^2 & 4+2\lambda \end{array}\right).$$

由 $2-\lambda-\lambda^2=0$,得 $\lambda=1$ 或 $\lambda=-2$,于是

(1)当 $\lambda\neq 1$ 且 $\lambda\neq -2$ 时,$r(\boldsymbol{A}\vdots\boldsymbol{b})=r(\boldsymbol{A})=3$,方程组有唯一解.

(2) 当 $\lambda=1$ 时，

$$(A \vdots b)=\begin{pmatrix}1&1&1&\vdots&1\\1&1&1&\vdots&1\\1&1&1&\vdots&-2\end{pmatrix}\longrightarrow\begin{pmatrix}1&1&1&\vdots&1\\0&0&0&\vdots&0\\0&0&0&\vdots&-3\end{pmatrix},$$

$r[A \vdots b]\neq r(A)$，方程组无解.

(3) 当 $\lambda=-2$ 时，

$$(A \vdots b)=\begin{pmatrix}-2&1&1&\vdots&1\\1&-2&1&\vdots&1\\1&1&-2&\vdots&-2\end{pmatrix}\longrightarrow\begin{pmatrix}1&1&-2&\vdots&-2\\0&1&-1&\vdots&-1\\0&0&0&\vdots&0\end{pmatrix},$$

$r(A \vdots b)\neq r(A)<3$，方程组有无穷多组解.

4.2 线性方程组解的结构

在线性方程组 $Ax=b$ 有无穷多组解的情况下，我们进一步讨论方程组的解的结构. 下面首先考察齐次线性方程组的情况.

4.2.1 齐次线性方程组解的结构

设齐次线性方程组

$$\begin{cases}a_{11}x_1+a_{12}x_2+\cdots+a_{1n}x_n=0,\\a_{21}x_1+a_{22}x_2+\cdots+a_{2n}x_n=0,\\\quad\vdots\\a_{m1}x_1+a_{m2}x_2+\cdots+a_{mn}x_n=0\end{cases}\tag{4.4}$$

满足条件 $r(A)<n$，即有非零解. 它每个解都可以用一个 n 维向量表示，称为方程组(4.4)的解向量. 于是方程组(4.4)的解集是 $\mathbb{R}^n$ 的一个子集，这样我们可以用向量及其运算来描述线性方程组的解集. 下面定理表明 n 元齐次线性方程组(4.4)的解集是 $\mathbb{R}^n$ 的子空间. 因此，方程组(4.4)的解集也称为齐次线性方程组(4.4)的解空间.

定理 4.3 如果 $\boldsymbol{\eta}_1,\boldsymbol{\eta}_2$ 是齐次线性方程组(4.4)的解，则 $\boldsymbol{\eta}_1+\boldsymbol{\eta}_2$ 和 $k\boldsymbol{\eta}_1$ 都是方程组(4.4)的解，这里 k 是任意常数.

定理 4.3 表明，齐次线性方程组的解的线性组合仍是该方程组的解. 因此，当齐次线性方程组有非零解时，就有无穷多组解. 下面讨论当齐次线性方程组有无穷多组解时解集的结构.

先看一个例子，齐次线性方程组

$$\begin{cases}x_1-2x_2\quad+x_4=0,\\\qquad\qquad x_3-x_4=0.\end{cases}$$

的一般解是

$$\begin{cases}x_1=2x_2-x_4,\\x_3=\qquad\quad x_4,\end{cases}$$

其中,x_2, x_4 是一组自由未知量. 若取 $x_2=k_1, x_4=k_2$,并利用向量的线性运算,方程组的全部解可以表示为

$$\begin{pmatrix} x_1 \\ x_2 \\ x_3 \\ x_4 \end{pmatrix} = \begin{pmatrix} 2k_1-k_2 \\ k_1 \\ k_2 \\ k_2 \end{pmatrix} = k_1\begin{pmatrix} 2 \\ 1 \\ 0 \\ 0 \end{pmatrix} + k_2\begin{pmatrix} -1 \\ 0 \\ 1 \\ 1 \end{pmatrix},$$

其中,k_1 和 k_2 是任意常数. 如果记 $\boldsymbol{\eta}_1=(2,1,0,0)^{\mathrm{T}}, \boldsymbol{\eta}_2=(-1,0,1,1)^{\mathrm{T}}$,那么方程组的解集可看作由 $\boldsymbol{\eta}_1, \boldsymbol{\eta}_2$ 为生成元的 $\mathbb{R}^n$ 的一个子集:

$$\{k_1\boldsymbol{\eta}_1+k_2\boldsymbol{\eta}_2 \mid k_1, k_2 \text{ 为任意常数}\}.$$

由此,方程组的每一个解都可以表示为线性无关的向量 $\boldsymbol{\eta}_1, \boldsymbol{\eta}_2$ 的一个线性组合.

那么,对于一般的齐次线性方程组,它的解是否也可以表示为一些线性无关的解向量的线性组合呢? 为此,我们引入齐次线性方程组的基础解系的概念.

定义 4.1 设 $\boldsymbol{\eta}_1, \boldsymbol{\eta}_2, \cdots, \boldsymbol{\eta}_t$ 是齐次线性方程组(4.3)的一组解. 如果

(1) $\boldsymbol{\eta}_1, \boldsymbol{\eta}_2, \cdots, \boldsymbol{\eta}_t$ 线性无关;

(2) 方程组(4.3)的任意解都可以由 $\boldsymbol{\eta}_1, \boldsymbol{\eta}_2, \cdots, \boldsymbol{\eta}_t$ 线性表出,

则称 $\boldsymbol{\eta}_1, \boldsymbol{\eta}_2, \cdots, \boldsymbol{\eta}_t$ 是齐次线性方程组(4.3)的一个基础解系.

基础解系就是齐次线性方程组(4.3)解向量组的一个极大线性无关组,或解空间的一组基. 如果方程组(4.3)的基础解系存在,那么它的任意解都可以由这个基础解系线性表出,且表示法唯一(见定理 3.1),显然基础解系不是唯一的,但同一个方程组的不同基础解系是等价的,因此它们一定包含相同个数的解(见定理 3.2 的推论 2).

定理 4.4 当 $r(\boldsymbol{A})=r<n$,则齐次线性方程组(4.3)存在基础解系,且基础解系含 $n-r$ 个解.

证 齐次线性方程组的系数矩阵 $\boldsymbol{A}$ 可以经过一系列初等行变换化为简化阶梯形矩阵. 由于 $r(\boldsymbol{A})=r<n$,其简化阶梯形矩阵有 r 个非零行. 不失一般性,假设首非零元都在左边,即

$$\boldsymbol{A} \xrightarrow{\text{初等行变换}} \begin{pmatrix} 1 & 0 & \cdots & 0 & c_{1,r+1} & c_{1,r+2} & \cdots & c_{1n} \\ 0 & 1 & \cdots & 0 & c_{2,r+1} & c_{2,r+2} & \cdots & c_{2n} \\ \vdots & \vdots & & \vdots & \vdots & \vdots & & \vdots \\ 0 & 0 & \cdots & 1 & c_{r,r+1} & c_{r,r+2} & \cdots & c_{rn} \\ 0 & 0 & \cdots & 0 & 0 & 0 & \cdots & 0 \\ \vdots & \vdots & & \vdots & \vdots & \vdots & & \vdots \\ 0 & 0 & \cdots & 0 & 0 & 0 & \cdots & 0 \end{pmatrix},$$

则方程组的一般解是

$$\begin{cases} x_1 = -c_{1,r+1}x_{r+1} - c_{1,r+2}x_{r+2} - \cdots - c_{1n}x_n, \\ x_2 = -c_{2,r+1}x_{r+1} - c_{2,r+2}x_{r+2} - \cdots - c_{2n}x_n, \\ \qquad \vdots \\ x_r = -c_{r,r+1}x_{r+1} - c_{r,r+2}x_{r+2} - \cdots - c_{rn}x_n, \end{cases}$$

其中，$x_{r+1},x_{r+2},\cdots,x_n$ 是 $n-r$ 个自由未知量. 记 $t=n-r$，依次取第 $i(i=1,2,\cdots,t)$ 个自由未知量为1，其余自由未知量为0，得方程组的 t 个解

$$\boldsymbol{\eta}_i = (-c_{1,r+i}, -c_{2,r+i}, \cdots, -c_{r,r+i}, 0, \cdots, \overset{r+i\text{分量}}{1}, \cdots, 0)^{\mathrm{T}}$$
$$(i=1,2,\cdots,t),$$

显然 $\boldsymbol{\eta}_1,\boldsymbol{\eta}_2,\cdots,\boldsymbol{\eta}_t$ 是线性无关的.

任取自由未知量 $x_{r+1},x_{r+2},\cdots,x_n$ 的一组值 $k_1,k_2,\cdots,k_t$，得到方程组的全部解

$$\boldsymbol{\eta} = \begin{pmatrix} x_1 \\ x_2 \\ \vdots \\ x_r \\ x_{r+1} \\ x_{r+2} \\ \vdots \\ x_n \end{pmatrix} = \begin{pmatrix} -c_{1,r+1}k_1 - c_{1,r+2}k_2 - \cdots - c_{1n}k_t \\ -c_{2,r+1}k_1 - c_{2,r+2}k_2 - \cdots - c_{2n}k_t \\ \vdots \\ -c_{r,r+1}k_1 - c_{r,r+2}k_2 - \cdots - c_{rn}k_t \\ k_1 \\ k_2 \\ \vdots \\ k_t \end{pmatrix}$$

$$= k_1\boldsymbol{\eta}_1 + k_2\boldsymbol{\eta}_2 + \cdots + k_t\boldsymbol{\eta}_t.$$

所以方程组的解集可表为

$$\{k_1\boldsymbol{\eta}_1 + k_2\boldsymbol{\eta}_2 + \cdots + k_t\boldsymbol{\eta}_t \mid k_1,k_2,\cdots,k_t \text{ 为任意常数}\}.$$

因此，$\boldsymbol{\eta}_1,\boldsymbol{\eta}_2,\cdots,\boldsymbol{\eta}_t$ 是一个基础解系.

齐次线性方程组的解空间是由一个基础解系生成的. 定理4.4说明，其基础解系所含解的个数等于自由未知量的个数. 在三元齐次线性方程组的情形下，如果方程组只有零解，那么解空间是由零向量生成的子空间 $L(\mathbf{0})$；如果方程组只有一个自由未知量，那么解空间是一条过原点的直线；如果方程组有两个自由未知量，那么解空间是一个过原点的平面.

设 $\boldsymbol{\eta}_1,\boldsymbol{\eta}_2,\cdots,\boldsymbol{\eta}_t$ 是齐次线性方程组(4.3)的一个基础解系，称表达式

$$k_1\boldsymbol{\eta}_1 + k_2\boldsymbol{\eta}_2 + \cdots + k_t\boldsymbol{\eta}_t$$

为方程组(4.3)的通解. 以后，在求解有非零解的齐次线性方程组时，总是先求方程组的一个基础解系，然后写出方程组的通解.

定理4.4的证明过程还提供了求基础解系的方法和步骤.

例1 求下面齐次线性方程组的基础解系和通解：

$$\begin{cases} x_1 + 2x_2 + 5x_3 = 0, \\ x_1 + 3x_2 - 2x_3 = 0, \\ 3x_1 + 7x_2 + 8x_3 = 0, \\ x_1 + 4x_2 - 9x_3 = 0. \end{cases}$$

解 对原方程组的系数矩阵进行初等行变换,得

$$\boldsymbol{A} = \begin{pmatrix} 1 & 2 & 5 \\ 1 & 3 & -2 \\ 3 & 7 & 8 \\ 1 & 4 & -9 \end{pmatrix} \rightarrow \begin{pmatrix} 1 & 2 & 5 \\ 0 & 1 & -7 \\ 0 & 1 & -7 \\ 0 & 2 & -14 \end{pmatrix} \rightarrow \begin{pmatrix} 1 & 0 & 19 \\ 0 & 1 & -7 \\ 0 & 0 & 0 \\ 0 & 0 & 0 \end{pmatrix} = \boldsymbol{B},$$

由 $r(\boldsymbol{A})=2$ 及未知量个数 $n=3$ 知,其解中含有一个自由未知量,于是基础解系由一个解向量构成,于是由 $\boldsymbol{B}$ 写出对应的同解方程组

$$\begin{cases} x_1 + 19x_3 = 0, \\ x_2 - \ 7x_3 = 0. \end{cases}$$

即

$$\begin{cases} x_1 = -19x_3, \\ x_2 = 7x_3. \end{cases}$$

其中,x_3 为自由未知量,可任意取值. 令 $x_3=1$,得一个解的向量 $\boldsymbol{\alpha}=(-19,7,1)$,此即为原方程组的一个基础解系. 进而,通解为 $k\boldsymbol{\alpha}$,其中 k 为任意常数.

例 2 设 $\boldsymbol{A}$ 为 4 阶矩阵,$r(\boldsymbol{A})=n-1$,其代数余子式 $A_{11}\neq 0$,$\boldsymbol{A}^*$ 为 $\boldsymbol{A}$ 的伴随矩阵. 试求线性方程组 $\boldsymbol{A}^*\boldsymbol{x}=\boldsymbol{0}$ 的一个基础解系.

解 由于 $r(\boldsymbol{A})=n-1$,因此 $r(\boldsymbol{A}^*)=1$,从而知线性方程组 $\boldsymbol{A}^*\boldsymbol{x}=\boldsymbol{0}$ 的基础解系由 $4-1=3$ 个线性无关的解构成.

设矩阵 $\boldsymbol{A}$ 的列向量组为 $\boldsymbol{\beta}_1,\boldsymbol{\beta}_2,\boldsymbol{\beta}_3,\boldsymbol{\beta}_4$,即 $\boldsymbol{A}=(\boldsymbol{\beta}_1,\boldsymbol{\beta}_2,\boldsymbol{\beta}_3,\boldsymbol{\beta}_4)$. 由 $\boldsymbol{A}^*\boldsymbol{A}=|\boldsymbol{A}|\boldsymbol{E}=\boldsymbol{0}$,即 $\boldsymbol{A}(\boldsymbol{\beta}_1,\boldsymbol{\beta}_2,\boldsymbol{\beta}_3,\boldsymbol{\beta}_4)=\boldsymbol{0}$,得 $\boldsymbol{A}\boldsymbol{\beta}_j=\boldsymbol{0}(j=1,2,3,4)$. 即 $\boldsymbol{A}$ 的列向量均为方程组 $\boldsymbol{A}^*\boldsymbol{x}=\boldsymbol{0}$ 的解. 又由 $A_{11}\neq 0$,即由 $\boldsymbol{\beta}_2,\boldsymbol{\beta}_3,\boldsymbol{\beta}_4$ 构成的矩阵中有一个三阶子式不为零,从而知 $r(\boldsymbol{\beta}_1,\boldsymbol{\beta}_2,\boldsymbol{\beta}_3)=3$,即 $\boldsymbol{\beta}_1,\boldsymbol{\beta}_2,\boldsymbol{\beta}_3$ 线性无关. 因此,构成方程组 $\boldsymbol{A}^*\boldsymbol{x}=\boldsymbol{0}$ 的一个基础解系.

4.2.2 非齐次线性方程组解的结构

下面在有无穷多组解的条件下讨论非齐次线性方程组(4.1),即

$$\begin{cases} a_{11}x_1 + a_{12}x_2 + \cdots + a_{1n}x_n = b_1, \\ a_{21}x_1 + a_{22}x_2 + \cdots + a_{2n}x_n = b_2, \\ \qquad \vdots \\ a_{m1}x_1 + a_{m2}x_2 + \cdots + a_{mn}x_n = b_m \end{cases}$$

的解的结构.

注　对于非齐次线性方程组(4.1)的两个解 $\boldsymbol{\eta}_1$ 与 $\boldsymbol{\eta}_2$，其线性组合 $k_1\boldsymbol{\eta}_1+k_2\boldsymbol{\eta}_2$ 一般不是该线性方程组的解.

如果将 n 元线性方程组(4.1)的常数向量 $\boldsymbol{b}$ 换成零向量，就得到对应的 n 元齐次线性方程组(4.3). 此时称齐次线性方程组(4.3)为非齐次线性方程组(4.1)的**导出组**.

定理 4.5　(1) 如果 $\boldsymbol{\gamma}_1,\boldsymbol{\gamma}_2$ 是非齐次线性方程组(4.1)的解，则 $\boldsymbol{\gamma}_1-\boldsymbol{\gamma}_2$ 是其导出组(4.3)的解；

(2) 如果 $\boldsymbol{\gamma}$ 是方程组(4.1)的解，$\boldsymbol{\eta}$ 是导出组(4.3)的解，那么 $\boldsymbol{\gamma}+\boldsymbol{\eta}$ 也是方程组(4.1)的解.

证　(1) 由 $\boldsymbol{A\gamma}_1=\boldsymbol{\beta},\boldsymbol{A\gamma}_2=\boldsymbol{\beta}$，得

$$\boldsymbol{A}(\boldsymbol{\gamma}_1-\boldsymbol{\gamma}_2)=\boldsymbol{A\gamma}_1-\boldsymbol{A\gamma}_2=\boldsymbol{\beta}-\boldsymbol{\beta}=\boldsymbol{0}.$$

(2) 由 $\boldsymbol{A\gamma}=\boldsymbol{\beta},\boldsymbol{A\eta}=\boldsymbol{0}$，得

$$\boldsymbol{A}(\boldsymbol{\gamma}-\boldsymbol{\eta})=\boldsymbol{A\gamma}-\boldsymbol{A\eta}=\boldsymbol{\beta}-\boldsymbol{0}=\boldsymbol{\beta}.$$

注　定理 4.5 表明，如果 $\boldsymbol{\gamma}_0$ 是方程组(4.1)的一个特解，则方程组(4.1)的解集是

$$\{\boldsymbol{\gamma}_0+\boldsymbol{\eta}\,|\,\boldsymbol{\eta}\text{ 是导出组(4.3)的解}\}.$$

这是因为，由 $\boldsymbol{\gamma}_0$ 是方程组(4.1)的解，$\boldsymbol{\eta}$ 是导出组(4.3)的解，知 $\boldsymbol{\gamma}_0+\boldsymbol{\eta}$是方程组(4.1)的解；另一方面，如果 $\boldsymbol{\gamma}$ 是方程组(4.1)的解，则 $\boldsymbol{\gamma}-\boldsymbol{\gamma}_0=\boldsymbol{\eta}$ 是导出组(4.3)的解，即 $\boldsymbol{\gamma}=\boldsymbol{\gamma}_0+\boldsymbol{\eta}$. 于是，有下面定理.

定理 4.6　设 $\boldsymbol{\gamma}_0$ 是非齐次线性方程组(4.1)的一个解，$\boldsymbol{\eta}_1,\boldsymbol{\eta}_2,\cdots,\boldsymbol{\eta}_t$ 是其导出组(4.3)的一个基础解系，则方程组(4.1)的通解是

$$\boldsymbol{\gamma}_0+k_1\boldsymbol{\eta}_1+k_2\boldsymbol{\eta}_2+\cdots+k_t\boldsymbol{\eta}_t,$$

其中，$k_1,k_2,\cdots,k_t$ 是任意常数.

例 3　求解下面线性方程组

$$\begin{cases} x_1+x_2-3x_3-x_4=1,\\ 3x_1-x_2-3x_3+4x_4=4,\\ x_1+5x_2-9x_3-8x_4=0. \end{cases}$$

解　对原方程组的增广矩阵实行初等行变换，得

$$\overline{\boldsymbol{A}}=\begin{pmatrix} 1 & 1 & -3 & -1 & 1\\ 3 & -1 & -3 & 4 & 4\\ 1 & 5 & -9 & -8 & 0 \end{pmatrix}\to\begin{pmatrix} 1 & 1 & -3 & -1 & 1\\ 0 & -4 & 6 & 7 & 1\\ 0 & 4 & -6 & -7 & -1 \end{pmatrix}$$

$$\to\begin{pmatrix} 1 & 1 & -3 & -1 & 1\\ 0 & -4 & 6 & 7 & 1\\ 0 & 0 & 0 & 0 & 0 \end{pmatrix}=\boldsymbol{B},$$

写出 $\boldsymbol{B}$ 对应的同解方程组

$$\begin{cases} x_1+x_2 \quad -3x_3 \quad -x_4=1, \\ \quad -4x_2 \quad +6x_3 \quad +7x_4=1. \end{cases}$$

令 $x_3=x_4=0$,得方程组的一个特解 $\boldsymbol{\gamma}_0=\left(\frac{5}{4},-\frac{1}{4},0,0\right)$.

导出组为

$$\begin{cases} x_1+x_2 \quad -3x_3 \quad -x_4=0, \\ \quad -4x_2 \quad +6x_3 \quad +7x_4=0. \end{cases}$$

因 $r(\boldsymbol{A})=2$,未知量个数 $n=4$,于是导出组的基础解系含两个向量,类似于例1,可得其基础解系

$$\boldsymbol{\alpha}_1=(3,3,2,0),\ \boldsymbol{\alpha}_2=(-3,7,0,4).$$

故原方程组的通解为

$$\begin{aligned} \boldsymbol{\gamma} &= \boldsymbol{\gamma}_0+k_1\boldsymbol{\alpha}_1+k_2\boldsymbol{\alpha}_2 \\ &= \left(\frac{5}{4},-\frac{1}{4},0,0\right)+k_1(3,3,2,0)+k_2(-3,7,0,4), \end{aligned}$$

其中,k_1,k_2 均为任意常数.

例 4 试问 λ 取何值时下面方程组

$$\begin{cases} \lambda x_1+\ x_2+\ x_3=\lambda^2, \\ x_1+\lambda x_2+\ x_3=\lambda, \\ x_1+\ x_2+\lambda x_3=1 \end{cases}$$

有唯一解?有无穷多组解?无解?

解 对原方程组的增广矩阵 $\overline{\boldsymbol{A}}$ 实行初等行变换,得

$$\overline{\boldsymbol{A}}=\begin{pmatrix} \lambda & 1 & 1 & \lambda^2 \\ 1 & \lambda & 1 & \lambda \\ 1 & 1 & \lambda & 1 \end{pmatrix}\to\begin{pmatrix} \lambda-1 & 0 & 1-\lambda & \lambda^2-1 \\ 0 & \lambda-1 & 1-\lambda & \lambda-1 \\ 1 & 1 & \lambda & 1 \end{pmatrix}.$$

(1)当 $\lambda=1$ 时,因 $r(\overline{\boldsymbol{A}})=r(\boldsymbol{A})=1<n=3$,故原方程组有无穷多组解;

(2)当 $\lambda\neq1$ 时,

$$\overline{\boldsymbol{A}}\to\begin{pmatrix} \lambda-1 & 0 & 1-\lambda & \lambda^2-1 \\ 0 & \lambda-1 & 1-\lambda & \lambda-1 \\ 1 & 1 & \lambda & 1 \end{pmatrix}\to(\lambda-1)^2\begin{pmatrix} 1 & 0 & -1 & \lambda+1 \\ 0 & 1 & -1 & 1 \\ 1 & 1 & \lambda & 1 \end{pmatrix}$$

$$\to(\lambda-1)^2\begin{pmatrix} 1 & 0 & -1 & \lambda+1 \\ 0 & 1 & -1 & 1 \\ 0 & 1 & \lambda+1 & -\lambda \end{pmatrix}\to(\lambda-1)^2\begin{pmatrix} 1 & 0 & -1 & \lambda+1 \\ 0 & 1 & -1 & 1 \\ 0 & 0 & \lambda+2 & -\lambda-1 \end{pmatrix}$$

于是,当 $\lambda\neq1$ 且 $\lambda\neq-2$ 时,$r(\overline{\boldsymbol{A}})=r(\boldsymbol{A})=3=n$,原方程组有唯一解;

(3)当 $\lambda=-2$ 时,$r(\overline{\boldsymbol{A}})=3>r(\boldsymbol{A})=2$,原方程组无解.

例 5 已知齐次线性方程组

$$(1)\begin{cases} x_1+2x_2+3x_3=0, \\ 2x_1+3x_2+5x_3=0, \\ x_1+\ x_2+ax_3=0 \end{cases} \text{和}(2)\begin{cases} x_1+bx_2 \quad +cx_3 \quad =0, \\ 2x_1+b^2x_2 \quad +(c+1)x_3 \quad =0. \end{cases}$$

同解，求 a,b,c 的值.

解　由于线性方程组(1)与(2)同解，又因为线性方程组(2)有非零解，则线性方程组(1)也必有非零解，即有

$$\begin{vmatrix}1&2&3\\2&3&5\\1&1&a\end{vmatrix}=2-a=0,\quad 即\ a=2.$$

下面再定常数 b,c.

先求解线性方程组(1)，即由

$$\begin{pmatrix}1&2&3\\2&3&5\\1&1&2\end{pmatrix}\longrightarrow\begin{pmatrix}1&0&1\\0&1&1\\0&0&0\end{pmatrix}$$

得线性方程组(1)的一个基础解系 $(-1,-1,1)^{\mathrm{T}}$，将其代入线性方程组(2)可得

$$b=1,c=2\quad 或\quad b=0,c=1,$$

且当 $b=1,c=2$ 时，对线性方程组(2)的系数矩阵做初等行变换，有

$$\begin{pmatrix}1&1&2\\2&1&3\end{pmatrix}\longrightarrow\begin{pmatrix}1&0&1\\0&1&1\end{pmatrix},$$

故线性方程组(2)与线性方程组(1)同解.

当 $b=0,c=1$ 时，再对线性方程组(2)的系数矩阵做初等行变换，有

$$\begin{pmatrix}1&0&1\\2&0&2\end{pmatrix}\longrightarrow\begin{pmatrix}1&0&1\\0&0&0\end{pmatrix},$$

显然线性方程组(2)的解与线性方程组(1)的解不相同，故舍去.

综上讨论，当 $a=2,b=1,c=2$ 时两个线性方程组同解.

习题 4

1. 用消元法求解下列线性方程组：

(1) $\begin{cases}x_1-2x_2+x_3+x_4=1,\\x_1-2x_2+x_3-x_4=-1,\\x_1-2x_2+x_3+5x_4=5;\end{cases}$

(2) $\begin{cases}x_1+x_2-3x_3=-1,\\2x_1+x_2-2x_3=1,\\x_1+x_2+x_3=3,\\x_1+x_2-x_3=1;\end{cases}$

(3) $\begin{cases}x_1+3x_2+x_3=5,\\2x_1+x_2+x_3=2,\\x_1+x_2+5x_3=-7,\\2x_1+3x_2-3x_3=14;\end{cases}$

(4) $\begin{cases}2x_1-2x_2+x_3-x_4+x_5=2,\\x_1-4x_2+2x_3-2x_4+3x_5=3,\\4x_1-10x_2+3x_3-5x_4+7x_5=8,\\x_1+2x_2-x_3+x_4-2x_5=-1;\end{cases}$

(5) $\begin{cases}x_1-x_2+x_3=0,\\3x_1-2x_2-x_3=0,\\3x_1-x_2+5x_3=0,\\-2x_1+2x_2+3x_3=0;\end{cases}$

(6) $\begin{cases}x_1+x_2-3x_4-x_5=0,\\x_1-x_2+2x_3-x_4=0,\\4x_1-2x_2+6x_3+3x_4-4x_5=0,\\2x_1+4x_2-2x_3+4x_4-7x_5=0.\end{cases}$

2. 给出齐次线性方程组

$$\begin{cases} x_1 - x_2 - x_3 + kx_4 = 0, \\ -x_1 + x_2 + kx_3 - x_4 = 0, \\ -x_1 + kx_2 + x_3 - x_4 = 0, \\ kx_1 - x_2 - x_3 + x_4 = 0 \end{cases}$$

有非零解的条件.

3. 设线性方程组

$$\begin{cases} x_1 + 3x_2 - 3x_3 + x_4 = b_1, \\ x_1 + x_2 - x_3 = b_2, \\ x_1 - x_2 + x_3 - x_4 = b_3. \end{cases}$$

问 b_1, b_2, b_3 满足什么条件时线性方程组有解?

4. 已知二次三项式 $f(x)$ 满足 $f(1)=1$, $f(-1)=8$, $f(2)=-3$,求此二次三项式 $f(x)$.

5. 设 $A=(a_{ij})$ 是四阶方阵,且非奇异,证明:线性方程组

$$\begin{cases} a_{11}x_1 + a_{12}x_2 + a_{13}x_3 = a_{14}, \\ a_{21}x_1 + a_{22}x_2 + a_{23}x_3 = a_{24}, \\ a_{31}x_1 + a_{32}x_2 + a_{33}x_3 = a_{34}, \\ a_{41}x_1 + a_{42}x_2 + a_{43}x_3 = a_{44} \end{cases}$$

无解.

6. 设线性方程组

$$\begin{cases} x_1 - x_2 = a_1, \\ x_2 - x_3 = a_2, \\ \qquad \vdots \\ x_{n-1} - x_n = a_{n-1}, \\ x_n - x_1 = a_n. \end{cases}$$

证明:该方程组有解的充要条件是 $\sum_{i=1}^{n} a_i = 0$,在有解的情况下,求线性方程组的通解.

7. 设线性方程组

$$\begin{cases} x_1 + a_1x_2 + a_1^2x_3 = a_1^3, \\ x_1 + a_2x_2 + a_2^2x_3 = a_2^3, \\ x_1 + a_3x_2 + a_3^2x_3 = a_3^3, \\ x_1 + a_4x_2 + a_4^2x_3 = a_4^3. \end{cases}$$

已知当 $a_1 = a_3 = k, a_2 = a_4 = -k(k \neq 0)$ 时有解 $\boldsymbol{\gamma}_1 = (-1,1,1)^{\mathrm{T}}, \boldsymbol{\gamma}_2 = (1,1,-1)^{\mathrm{T}}$,写出此线性方程组的通解.

8. 设矩阵

$$\boldsymbol{A} = \begin{pmatrix} 2 & 1 & 2 \\ 3 & 4 & t \\ 1 & 3 & -1 \end{pmatrix}.$$

若三阶矩阵 $\boldsymbol{B} \neq \boldsymbol{O}$,满足 $\boldsymbol{AB} = \boldsymbol{O}$,求满足条件的常数 t 及 $|\boldsymbol{B}|$.

9. 设线性方程组

$$\begin{cases} a_{11}x_1 + a_{12}x_2 + \cdots + a_{1n}x_n = b_1, \\ a_{21}x_1 + a_{22}x_2 + \cdots + a_{2n}x_n = b_2, \\ \qquad \vdots \\ a_{n1}x_1 + a_{n2}x_2 + \cdots + a_{nn}x_n = b_n \end{cases}$$

的系数矩阵 $\boldsymbol{A}$ 的秩与矩阵

$$\boldsymbol{C} = \begin{pmatrix} a_{11} & \cdots & a_{1n} & b_1 \\ \vdots & & \vdots & \vdots \\ a_{n1} & \cdots & a_{nn} & b_n \\ b_1 & \cdots & b_n & 0 \end{pmatrix}$$

的秩相等,证明:该线性方程组有解.

10. 已知四元线性方程组 $\boldsymbol{Ax} = \boldsymbol{b}$ 的三个解向量为 $\boldsymbol{x}_1, \boldsymbol{x}_2, \boldsymbol{x}_3$,且 $\boldsymbol{x}_1 = (1,1,1,1)^{\mathrm{T}}$, $\boldsymbol{x}_2 + \boldsymbol{x}_3 = (2,3,4,5)^{\mathrm{T}}$,且 $r(\boldsymbol{A}) = 3$,求线性方程组 $\boldsymbol{Ax} = \boldsymbol{b}$ 的解.

11. 设非齐次线性方程组 $\boldsymbol{Ax} = \boldsymbol{b}$,其中 $\boldsymbol{A}$ 为 $m \times n$ 矩阵,$\boldsymbol{Ax} = \boldsymbol{0}$ 为导出组,试判断下列结论是否正确.

(1)若方程组 $\boldsymbol{Ax} = \boldsymbol{0}$ 有非零解,则方程组 $\boldsymbol{Ax} = \boldsymbol{b}$ 有无穷多组解;

(2)若方程组 $\boldsymbol{Ax} = \boldsymbol{0}$ 仅有零解,则方程组 $\boldsymbol{Ax} = \boldsymbol{b}$ 有唯一解;

(3)若方程组 $\boldsymbol{Ax} = \boldsymbol{b}$ 有唯一解,则方程组 $\boldsymbol{Ax} = \boldsymbol{0}$ 仅有零解;

(4)若方程组 $\boldsymbol{Ax} = \boldsymbol{b}$ 有无穷多组解,则方程组 $\boldsymbol{Ax} = \boldsymbol{0}$ 有非零解;

(5)若 $m = n$,结论(2)成立.

12. 设 $\boldsymbol{A}$ 为 n 阶方阵,且 $r(\boldsymbol{A}) = n-1$,且 $\boldsymbol{A}$ 的代数余子式 $A_{11} \neq 0$,试给出线性方程组 $\boldsymbol{Ax} = \boldsymbol{0}$ 的通解.

13. 设 $\boldsymbol{\alpha}_1, \boldsymbol{\alpha}_2, \cdots, \boldsymbol{\alpha}_r$ 是齐次线性方程组 $\boldsymbol{Ax} = \boldsymbol{0}$ 的解,$\boldsymbol{\beta}$ 是非齐次线性方程组 $\boldsymbol{Ax} = \boldsymbol{b}$

的一个解，证明：向量组 $\boldsymbol{\beta},\boldsymbol{\alpha}_1+\boldsymbol{\beta},\boldsymbol{\alpha}_2+\boldsymbol{\beta},\cdots,\boldsymbol{\alpha}_r+\boldsymbol{\beta}$ 线性无关.

14. 设 $\boldsymbol{A}=(a_{ij})$ 是三阶实正交矩阵，且 $a_{11}=1,\boldsymbol{b}=(1,0,0)^{\mathrm{T}}$，求线性方程组 $\boldsymbol{Ax}=\boldsymbol{b}$ 的解.

15. 设 $\boldsymbol{\alpha}_1=(a_1,a_2,a_3)^{\mathrm{T}},\boldsymbol{\alpha}_2=(b_1,b_2,b_3)^{\mathrm{T}},\boldsymbol{\alpha}_3=(c_1,c_2,c_3)^{\mathrm{T}}$，证明三条直线

$a_1x+b_1y+c_1=0$,

$a_2x+b_2y+c_2=0$, 其中 $a_i^2+b_i^2\neq 0(i=1,2,3)$

$a_3x+b_3y+c_3=0$,

相交于一点的充分必要条件是 $\boldsymbol{\alpha}_1,\boldsymbol{\alpha}_2,\boldsymbol{\alpha}_3$ 线性相关，且 $\boldsymbol{\alpha}_1,\boldsymbol{\alpha}_2$ 线性无关.

16. 设线性方程组 $\boldsymbol{Ax}=\boldsymbol{0}$ 有 3 个线性无关的解向量 $\boldsymbol{\alpha}_1,\boldsymbol{\alpha}_2,\boldsymbol{\alpha}_3$，且 $r(\boldsymbol{A})=n-3$，试说明下列向量组中哪些构成方程组的一个基础解系.

(1) $\boldsymbol{\alpha}_1-\boldsymbol{\alpha}_2,\boldsymbol{\alpha}_2-\boldsymbol{\alpha}_1,\boldsymbol{\alpha}_3$;

(2) $\boldsymbol{\alpha}_1-\boldsymbol{\alpha}_2,\boldsymbol{\alpha}_2-\boldsymbol{\alpha}_3,\boldsymbol{\alpha}_3+\boldsymbol{\alpha}_1$;

(3) $\boldsymbol{\alpha}_1+2\boldsymbol{\alpha}_2+3\boldsymbol{\alpha}_3,-2\boldsymbol{\alpha}_1+\boldsymbol{\alpha}_2+2\boldsymbol{\alpha}_3,\boldsymbol{\alpha}_1+\boldsymbol{\alpha}_3$;

(4) $\boldsymbol{\alpha}_1+\boldsymbol{\alpha}_2-\boldsymbol{\alpha}_3,\boldsymbol{\alpha}_1-\boldsymbol{\alpha}_2+2\boldsymbol{\alpha}_3,3\boldsymbol{\alpha}_1+\boldsymbol{\alpha}_2$.

17. 求下列齐次线性方程组的一个基础解系：

$$(1)\begin{cases}x_1+2x_2+3x_3=0,\\4x_1+5x_2+6x_3=0,\\7x_1+8x_2+9x_3=0;\end{cases}$$

$$(2)\begin{cases}x_1-3x_2+5x_3=0,\\3x_1-5x_2+7x_3=0,\\5x_1-7x_2+9x_3=0;\end{cases}$$

$$(3)\begin{cases}x_1-2x_2+3x_4=0,\\2x_1-3x_3+x_4=0,\\x_1+2x_2-3x_3-2x_4=0,\\9x_1-14x_2-3x_3+22x_4=0;\end{cases}$$

$$(4)\begin{cases}x_1+x_3+x_4=0,\\2x_1+x_2+3x_3-x_4=0,\\3x_1-x_2+2x_3+4x_4=0.\end{cases}$$

18. 设 $\boldsymbol{\alpha}_1,\boldsymbol{\alpha}_2,\cdots,\boldsymbol{\alpha}_s$ 是齐次线性方程组 $\boldsymbol{Ax}=\boldsymbol{0}$ 的一个基础解系，$\boldsymbol{\beta}_1=t_1\boldsymbol{\alpha}_1+t_2\boldsymbol{\alpha}_2$，$\boldsymbol{\beta}_2=t_2\boldsymbol{\alpha}_2+t_2\boldsymbol{\alpha}_3,\cdots,\boldsymbol{\beta}_s=t_1\boldsymbol{\alpha}_s+t_2\boldsymbol{\alpha}_1$，其中，$t_1$，$t_2$ 为实常数，问 t_1,t_2 满足什么条件时，$\boldsymbol{\beta}_1,\boldsymbol{\beta}_2,\cdots,\boldsymbol{\beta}_s$ 是方程组 $\boldsymbol{Ax}=\boldsymbol{0}$ 的一个基础解系？

19. 判断下列线性方程组是否有解，在有解的条件下求解，在有无穷多组解时，用向量表示方程组的通解.

$$(1)\begin{cases}x_1+3x_2+x_3=1,\\-4x_1-9x_2+2x_3=-1,\\-3x_2-6x_3=-3;\end{cases}$$

$$(2)\begin{cases}x_1+3x_2+5x_3=4,\\3x_1+5x_2+2x_3=1,\\5x_1+7x_2-x_3=-2;\end{cases}$$

$$(3)\begin{cases}x_1+5x_2-x_3-x_4=-1,\\x_1-2x_2+x_3+3x_4=3,\\3x_1+8x_2-x_3+x_4=1,\\x_1-9x_2+3x_3+7x_4=7;\end{cases}$$

$$(4)\begin{cases}2x_1+3x_2-x_3+2x_4=-2,\\x_1+2x_2-x_3+x_4=-2,\\x_1-x_2+x_3+x_4=5,\\3x_1+x_2+2x_3+3x_4=4.\end{cases}$$

20. 设线性方程组

$$\begin{cases}\lambda x_1+x_2+x_3=1,\\x_1+\lambda x_2+x_3=\lambda,\\x_1+x_2+\lambda x_3=\lambda^2.\end{cases}$$

问 λ 为何值时，方程组有唯一解？无穷多组解或无解？有无穷多组解时，求方程组的通解.

21. 设 $\boldsymbol{\alpha}=(1,2,1)^{\mathrm{T}},\boldsymbol{\beta}=\left(1,\dfrac{1}{2},0\right)^{\mathrm{T}}$，$\boldsymbol{\gamma}=(0,0,8)^{\mathrm{T}}$，记 $\boldsymbol{A}=\boldsymbol{\alpha\beta}^{\mathrm{T}},\boldsymbol{B}=\boldsymbol{\beta}^{\mathrm{T}}\boldsymbol{\alpha}$，

求解方程 $2\boldsymbol{B}^2\boldsymbol{A}^2\boldsymbol{x}=\boldsymbol{A}^4\boldsymbol{x}+\boldsymbol{B}^4\boldsymbol{x}+\boldsymbol{\gamma}$.

22. 已知齐次线性方程组

$$\begin{cases}x_1+2x_2-x_3+x_4=0,\\2x_1+3x_2+4x_4=0\end{cases}$$ 与

$$\begin{cases}x_1+2x_2-x_3+x_4=0,\\2x_1+3x_2+4x_4=0,\\3x_1+ax_2+bx_3+x_4=0\end{cases}$$

同解，求 a,b 的值.

第 5 章 特征值和特征向量

在线性变换等许多问题的研究中，对角矩阵是一种简单而重要的矩阵. 给定一个 n 阶方阵，能否找到一个可逆矩阵 $\boldsymbol{P}$，使得 $\boldsymbol{P}^{-1}\boldsymbol{A}\boldsymbol{P}$ 为对角矩阵？这是本章主要讨论的问题. 本章我们将介绍矩阵对角化的工具——特征值和特征向量，矩阵在相似意义下的对角化，实对称矩阵的对角化及若尔当(Jordan)问题.

5.1 特征值和特征向量的定义及性质

5.1.1 特征值和特征向量的基本概念

定义 5.1 设 $\boldsymbol{A}$ 是复数域$\mathbb{C}$上的 n 阶矩阵，如果存在数 $\lambda \in \mathbb{C}$ 和非零 n 维向量 $\boldsymbol{x}$，使得

$$\boldsymbol{A}\boldsymbol{x} = \lambda \boldsymbol{x}, \tag{5.1}$$

则称 λ 是矩阵 $\boldsymbol{A}$ 的特征值，$\boldsymbol{x}$ 是矩阵 $\boldsymbol{A}$ 属于特征值 λ 的特征向量.

注 只有方阵才可以讨论特征值和特征向量问题，所有特征向量都是非零向量.

例 1 设 $\boldsymbol{A} = \begin{pmatrix} 3 & 0 & 0 \\ 0 & 3 & 0 \\ 0 & 0 & 3 \end{pmatrix}$，由于 $\boldsymbol{A} = 3\boldsymbol{E}$，故任取 $\boldsymbol{x} \in \mathbb{R}^3$，且 $\boldsymbol{x} \neq \boldsymbol{0}$，都有

$$\boldsymbol{A}\boldsymbol{x} = 3\boldsymbol{E}\boldsymbol{x} = 3\boldsymbol{x},$$

由定义 5.1 知，数 3 是矩阵 $\boldsymbol{A}$ 的特征值，任何一个非零三维向量 $\boldsymbol{x}$ 都是与 3 对应的特征向量.

由式(5.1)移项，得

$$(\lambda \boldsymbol{E} - \boldsymbol{A})\boldsymbol{x} = \boldsymbol{0}, \tag{5.2}$$

根据定义 5.1 知，n 阶矩阵 $\boldsymbol{A}$ 的所有特征值对应的线性齐次方程组(5.2)均有非零解，即其系数行列式为零，即

$$|\lambda \boldsymbol{E} - \boldsymbol{A}| = 0. \tag{5.3}$$

定义 5.2 设 $\boldsymbol{A}$ 为 n 阶矩阵，则称

$$f(\lambda) = |\lambda \boldsymbol{E} - \boldsymbol{A}|,\ \lambda \in \mathbb{C}$$

为矩阵 $\boldsymbol{A}$ 的特征多项式，方程(5.3)称为矩阵 $\boldsymbol{A}$ 的特征方程.

根据定义，特征多项式 $f(\lambda)$ 是关于 λ 的 n 次多项式，根据代数学的基本定理，在复数域内对应的特征方程 $f(\lambda)=0$ 必有 n 个根，即为矩阵 $\boldsymbol{A}$ 的全部特征值，因此，任意一个 n 阶矩阵在复数域内必有 n 个特征根.

例 2 求 $\boldsymbol{A}=\begin{pmatrix}1 & -3 & 3\\ 3 & -5 & 3\\ 6 & -6 & 4\end{pmatrix}$ 的特征值和特征向量.

解 $|\lambda\boldsymbol{E}-\boldsymbol{A}|=\begin{vmatrix}\lambda-1 & 3 & -3\\ -3 & \lambda+5 & -3\\ -6 & 6 & \lambda-4\end{vmatrix}=(\lambda+2)^2(\lambda-4)$，

所以，$\boldsymbol{A}$ 的特征值为 $\lambda_1=\lambda_2=-2$，$\lambda_3=4$.

当 $\lambda_1=\lambda_2=-2$ 时，求解方程组 $(-2\boldsymbol{E}-\boldsymbol{A})\boldsymbol{x}=\boldsymbol{0}$，即

$$\begin{pmatrix}-3 & 3 & -3\\ -3 & 3 & -3\\ -6 & 6 & -6\end{pmatrix}\begin{pmatrix}x_1\\ x_2\\ x_3\end{pmatrix}=\begin{pmatrix}0\\ 0\\ 0\end{pmatrix},$$

解得基础解系为 $\boldsymbol{\xi}_1=(1,1,0)^{\mathrm{T}}$，$\boldsymbol{\xi}_2=(-1,0,1)^{\mathrm{T}}$，于是，$\boldsymbol{A}$ 的属于特征值 -2 的全部特征向量是

$$\boldsymbol{\xi}=k_1\boldsymbol{\xi}_1+k_2\boldsymbol{\xi}_2,\quad k_1,k_2\text{ 为不同时为零的任意常数.}$$

当 $\lambda_3=4$ 时，求解方程组 $(4\boldsymbol{E}-\boldsymbol{A})\boldsymbol{x}=\boldsymbol{0}$，即

$$\begin{pmatrix}3 & 3 & -3\\ -3 & 9 & -3\\ -6 & 6 & 0\end{pmatrix}\begin{pmatrix}x_1\\ x_2\\ x_3\end{pmatrix}=\begin{pmatrix}0\\ 0\\ 0\end{pmatrix},$$

解得基础解系为 $\boldsymbol{\eta}_1=(1,1,2)^{\mathrm{T}}$，于是，$\boldsymbol{A}$ 的属于特征值 4 的全部特征向量是

$$\boldsymbol{\eta}=k\boldsymbol{\eta}_1,\quad k\text{ 为非零的任意常数.}$$

例 2 说明了求一个已知矩阵 $\boldsymbol{A}$ 的全部特征值和特征向量的一般步骤是：

(1) 计算矩阵 $\boldsymbol{A}$ 的特征多项式 $f(\lambda)=|\lambda\boldsymbol{E}-\boldsymbol{A}|$；

(2) 求出特征多项式 $f(\lambda)=|\lambda\boldsymbol{E}-\boldsymbol{A}|$ 在复数域 $\mathbb{C}$ 中的全部根，即全部特征值；

(3) 对于矩阵 $\boldsymbol{A}$ 的每一个特征值 λ_i，求出齐次线性方程组 $(\lambda_i\boldsymbol{E}-\boldsymbol{A})\boldsymbol{x}=\boldsymbol{0}$ 的一个基础解系

$$\boldsymbol{\xi}_{i1},\boldsymbol{\xi}_{i2},\cdots,\boldsymbol{\xi}_{it_i}\quad(i=1,2,\cdots,n),$$

从而得到矩阵 $\boldsymbol{A}$ 的属于特征值 λ_i 的全部特征向量

$$k_1\boldsymbol{\xi}_{i1}+k_2\boldsymbol{\xi}_{i2}+\cdots+k_{t_i}\boldsymbol{\xi}_{it_i},$$

其中，$k_1,k_2,\cdots,k_{t_i}(i=1,2,\cdots,n)$ 为不同时为零的任意常数.

例 3 设 $\boldsymbol{A}$ 为 n 阶矩阵，且满足 $\boldsymbol{A}^2=\boldsymbol{A}$，求 $\boldsymbol{A}$ 的特征值.

解 设 λ 是矩阵 $\boldsymbol{A}$ 的任一个特征值，则必存在 λ 对应的特征向量 $\boldsymbol{x}$，使得

$$Ax=\lambda x,$$

两边左乘 A,有

$$A^2x=A(\lambda x)=\lambda Ax=\lambda^2x,$$

从而,得

$$(\lambda^2-\lambda)x=0,$$

由于 $x\neq 0$,故 $\lambda^2-\lambda=0$. 因此,矩阵 A 的特征值为 0 或 1.

说明 满足条件 $A^2=A$ 的方阵称为幂等矩阵. 例如,零矩阵是幂等矩阵,其特征值全部为零;单位矩阵是幂等矩阵,其特征值全部为 1;矩阵$\begin{pmatrix}1&0\\0&0\end{pmatrix}$是幂等矩阵,易证它的特征值为 0 或 1.

例 4 设 A,B 为三阶矩阵,A 的特征值为 $-1,0,4$ 且知 $A+B=2E$,求 B 的特征值.

解 设 λ 为矩阵 A 的任意一个特征值,x 是 A 的属于 λ 的特征向量,于是有

$$Ax=\lambda x.$$

又 $B=-A+2E$,两边右乘 x,有

$$Bx=(-A+2E)x=-Ax+2Ex=(-\lambda+2)x,$$

从而知,$-\lambda+2$ 为矩阵 B 的特征值,而且,其对应特征向量与 A 的属于 λ 的特征向量相同. 于是,矩阵 B 的特征值为 $-(-1)+2$, $-0+2$, $-4+2$,即 $3,2,-2$.

矩阵 A 的特征值,反映了矩阵 A 的一些什么样的特征?同时,同属于矩阵 A 的特征向量与特征值之间又保持着一种什么关系?下面我们进一步回答这些问题.

5.1.2 特征值和特征向量的性质

定理 5.1 设 A 为 n 阶矩阵,若 x_1,x_2 均为 A 的属于特征值 λ 的特征向量,则 $k_1x_1+k_2x_2$ 也为矩阵 A 的属于特征值 λ 的特征向量,其中,k_1,k_2 为任意常数,且 $k_1x_1+k_2x_2\neq 0$.

证 由题设,x_1,x_2 是齐次线性方程组

$$(\lambda E-A)x=0$$

的解,因此,$k_1x_1+k_2x_2$ 也是该方程组的解. 又 $k_1x_1+k_2x_2\neq 0$,故 $k_1x_1+k_2x_2$ 也为矩阵 A 的属于特征值 λ 的特征向量.

由定理 5.1 知,若 λ 是矩阵 A 的特征值,则在方程组 $(\lambda E-A)x=0$的解空间中,除了零以外的所有解就是矩阵 A 的属于特征值 λ 的全部特征向量. 因此,$(\lambda E-A)x=0$ 的解空间也称为矩阵 A 的关于特征值 λ 的特征子空间.

定理 5.2 设 A 为 n 阶矩阵,若 $x_1,x_2,\cdots,x_s$ 为 A 的分属于不同特征值的特征向量,则 $x_1,x_2,\cdots,x_s$ 线性无关.

证 对向量个数应用数学归纳法.

当 $n=1$ 时,由于 $\boldsymbol{x}_1\neq\boldsymbol{0}$,故 $\boldsymbol{x}_1$ 自身线性无关.

设当 $n=r(r\leqslant s-1)$ 时,$\boldsymbol{x}_1,\boldsymbol{x}_2,\cdots,\boldsymbol{x}_r$ 线性无关,下面证明 $\boldsymbol{x}_1,\boldsymbol{x}_2,\cdots,\boldsymbol{x}_{r+1}$线性无关.

分别记 $\lambda_1,\lambda_2,\cdots,\lambda_r,\lambda_{r+1}$ 为与 $\boldsymbol{x}_1,\boldsymbol{x}_2,\cdots,\boldsymbol{x}_{r+1}$ 对应的特征值. 设

$$k_1\boldsymbol{x}_1+k_2\boldsymbol{x}_2+\cdots+k_r\boldsymbol{x}_r+k_{r+1}\boldsymbol{x}_{r+1}=\boldsymbol{0},\tag{5.4}$$

用 $\boldsymbol{A}$ 左乘式(5.4),得

$$k_1\boldsymbol{A}\boldsymbol{x}_1+k_2\boldsymbol{A}\boldsymbol{x}_2+\cdots+k_r\boldsymbol{A}\boldsymbol{x}_r+k_{r+1}\boldsymbol{A}\boldsymbol{x}_{r+1}=\boldsymbol{0},$$

即

$$k_1\lambda_1\boldsymbol{x}_1+k_2\lambda_2\boldsymbol{x}_2+\cdots+k_r\lambda_r\boldsymbol{x}_r+k_{r+1}\lambda_{r+1}\boldsymbol{x}_{r+1}=\boldsymbol{0},\tag{5.5}$$

用 λ_{r+1}乘式(5.4)再减式(5.5)得

$$k_1(\lambda_1-\lambda_{r+1})\boldsymbol{x}_1+k_2(\lambda_2-\lambda_{r+1})\boldsymbol{x}_2+\cdots+k_r(\lambda_r-\lambda_{r+1})\boldsymbol{x}_r=\boldsymbol{0}.$$

因为 $\boldsymbol{x}_1,\boldsymbol{x}_2,\cdots,\boldsymbol{x}_r$ 线性无关,于是

$$k_1(\lambda_1-\lambda_{r+1})=k_2(\lambda_2-\lambda_{r+1})=\cdots=k_r(\lambda_r-\lambda_{r+1})=0.$$

又因为 $\lambda_i\neq\lambda_{r+1}(i=1,2,\cdots,r)$,故

$$k_1=k_2=\cdots=k_r=0,$$

代入式(5.4),得 $k_{r+1}\boldsymbol{x}_{r+1}=\boldsymbol{0}$,因为 $\boldsymbol{x}_{r+1}\neq\boldsymbol{0}$,从而知 $k_{r+1}=0$. 由此证明,$\boldsymbol{x}_1,\boldsymbol{x}_2,\cdots,\boldsymbol{x}_{r+1}$线性无关.

在特征值理论中,研究矩阵的特征多项式的性质是重要的.

设 $\boldsymbol{A}=(a_{ij})$为 n 阶矩阵,则在

$$f(\lambda)=|\lambda\boldsymbol{E}-\boldsymbol{A}|=\begin{vmatrix}\lambda-a_{11} & -a_{12} & \cdots & -a_{1n}\\ -a_{21} & \lambda-a_{22} & \cdots & -a_{2n}\\ \vdots & \vdots & & \vdots\\ -a_{n1} & -a_{n2} & \cdots & \lambda-a_{nn}\end{vmatrix}$$

的展开式中,有一项是主对角线的乘积:

$$(\lambda-a_{11})(\lambda-a_{22})\cdots(\lambda-a_{nn}),\tag{5.6}$$

展开式中其余各项至多包含 $n-2$ 个主对角线上元素的乘积,它们关于 λ 的幂次最高是 $n-2$,因此,展开式中含 λ 的 n 次项和 $n-1$ 次项只能在式(5.6)中出现,它们是 $\lambda^n-(a_{11}+a_{22}+\cdots+a_{nn})\lambda^{n-1}$,另外,常数项为$f(0)=|-\boldsymbol{A}|=(-1)^n|\boldsymbol{A}|$. 故有

$$\begin{aligned}f(\lambda)&=|\lambda\boldsymbol{E}-\boldsymbol{A}|\\&=\lambda^n-(a_{11}+a_{22}+\cdots+a_{nn})\lambda^{n-1}+\cdots+(-1)^n|\boldsymbol{A}|,\end{aligned}\tag{5.7}$$

由式(5.7),可以得到矩阵 $\boldsymbol{A}$ 的特征值与矩阵 $\boldsymbol{A}$ 的主对角线元素及其行列式$|\boldsymbol{A}|$之间的关系.

定理 5.3 设 $\lambda_1,\lambda_2,\cdots,\lambda_n$ 是 n 阶矩阵 $\boldsymbol{A}=(a_{ij})$的 n 个特征值,则

$$\lambda_1+\lambda_2+\cdots+\lambda_n=a_{11}+a_{22}+\cdots+a_{nn},\tag{5.8}$$

$$\lambda_1\lambda_2\cdots\lambda_n=|\boldsymbol{A}|.\tag{5.9}$$

即矩阵 $\boldsymbol{A}$ 的特征值之和等于矩阵 $\boldsymbol{A}$ 的主对角线元素之和,矩阵 $\boldsymbol{A}$

的特征值之积等于矩阵 $\boldsymbol{A}$ 的行列式. 其中矩阵 $\boldsymbol{A}$ 的主对角线元素之和,称为矩阵 $\boldsymbol{A}$ 的迹,记作迹($\boldsymbol{A}$)或 tr($\boldsymbol{A}$),即有

$$\mathrm{tr}(\boldsymbol{A})=a_{11}+a_{22}+\cdots+a_{nn}.$$

由于 $\lambda_1,\lambda_2,\cdots,\lambda_n$ 是 n 阶矩阵 $\boldsymbol{A}=(a_{ij})$ 的 n 个特征值,故特征多项式可分解为

$$\begin{aligned}f(\lambda)=|\lambda\boldsymbol{E}-\boldsymbol{A}|&=(\lambda-\lambda_1)(\lambda-\lambda_2)\cdots(\lambda-\lambda_n)\\&=\lambda^n-(\lambda_1+\lambda_2+\cdots+\lambda_n)\lambda^{n-1}+\cdots+(-1)^n\lambda_1\lambda_2\cdots\lambda_n.\end{aligned}\tag{5.10}$$

比较式(5.7)与式(5.10)同幂次系数,即可得到定理 5.3 的结论.

推论 n 阶矩阵 $\boldsymbol{A}$ 可逆的充分必要条件是矩阵 $\boldsymbol{A}$ 的 n 个特征值全不为零.

读者可以自行完成推论的证明.

例 5 给定 n 阶矩阵 $\boldsymbol{A}$,已知 λ_0 是矩阵 $\boldsymbol{A}$ 的特征值,$\boldsymbol{x}_0$ 是 λ_0 对应的特征向量,证明:

(1)对于任意复数 k,$k\lambda_0$ 是 $k\boldsymbol{A}$ 对应于特征向量 $\boldsymbol{x}_0$ 的特征值.

(2)对于任意自然数 n,λ_0^n 是 $\boldsymbol{A}^n$ 对应于特征向量 $\boldsymbol{x}_0$ 的特征值.

(3)若矩阵 $\boldsymbol{A}$ 是可逆矩阵,则 $\dfrac{1}{\lambda_0}$ 是 $\boldsymbol{A}^{-1}$ 对应于特征向量 $\boldsymbol{x}_0$ 的特征值.

证 由题设,有

$$\boldsymbol{A}\boldsymbol{x}_0=\lambda_0\boldsymbol{x}_0,$$

于是

(1) $(k\boldsymbol{A})\boldsymbol{x}_0=k(\boldsymbol{A}\boldsymbol{x}_0)=k(\lambda_0\boldsymbol{x}_0)=(k\lambda_0)\boldsymbol{x}_0$,故 $k\lambda_0$ 是 $k\boldsymbol{A}$ 对应于特征向量 $\boldsymbol{x}_0$ 的特征值.

(2) $\boldsymbol{A}^n\boldsymbol{x}_0=\boldsymbol{A}^{n-1}(\boldsymbol{A}\boldsymbol{x}_0)=\boldsymbol{A}^{n-1}(\lambda_0\boldsymbol{x}_0)=\lambda_0\boldsymbol{A}^{n-1}\boldsymbol{x}_0=\lambda_0\boldsymbol{A}^{n-2}(\boldsymbol{A}\boldsymbol{x}_0)=\lambda_0^2\boldsymbol{A}^{n-2}\boldsymbol{x}_0=\cdots=\lambda_0^n\boldsymbol{x}_0$,故 λ_0^n 是 $\boldsymbol{A}^n$ 对应于特征向量 $\boldsymbol{x}_0$ 的特征值.

(3) $\boldsymbol{A}^{-1}(\boldsymbol{A}\boldsymbol{x}_0)=\boldsymbol{A}^{-1}(\lambda_0\boldsymbol{x}_0)=\lambda_0\boldsymbol{A}^{-1}\boldsymbol{x}_0$,即 $\boldsymbol{x}_0=\lambda_0\boldsymbol{A}^{-1}\boldsymbol{x}_0$,又因为 $\boldsymbol{A}$ 可逆,知 $\lambda_0\neq0$,因此,有 $\boldsymbol{A}^{-1}\boldsymbol{x}_0=\dfrac{1}{\lambda_0}\boldsymbol{x}_0$,所以,$\dfrac{1}{\lambda_0}$ 是 $\boldsymbol{A}^{-1}$ 对应于特征向量 $\boldsymbol{x}_0$ 的特征值.

一般地,若 n 阶方阵 $\boldsymbol{A}$ 的特征值为 λ_0,$\boldsymbol{x}_0$ 为矩阵 $\boldsymbol{A}$ 属于 λ_0 的特征向量,$f(\boldsymbol{A})=\boldsymbol{A}^m+a_1\boldsymbol{A}^{m-1}+\cdots+a_m\boldsymbol{E}$ 是由 $\boldsymbol{A}$ 的多项式构成的矩阵,则 $f(\lambda)=\lambda^m+a_1\lambda^{m-1}+\cdots+a_m$ 为矩阵 $f(\boldsymbol{A})$ 的对应于特征向量 $\boldsymbol{x}_0$ 的特征值.

类似地,若已知矩阵 $\boldsymbol{A}$ 的特征值和特征向量,则由定义式(5.1)及矩阵之间的运算关系,还可以推出 $\boldsymbol{A}^*$,以及在 $\boldsymbol{A}$ 可逆条件下 $(\boldsymbol{A}^*)^{-1}$,$(\boldsymbol{A}^*)^*$ 的特征值,而且它们对应的特征向量与 $\boldsymbol{A}$ 的特征向量相同.

例 6　证明：n 阶矩阵 $\boldsymbol{A}$ 与 $\boldsymbol{A}^{\mathrm{T}}$ 具有相同的特征多项式和相同的特征值.

证　记矩阵 $\boldsymbol{A}$ 的特征多项式为 $f_{\boldsymbol{A}}(\lambda)=|\lambda\boldsymbol{E}-\boldsymbol{A}|$，矩阵 $\boldsymbol{A}^{\mathrm{T}}$ 的特征多项式为 $f_{\boldsymbol{A}^{\mathrm{T}}}(\lambda)=|\lambda\boldsymbol{E}-\boldsymbol{A}^{\mathrm{T}}|$. 又因为

$$|\lambda\boldsymbol{E}-\boldsymbol{A}|=|(\lambda\boldsymbol{E}-\boldsymbol{A})^{\mathrm{T}}|=|\lambda\boldsymbol{E}^{\mathrm{T}}-\boldsymbol{A}^{\mathrm{T}}|=|\lambda\boldsymbol{E}-\boldsymbol{A}^{\mathrm{T}}|,$$

因此，有 $f_{\boldsymbol{A}}(\lambda)=f_{\boldsymbol{A}^{\mathrm{T}}}(\lambda)=0$，即 $\boldsymbol{A}$ 与 $\boldsymbol{A}^{\mathrm{T}}$ 具有相同的特征多项式和相同的特征值.

例 5 和例 6 均可作为方阵特征值的性质，要强调的是，由例 6 可推得 $\boldsymbol{A}$ 与 $\boldsymbol{A}^{\mathrm{T}}$ 有相同的特征值，但未必有相同的特征向量.

5.2　相似矩阵及矩阵可对角化的条件

5.2.1　相似矩阵的概念

定义 5.3　对于 n 阶矩阵 $\boldsymbol{A}$ 和 $\boldsymbol{B}$，若存在 n 阶可逆矩阵 $\boldsymbol{P}$，使得

$$\boldsymbol{P}^{-1}\boldsymbol{A}\boldsymbol{P}=\boldsymbol{B},$$

则称矩阵 $\boldsymbol{A}$ 和 $\boldsymbol{B}$ 相似，记作 $\boldsymbol{A}\sim\boldsymbol{B}$.

矩阵关系是一种等价关系，即满足以下三个特性：

(1) 自反性：$\boldsymbol{A}\sim\boldsymbol{A}$；

(2) 对称性：若 $\boldsymbol{A}\sim\boldsymbol{B}$，则 $\boldsymbol{B}\sim\boldsymbol{A}$；

(3) 传递性：若 $\boldsymbol{A}\sim\boldsymbol{B}$，$\boldsymbol{B}\sim\boldsymbol{C}$，则 $\boldsymbol{A}\sim\boldsymbol{C}$.

它们的证明，读者可作为练习完成.

相似矩阵之间有许多重要的性质：

性质 1　相似矩阵具有相同的秩和相同的行列式的值.

证　若 $\boldsymbol{A}\sim\boldsymbol{B}$，则存在 n 阶可逆矩阵 $\boldsymbol{P}$，使得

$$\boldsymbol{B}=\boldsymbol{P}^{-1}\boldsymbol{A}\boldsymbol{P},$$

于是有

$$r(\boldsymbol{B})=r(\boldsymbol{P}^{-1}\boldsymbol{A}\boldsymbol{P})=r(\boldsymbol{A}),$$

$$|\boldsymbol{B}|=|\boldsymbol{P}^{-1}\boldsymbol{A}\boldsymbol{P}|=|\boldsymbol{P}^{-1}||\boldsymbol{A}||\boldsymbol{P}|=|\boldsymbol{P}^{-1}||\boldsymbol{P}||\boldsymbol{A}|=|\boldsymbol{A}|.$$

性质 2　相似矩阵具有相同的特征多项式和相同的特征值.

证　若 $\boldsymbol{A}\sim\boldsymbol{B}$，则

$$\begin{aligned}f_{\boldsymbol{B}}(\lambda)&=|\lambda\boldsymbol{E}-\boldsymbol{B}|=|\lambda\boldsymbol{E}-\boldsymbol{P}^{-1}\boldsymbol{A}\boldsymbol{P}|=|\boldsymbol{P}^{-1}(\lambda\boldsymbol{E}-\boldsymbol{A})\boldsymbol{P}|\\&=|\boldsymbol{P}^{-1}||\lambda\boldsymbol{E}-\boldsymbol{A}||\boldsymbol{P}|=|\boldsymbol{P}^{-1}||\boldsymbol{P}||\lambda\boldsymbol{E}-\boldsymbol{A}|\\&=|\lambda\boldsymbol{E}-\boldsymbol{A}|=f_{\boldsymbol{A}}(\lambda),\end{aligned}$$

从而，$\boldsymbol{A}$，$\boldsymbol{B}$ 有相同的特征多项式和相同的特征值.

性质 3　相似矩阵具有相同的迹.

证　由性质 2 知，若 $\boldsymbol{A}\sim\boldsymbol{B}$，则 $\boldsymbol{A}$，$\boldsymbol{B}$ 有相同的特征值 $\lambda_1,\lambda_2,\cdots,\lambda_n$，因此有

$$\lambda_1+\lambda_2+\cdots+\lambda_n=a_{11}+a_{22}+\cdots+a_{nn}=b_{11}+b_{22}+\cdots+b_{nn},$$

即

$$\mathrm{tr}(\boldsymbol{A})=\mathrm{tr}(\boldsymbol{B}).$$

注 相似矩阵的上述性质,不可反推. 例如,两个 n 阶矩阵 $\boldsymbol{A},\boldsymbol{B}$ 有相同的特征值,但未必相似. 两个 n 阶矩阵 $\boldsymbol{A},\boldsymbol{B}$ 有相同的秩,也未必相似. 见反例:尽管矩阵 $\boldsymbol{A}=\begin{pmatrix}1&0\\0&1\end{pmatrix}$,$\boldsymbol{B}=\begin{pmatrix}1&1\\0&1\end{pmatrix}$ 的特征多项式、特征值、秩、行列式值和迹都相同,但不存在可逆矩阵 $\boldsymbol{P}$,满足等式 $\boldsymbol{P}^{-1}\boldsymbol{AP}=\boldsymbol{B}$,即矩阵 $\boldsymbol{A}$ 和 $\boldsymbol{B}$ 不相似.

例 1 设 $\boldsymbol{A},\boldsymbol{B}$ 都是 n 阶矩阵,且 $|\boldsymbol{A}|\neq 0$,证明:$\boldsymbol{AB}\sim\boldsymbol{BA}$.

证 要证 $\boldsymbol{AB}\sim\boldsymbol{BA}$,只要找到可逆矩阵 $\boldsymbol{P}$,使得 $\boldsymbol{BA}=\boldsymbol{P}^{-1}(\boldsymbol{AB})\boldsymbol{P}$即可.

因为 $|\boldsymbol{A}|\neq 0$,知矩阵 $\boldsymbol{A}$ 可逆,于是取 $\boldsymbol{P}=\boldsymbol{A}$,即有

$$\boldsymbol{BA}=\boldsymbol{A}^{-1}(\boldsymbol{AB})\boldsymbol{A}=(\boldsymbol{A}^{-1}\boldsymbol{A})\boldsymbol{BA}=\boldsymbol{BA},$$

得证.

5.2.2 矩阵可对角化的条件

定义 5.4 对 n 阶矩阵 $\boldsymbol{A}$,若存在 n 阶可逆矩阵 $\boldsymbol{P}$,使得

$$\boldsymbol{P}^{-1}\boldsymbol{AP}=\boldsymbol{\Lambda}=\begin{pmatrix}\lambda_1&0&\cdots&0\\0&\lambda_2&\cdots&0\\\vdots&\vdots&&\vdots\\0&0&\cdots&\lambda_n\end{pmatrix},$$

则称 $\boldsymbol{A}$ 可对角化.

下面对于一个 n 阶矩阵 $\boldsymbol{A}$,我们来探寻矩阵 $\boldsymbol{A}$ 可对角化的条件.

由定义 5.4 知,若矩阵 $\boldsymbol{A}$ 可对角化,则存在可逆矩阵 $\boldsymbol{P}$ 及对角矩阵 $\boldsymbol{\Lambda}$,使得 $\boldsymbol{P}^{-1}\boldsymbol{AP}=\boldsymbol{\Lambda}$,即

$$\boldsymbol{AP}=\boldsymbol{P\Lambda}. \tag{5.11}$$

若将矩阵 $\boldsymbol{P}$ 按列分块为 $\boldsymbol{P}=(\boldsymbol{x}_1,\boldsymbol{x}_2,\cdots,\boldsymbol{x}_n)$,$\boldsymbol{x}_1,\boldsymbol{x}_2,\cdots,\boldsymbol{x}_n$ 线性无关,将其及

$$\boldsymbol{\Lambda}=\begin{pmatrix}\lambda_1&0&\cdots&0\\0&\lambda_2&\cdots&0\\\vdots&\vdots&&\vdots\\0&0&\cdots&\lambda_n\end{pmatrix}$$

代入式(5.11),有

$$(\boldsymbol{Ax}_1,\boldsymbol{Ax}_2,\cdots,\boldsymbol{Ax}_n)=(\lambda_1\boldsymbol{x}_1,\lambda_2\boldsymbol{x}_2,\cdots,\lambda_n\boldsymbol{x}_n),$$

从而有

$$\boldsymbol{Ax}_i=\lambda_i\boldsymbol{x}_i,\quad i=1,2,\cdots,n.$$

结果表明,对角矩阵 $\boldsymbol{\Lambda}$ 的主对角线元素均为 $\boldsymbol{A}$ 的特征值,而可逆矩

阵的 n 个列向量 $\boldsymbol{x}_1,\boldsymbol{x}_2,\cdots,\boldsymbol{x}_n$ 分别为 $\boldsymbol{A}$ 的对应于 $\boldsymbol{\lambda}_1,\boldsymbol{\lambda}_2,\cdots,\boldsymbol{\lambda}_n$ 的线性无关的特征向量. 注意到,$\boldsymbol{P}=(\boldsymbol{x}_1,\boldsymbol{x}_2,\cdots,\boldsymbol{x}_n)$ 可逆与 $\boldsymbol{x}_1,\boldsymbol{x}_2,\cdots,\boldsymbol{x}_n$ 线性无关是等价的. 因此,可以得到 n 阶方阵可对角化的一个充要条件.

定理 5.4　n 阶矩阵 $\boldsymbol{A}$ 与对角矩阵相似的充分必要条件是 $\boldsymbol{A}$ 有 n 个线性无关的特征向量.

结合定理 5.2,可得以下推论.

推论　若 n 阶矩阵有 n 个互异的特征值,则 $\boldsymbol{A}$ 相似于对角矩阵.

证　记 $\lambda_1,\lambda_2,\cdots,\lambda_n$ 为矩阵 $\boldsymbol{A}$ 的 n 个互异的特征值,$\boldsymbol{x}_1,\boldsymbol{x}_2,\cdots,\boldsymbol{x}_n$ 分别为对应于 $\lambda_1,\lambda_2,\cdots,\lambda_n$ 的特征向量. 由定理 5.2 知,$\boldsymbol{x}_1,\boldsymbol{x}_2,\cdots,\boldsymbol{x}_n$ 线性无关. 因此,由定理 5.4 知,$\boldsymbol{A}$ 与对角矩阵相似.

注　推论是 $\boldsymbol{A}$ 可对角化的充分条件,但非必要条件.

例 2　已知矩阵 $\boldsymbol{A}=\begin{pmatrix}-4 & -10 & 0\\ 1 & 3 & 0\\ 3 & 6 & 1\end{pmatrix}$,判断矩阵 $\boldsymbol{A}$ 能否对角化,若能对角化,求出可逆矩阵 $\boldsymbol{P}$,使得 $\boldsymbol{P}^{-1}\boldsymbol{AP}$ 为对角矩阵.

解　先求矩阵 $\boldsymbol{A}$ 的特征值,由

$$|\lambda\boldsymbol{E}-\boldsymbol{A}|=\begin{vmatrix}\lambda+4 & 10 & 0\\ -1 & \lambda-3 & 0\\ -3 & -6 & \lambda-1\end{vmatrix}=(\lambda-1)^2(\lambda+2)=0,$$

得矩阵 $\boldsymbol{A}$ 的特征值为 $\lambda_1=1$(二重),$\lambda_2=-2$.

再求特征向量.

当 $\lambda_1=1$ 时,解方程组 $(\boldsymbol{E}-\boldsymbol{A})\boldsymbol{x}=\boldsymbol{0}$,即

$$\begin{pmatrix}5 & 10 & 0\\ -1 & -2 & 0\\ -3 & -6 & 0\end{pmatrix}\begin{pmatrix}x_1\\ x_2\\ x_3\end{pmatrix}=\begin{pmatrix}0\\ 0\\ 0\end{pmatrix},$$

得基础解系 $\boldsymbol{x}_1=(-2,1,0)^{\mathrm{T}},\boldsymbol{x}_2=(0,0,1)^{\mathrm{T}}$,即为 $\lambda_1=1$ 时,对应的线性无关的特征向量.

当 $\lambda_2=-2$ 时,解方程组 $(-2\boldsymbol{E}-\boldsymbol{A})\boldsymbol{x}=\boldsymbol{0}$,即

$$\begin{pmatrix}2 & 10 & 0\\ -1 & -5 & 0\\ -3 & -6 & -3\end{pmatrix}\begin{pmatrix}x_1\\ x_2\\ x_3\end{pmatrix}=\begin{pmatrix}0\\ 0\\ 0\end{pmatrix},$$

得基础解系 $\boldsymbol{x}_3=(-5,1,3)^{\mathrm{T}}$,即为 $\lambda_2=-2$ 时,对应的特征向量.

由此可知,矩阵 $\boldsymbol{A}$ 有三个线性无关的特征向量 $\boldsymbol{x}_1,\boldsymbol{x}_2,\boldsymbol{x}_3$,故 $\boldsymbol{A}$ 可对角化. 此时

$$\boldsymbol{P}=(\boldsymbol{x}_1,\boldsymbol{x}_2,\boldsymbol{x}_3)=\begin{pmatrix}-2 & 0 & -5\\ 1 & 0 & 1\\ 0 & 1 & 3\end{pmatrix},\quad \boldsymbol{\Lambda}=\begin{pmatrix}1 & 0 & 0\\ 0 & 1 & 0\\ 0 & 0 & -2\end{pmatrix},$$

且 $\boldsymbol{P}^{-1}\boldsymbol{AP}=\boldsymbol{\Lambda}$.

例 3　已知 n 阶矩阵 $\boldsymbol{A}$ 满足等式 $\boldsymbol{A}^2=\boldsymbol{A}$,且 $r(\boldsymbol{A})=1$,证明:$\boldsymbol{A}$ 必能对角化.

证　由题设知,矩阵 $\boldsymbol{A}$ 是幂等矩阵,其特征值为 0 或 1,又 $r(\boldsymbol{A})=1$,进而知,矩阵 $\boldsymbol{A}$ 必有特征值 0 和 1.

当 $\lambda_1=0$ 时,对应的齐次线性方程组为

$$(0\boldsymbol{E}-\boldsymbol{A})\boldsymbol{x}=-\boldsymbol{A}\boldsymbol{x}=\boldsymbol{0},$$

由于 $r(\boldsymbol{A})=1$,知该方程组的基础解系共有 $n-1$ 个线性无关的解构成,即特征值 $\lambda_1=0$ 对应有 $n-1$ 个线性无关的特征向量 $\boldsymbol{x}_1,\boldsymbol{x}_2,\cdots,\boldsymbol{x}_{n-1}$.

当 $\lambda_2=1$ 时,矩阵 $\boldsymbol{A}$ 也必存在一个属于 $\lambda_2=1$ 的特征向量 $\boldsymbol{x}_n$,且 $\boldsymbol{x}_n$ 与 $\boldsymbol{x}_1,\boldsymbol{x}_2,\cdots,\boldsymbol{x}_{n-1}$ 线性无关.

综上讨论,矩阵 $\boldsymbol{A}$ 共有 n 个线性无关的特征向量,因此,由定理 5.4 知,矩阵 $\boldsymbol{A}$ 必能对角化.

从例 3 和例 4 看到,尽管矩阵 $\boldsymbol{A}$ 都只有两个相异特征值,但在例 3 中,二重特征值 $\lambda_1=1$ 正好有与重数个数相同的无关特征向量,在例 4 中,$n-1$ 重特征值 $\lambda_1=0$ 也正好对应有与重数相同个数的无关特征向量,保证了矩阵 $\boldsymbol{A}$ 有 n 个线性无关的特征向量,因此,矩阵 $\boldsymbol{A}$ 可以对角化,这个表象不是偶然的,它揭示了 n 阶矩阵可对角化的内在特征. 即有下面定理.

定理 5.5　n 阶矩阵 $\boldsymbol{A}$ 与对角矩阵相似的充要条件是,矩阵 $\boldsymbol{A}$ 的每一个 k_i 重特征值 λ_i 对应有 k_i 个线性无关的特征向量.

定理 5.5 的证明超出了本书的范围,有兴趣的读者可参考相关书籍.

例 4　设 $\boldsymbol{A}=(a_{ij})_{n\times n}$ 是主对角线元素均为 2 的三角矩阵,且至少存在某个 $a_{ij}\neq 0(i<j)$,问矩阵 $\boldsymbol{A}$ 是否与某对角矩阵相似?

解　设

$$\boldsymbol{A}=\begin{pmatrix}2 & * & \cdots & * \\ 0 & 2 & \cdots & * \\ \vdots & \vdots & & \vdots \\ 0 & 0 & \cdots & 2\end{pmatrix},$$

线性由 $|\lambda\boldsymbol{E}-\boldsymbol{A}|=(\lambda-2)^n=0$,得特征值 $\lambda=2$(n 重).

当 $\lambda=2$ 时,对应齐次其中,$*$ 表示不全为零的任意常数. 方程组为 $(2\boldsymbol{E}-\boldsymbol{A})\boldsymbol{x}=\boldsymbol{0}$,依题设,其系数矩阵 $2\boldsymbol{E}-\boldsymbol{A}$ 中至少有一个元素 $-a_{ij}\neq 0(i<j)$,故 $r(2\boldsymbol{E}-\boldsymbol{A})\geqslant 1$,于是根据线性方程组解的结构定理,$(2\boldsymbol{E}-\boldsymbol{A})\boldsymbol{x}=\boldsymbol{0}$ 的基础解系所含解向量的个数小于等于 $(n-1)$,根据定理 5.5,矩阵 $\boldsymbol{A}$ 不与对角矩阵相似.

例 5　设矩阵 $\boldsymbol{A}=\begin{pmatrix}1 & 1 & 1 \\ a & b & c \\ d & e & f\end{pmatrix}$ 有特征向量 $\boldsymbol{x}_1=\begin{pmatrix}1 \\ 1 \\ 1\end{pmatrix}$,

$\boldsymbol{x}_2=\begin{pmatrix}1\\0\\-1\end{pmatrix},\boldsymbol{x}_3=\begin{pmatrix}1\\-1\\0\end{pmatrix}$,求矩阵 $\boldsymbol{A}$.

解　利用相似对角化求解.

由

$$|\boldsymbol{x}_1,\boldsymbol{x}_2,\boldsymbol{x}_3|=\begin{vmatrix}1&1&1\\1&0&-1\\1&-1&0\end{vmatrix}=-3\neq0,$$

知 $\boldsymbol{x}_1,\boldsymbol{x}_2,\boldsymbol{x}_3$ 线性无关,从而,根据定理 5.4,矩阵 $\boldsymbol{A}$ 可对角化.

设 $\boldsymbol{A}\boldsymbol{x}_1=\lambda_1\boldsymbol{x}_1$,即

$$\begin{pmatrix}1&1&1\\a&b&c\\d&e&f\end{pmatrix}\begin{pmatrix}1\\1\\1\end{pmatrix}=\lambda_1\begin{pmatrix}1\\1\\1\end{pmatrix},\text{也即}\begin{pmatrix}3\\a+b+c\\d+e+f\end{pmatrix}=\begin{pmatrix}\lambda_1\\\lambda_1\\\lambda_1\end{pmatrix},$$

得 $\lambda_1=3$. 类似地,分别由 $\boldsymbol{A}\boldsymbol{x}_2=\lambda_2\boldsymbol{x}_2$, $\boldsymbol{A}\boldsymbol{x}_3=\lambda_3\boldsymbol{x}_3$,解得 $\lambda_2=0,\lambda_3=0$.

于是,令

$$\boldsymbol{P}=(\boldsymbol{x}_1,\boldsymbol{x}_2,\boldsymbol{x}_3)=\begin{pmatrix}1&1&1\\1&0&-1\\1&-1&0\end{pmatrix},\boldsymbol{\Lambda}=\begin{pmatrix}3&0&0\\0&0&0\\0&0&0\end{pmatrix},$$

有 $\boldsymbol{P}^{-1}\boldsymbol{A}\boldsymbol{P}=\boldsymbol{\Lambda}$,由此得

$$\begin{aligned}\boldsymbol{A}=\boldsymbol{P}\boldsymbol{\Lambda}\boldsymbol{P}^{-1}&=\begin{pmatrix}1&1&1\\1&0&-1\\1&-1&0\end{pmatrix}\begin{pmatrix}3&0&0\\0&0&0\\0&0&0\end{pmatrix}\begin{pmatrix}1&1&1\\1&0&-1\\1&-1&0\end{pmatrix}^{-1}\\&=\begin{pmatrix}3&0&0\\3&0&0\\3&0&0\end{pmatrix}\frac{1}{3}\begin{pmatrix}1&1&1\\-1&-1&-2\\1&-2&1\end{pmatrix}=\begin{pmatrix}1&1&1\\1&1&1\\1&1&1\end{pmatrix}.\end{aligned}$$

例 6 也可以由特征值的定义式求解,即

$$\begin{pmatrix}1&1&1\\a&b&c\\d&e&f\end{pmatrix}\begin{pmatrix}1\\1\\1\end{pmatrix}=\lambda_1\begin{pmatrix}1\\1\\1\end{pmatrix},$$

$$\begin{pmatrix}1&1&1\\a&b&c\\d&e&f\end{pmatrix}\begin{pmatrix}1\\0\\-1\end{pmatrix}=\lambda_2\begin{pmatrix}1\\0\\-1\end{pmatrix},$$

$$\begin{pmatrix}1&1&1\\a&b&c\\d&e&f\end{pmatrix}\begin{pmatrix}1\\-1\\0\end{pmatrix}=\lambda_3\begin{pmatrix}1\\-1\\0\end{pmatrix},$$

分别得到 3 个线性方程组

$$\begin{cases}1+1+1=\lambda_1,\\a+b+c=\lambda_1\\d+e+f=\lambda_1;\end{cases}\qquad\begin{cases}1+0-1=\lambda_2,\\a+0-c=0,\\d+0-f=-\lambda_2;\end{cases}\qquad\begin{cases}1-1+0=\lambda_3,\\a-b+0=-\lambda_3,\\d-e+0=0.\end{cases}$$

由此,进而可得线性方程组

$$\begin{cases} a+b+c=3, \\ d+e+f=3, \\ a-c=0, \\ d-f=0, \\ a-b=0, \\ d-e=0. \end{cases}$$

从而解得矩阵 $\boldsymbol{A}=\begin{pmatrix} 1 & 1 & 1 \\ 1 & 1 & 1 \\ 1 & 1 & 1 \end{pmatrix}$.

例 6 设矩阵 $\boldsymbol{A}=\begin{pmatrix} 1 & -1 & 1 \\ 2 & 4 & -2 \\ -3 & -3 & a \end{pmatrix}$ 与 $\boldsymbol{B}=\begin{pmatrix} 2 & 0 & 0 \\ 0 & 2 & 0 \\ 0 & 0 & b \end{pmatrix}$ 相似.

(1)求 a,b 的值;

(2)求可逆矩阵 $\boldsymbol{P}$,使得 $\boldsymbol{P}^{-1}\boldsymbol{A}\boldsymbol{P}=\boldsymbol{B}$.

解 因为 $\boldsymbol{A}\sim\boldsymbol{B}$,故矩阵 $\boldsymbol{A},\boldsymbol{B}$ 有相同的特征值. 且 $\lambda_1=\lambda_2=2$, $\lambda_3=b$ 是矩阵 $\boldsymbol{B}$ 的特征值,因此,也是矩阵 $\boldsymbol{A}$ 的特征值.

(1)矩阵 $\boldsymbol{A}$ 的特征多项式为

$$|\lambda\boldsymbol{E}-\boldsymbol{A}|=\begin{vmatrix} \lambda-1 & 1 & -1 \\ -2 & \lambda-4 & 2 \\ 3 & 3 & \lambda-a \end{vmatrix}=(\lambda-2)[\lambda^2-(a+3)\lambda+3(a-1)],$$

由于 2 是矩阵 $\boldsymbol{A}$ 的二重特征值,满足方程

$$\lambda^2-(a+3)\lambda+3(a-1)=0,$$

代入方程得 $a=5$.

注意到,相似矩阵有相同的迹,即主对角线元素之和相等,故

$$1+4+a=2+2+b,$$

得 $b=6$.

(2)对于 $\lambda_1=\lambda_2=2$,由齐次线性方程组 $(2\boldsymbol{E}-\boldsymbol{A})\boldsymbol{x}=\boldsymbol{0}$,即

$$\begin{pmatrix} 1 & 1 & -1 \\ -2 & -2 & 2 \\ 3 & 3 & -3 \end{pmatrix}\begin{pmatrix} x_1 \\ x_2 \\ x_3 \end{pmatrix}=\begin{pmatrix} 0 \\ 0 \\ 0 \end{pmatrix},$$

解得基础解系 $\boldsymbol{x}_1=(1,-1,0)^{\mathrm{T}}$,$\boldsymbol{x}_2=(1,0,1)^{\mathrm{T}}$,即为 $\lambda_1=\lambda_2=2$ 时对应的无关特征向量.

对于 $\lambda_3=6$,由齐次线性方程组 $(6\boldsymbol{E}-\boldsymbol{A})\boldsymbol{x}=\boldsymbol{0}$,即

$$\begin{pmatrix} 5 & 1 & -1 \\ -2 & 2 & 2 \\ 3 & 3 & 1 \end{pmatrix}\begin{pmatrix} x_1 \\ x_2 \\ x_3 \end{pmatrix}=\begin{pmatrix} 0 \\ 0 \\ 0 \end{pmatrix},$$

解得基础解系 $\boldsymbol{x}_3=(1,-2,3)^{\mathrm{T}}$,即为 $\lambda_3=6$ 时对应的特征向量.

于是,令

$$P=(x_1,x_2,x_3)=\begin{pmatrix}1&1&1\\-1&0&-2\\0&1&3\end{pmatrix},$$

有 $P^{-1}AP=B$.

矩阵对角化有许多应用，如下例.

例 7　已知矩阵 $A=\begin{pmatrix}1&2\\4&3\end{pmatrix}$，求 A^{100}.

解　由特征方程

$$|\lambda E-A|=\begin{vmatrix}\lambda-1&-2\\-4&\lambda-3\end{vmatrix}=(\lambda+1)(\lambda-5)=0,$$

得特征值 $\lambda_1=5,\lambda_2=-1$.

当 $\lambda_1=5$ 时，求解方程组 $(5E-A)x=0$，即

$$\begin{pmatrix}4&-2\\-4&2\end{pmatrix}\begin{pmatrix}x_1\\x_2\end{pmatrix}=\begin{pmatrix}0\\0\end{pmatrix},$$

得基础解系 $x_1=(1,2)^{\mathrm T}$，即为 $\lambda_1=5$ 时对应的特征向量.

当 $\lambda_2=-1$ 时，求解方程组 $(-E-A)x=0$，即

$$\begin{pmatrix}-2&-2\\-4&-4\end{pmatrix}\begin{pmatrix}x_1\\x_2\end{pmatrix}=\begin{pmatrix}0\\0\end{pmatrix},$$

得基础解系 $x_2=(1,-1)^{\mathrm T}$，即为 $\lambda_2=-1$ 时对应的特征向量.

从而可知，矩阵 A 有两个线性无关的特征向量，故 A 可对角化.

令 $P=(x_1,x_2)=\begin{pmatrix}1&1\\2&-1\end{pmatrix}$，$\Lambda=\begin{pmatrix}5&0\\0&-1\end{pmatrix}$，且有 $P^{-1}=\frac{1}{3}\begin{pmatrix}1&1\\2&-1\end{pmatrix}$，则有 $A=P\Lambda P^{-1}$，于是

$$\begin{aligned}A^{100}&=(P\Lambda P^{-1})^{100}=P\Lambda^{100}P^{-1}\\&=\begin{pmatrix}1&1\\2&-1\end{pmatrix}\begin{pmatrix}5&0\\0&-1\end{pmatrix}^{100}\begin{pmatrix}1&1\\2&-1\end{pmatrix}^{-1}\\&=\frac{1}{3}\begin{pmatrix}1&1\\2&-1\end{pmatrix}\begin{pmatrix}5^{100}&0\\0&1\end{pmatrix}\begin{pmatrix}1&1\\2&-1\end{pmatrix}\\&=\frac{1}{3}\begin{pmatrix}5^{100}+2&5^{100}-1\\2\times5^{100}-2&2\times5^{100}+1\end{pmatrix}.\end{aligned}$$

5.3 实对称矩阵的对角化

5.3.1 实对称矩阵的特征值与特征向量

在 5.2 节的讨论中，我们知道并不是所有的 n 阶矩阵都能与对角矩阵相似. 但有一类重要矩阵是一定可以对角化的，这就是实对

称矩阵,即每个元素均为实数,且满足 $\boldsymbol{A}=\boldsymbol{A}^{\mathrm{T}}$ 的矩阵.

记 n 阶矩阵 $\boldsymbol{A}=(a_{ij})_{n\times n}$,$\overline{\boldsymbol{A}}=(\overline{a_{ij}})_{n\times n}^{\mathrm{T}}$ 为矩阵 $\boldsymbol{A}$ 的共轭矩阵,其中每个 $\overline{a}_{ij}$ 均为 a_{ij} 的共轭复数. 实数的共轭是它本身,因此,矩阵 $\boldsymbol{A}$ 是实对称矩阵的充分必要条件是 $\overline{\boldsymbol{A}}^{\mathrm{T}}=\boldsymbol{A}$.

实对称矩阵有以下重要性质.

定理 5.6 实对称矩阵的特征值都是实数.

证 设 $\boldsymbol{A}$ 为实对称矩阵,λ 是矩阵 $\boldsymbol{A}$ 的任意一个特征值,$\boldsymbol{x}$ 是矩阵 $\boldsymbol{A}$ 的属于 λ 的特征向量. 于是

$$\boldsymbol{A}\boldsymbol{x}=\lambda\boldsymbol{x}.$$

下面证明 $\lambda=\overline{\lambda}$.

因为

$$(\overline{\boldsymbol{A}\boldsymbol{x}})^{\mathrm{T}}=(\overline{\lambda\boldsymbol{x}})^{\mathrm{T}},\overline{\boldsymbol{A}}^{\mathrm{T}}=\boldsymbol{A},$$

即有

$$\overline{\boldsymbol{x}}^{\mathrm{T}}\overline{\boldsymbol{A}}^{\mathrm{T}}=\overline{\boldsymbol{x}}^{\mathrm{T}}\boldsymbol{A}=\overline{\lambda}\ \overline{\boldsymbol{x}}^{\mathrm{T}},$$

两边右乘以 $\boldsymbol{x}$,得

$$\overline{\boldsymbol{x}}^{\mathrm{T}}\boldsymbol{A}\boldsymbol{x}=\overline{\lambda}\ \overline{\boldsymbol{x}}^{\mathrm{T}}\boldsymbol{x}. \tag{5.12}$$

又因为

$$\overline{\boldsymbol{x}}^{\mathrm{T}}\boldsymbol{A}\boldsymbol{x}=\overline{\boldsymbol{x}}^{\mathrm{T}}(\lambda\boldsymbol{x})=\lambda\overline{\boldsymbol{x}}^{\mathrm{T}}\boldsymbol{x}, \tag{5.13}$$

比较式(5.12)与式(5.13),有

$$\overline{\lambda}\ \overline{\boldsymbol{x}}^{\mathrm{T}}\boldsymbol{x}=\lambda\overline{\boldsymbol{x}}^{\mathrm{T}}\boldsymbol{x}\quad 及\quad (\overline{\lambda}-\lambda)\overline{\boldsymbol{x}}^{\mathrm{T}}\boldsymbol{x}=0. \tag{5.14}$$

记 $\boldsymbol{x}=(x_1,x_2,\cdots,x_n)^{\mathrm{T}}$,因 $\boldsymbol{x}\neq\boldsymbol{0}$,则有

$$\begin{aligned}\|\boldsymbol{x}\|=\overline{\boldsymbol{x}}^{\mathrm{T}}\boldsymbol{x}&=(\overline{x}_1,\overline{x}_2,\cdots,\overline{x}_n)\begin{pmatrix}x_1\\x_2\\\vdots\\x_n\end{pmatrix}\\&=\overline{x}_1x_1+\overline{x}_2x_2+\cdots+\overline{x}_nx_n=|x_1|^2+|x_2|^2+\cdots+|x_n|^2>0,\end{aligned}$$

其中,$|x_i|$ 为复数 $x_i(i=1,2,\cdots,n)$ 的模.

于是,由式(5.12),式(5.13),得 $\lambda=\overline{\lambda}$,即 λ 为实特征值.

对于实对称矩阵,不同的特征值对应的特征向量不仅是线性无关的,而且是正交的. 即有下面定理.

定理 5.7 实对称矩阵属于不同特征值的特征向量是相互正交的.

证 设 $\boldsymbol{A}$ 是实对称矩阵,λ_1,λ_2 为其两个特征值,$\boldsymbol{x}_1,\boldsymbol{x}_2$ 分别为 λ_1,λ_2 对应的特征向量,且 $\lambda_1\neq\lambda_2$,下面证明 $\boldsymbol{x}_1\boldsymbol{x}_2=\boldsymbol{x}_1^{\mathrm{T}}\boldsymbol{x}_2=0$.

由 $\boldsymbol{A}\boldsymbol{x}_1=\lambda_1\boldsymbol{x}_1$,有

$$\boldsymbol{x}_1^{\mathrm{T}}\boldsymbol{A}^{\mathrm{T}}=\boldsymbol{x}_1^{\mathrm{T}}\boldsymbol{A}=\lambda_1\boldsymbol{x}_1^{\mathrm{T}},$$

两边右乘 $\boldsymbol{x}_2$,得

$$\boldsymbol{x}_1^{\mathrm{T}}\boldsymbol{A}\boldsymbol{x}_2=\lambda_1\boldsymbol{x}_1^{\mathrm{T}}\boldsymbol{x}_2. \tag{5.15}$$

又由 $\boldsymbol{A}\boldsymbol{x}_2=\lambda_2\boldsymbol{x}_2$,两边左乘 $\boldsymbol{x}_1^{\mathrm{T}}$,得

$$\boldsymbol{x}_1^{\mathrm{T}}\boldsymbol{A}\boldsymbol{x}_2 = \lambda_2\boldsymbol{x}_1^{\mathrm{T}}\boldsymbol{x}_2, \tag{5.16}$$

比较式(5.15)与式(5.16),有

$$\lambda_1\boldsymbol{x}_1^{\mathrm{T}}\boldsymbol{x}_2 = \lambda_2\boldsymbol{x}_1^{\mathrm{T}}\boldsymbol{x}_2, \quad \text{即} \quad (\lambda_1 - \lambda_2)\boldsymbol{x}_1^{\mathrm{T}}\boldsymbol{x}_2 = 0,$$

因为 $\lambda_1 \neq \lambda_2$,故

$$\boldsymbol{x}_1^{\mathrm{T}}\boldsymbol{x}_2 = 0.$$

例 1　设 $\boldsymbol{A}$ 是三阶实对称矩阵,且矩阵 $\boldsymbol{A}$ 的特征值是 1,2,3,又知矩阵 $\boldsymbol{A}$ 的分属于特征值 1,2 的特征向量是 $\boldsymbol{\alpha}_1 = (-1, -1, 1)^{\mathrm{T}}$,$\boldsymbol{\alpha}_2 = (1, -2, -1)^{\mathrm{T}}$,求矩阵 $\boldsymbol{A}$ 的属于特征值 3 的特征向量.

解　设矩阵 $\boldsymbol{A}$ 的属于特征值 3 的特征向量为 $\boldsymbol{\alpha}_3 = (x_1, x_2, x_3)^{\mathrm{T}}$. 由定理 5.7 知,$\boldsymbol{\alpha}_3$ 分别与 $\boldsymbol{\alpha}_1, \boldsymbol{\alpha}_2$ 正交,即 $\boldsymbol{\alpha}_1\boldsymbol{\alpha}_3 = \boldsymbol{\alpha}_1^{\mathrm{T}}\boldsymbol{\alpha}_3 = 0$,$\boldsymbol{\alpha}_2\boldsymbol{\alpha}_3 = \boldsymbol{\alpha}_2^{\mathrm{T}}\boldsymbol{\alpha}_3 = 0$,即有

$$\begin{cases} -x_1 - x_2 + x_3 = 0, \\ x_1 - 2x_2 - x_3 = 0. \end{cases}$$

解得基础解系为 $(1,0,1)^{\mathrm{T}}$,即为属于 $\lambda = 3$ 的特征向量. 从而,属于 $\lambda = 3$ 的所有特征向量为 $k(1,0,1)^{\mathrm{T}}$,k 为非零的任意常数.

5.3.2　实对称矩阵的对角化

下面证明,任意一个实对称矩阵必能对角化,且存在正交矩阵 $\boldsymbol{Q}$,使得 $\boldsymbol{Q}^{-1}\boldsymbol{A}\boldsymbol{Q}$ 为对角矩阵.

定理 5.8　任给 n 阶实对称矩阵 $\boldsymbol{A}$,必存在 n 阶正交矩阵 $\boldsymbol{Q}$ 和对角矩阵 $\boldsymbol{\Lambda}$,使得 $\boldsymbol{Q}^{-1}\boldsymbol{A}\boldsymbol{Q} = \boldsymbol{\Lambda}$.

证　用数学归纳法.

当 $n = 1$ 时,$\boldsymbol{A} = (a_{11})$,令 $\boldsymbol{Q} = (1)$ 即可.

假设对 $n-1$ 阶实对称矩阵定理成立. 现证对 n 阶实对称矩阵 $\boldsymbol{A}$ 也成立.

任取 n 阶实对称矩阵 $\boldsymbol{A}$ 的一个特征值 λ_1 及属于 λ_1 的单位特征向量 $\boldsymbol{x}_1$,即有 $\|\boldsymbol{x}_1\| = 1$. 将 $\boldsymbol{x}_1$ 扩展为 $\mathbb{R}^n$ 的一组标准正交基 $\boldsymbol{x}_1, \boldsymbol{x}_2, \cdots, \boldsymbol{x}_n$. 并有 $\boldsymbol{x}_1^{\mathrm{T}}\boldsymbol{A}\boldsymbol{x}_1 = \lambda_1\boldsymbol{x}_1^{\mathrm{T}}\boldsymbol{x}_1 = \lambda_1$,$\boldsymbol{x}_i^{\mathrm{T}}\boldsymbol{A}\boldsymbol{x}_1 = \lambda_1\boldsymbol{x}_i^{\mathrm{T}}\boldsymbol{x}_1 = 0\ (i = 2, 3, \cdots, n)$.

令 $\boldsymbol{U}_0 = (\boldsymbol{x}_1, \boldsymbol{x}_2, \cdots, \boldsymbol{x}_n)$,$\boldsymbol{U}_0$ 为一正交矩阵,则有

$$\boldsymbol{U}_0^{-1}\boldsymbol{A}\boldsymbol{U}_0 = \boldsymbol{U}_0^{\mathrm{T}}\boldsymbol{A}\boldsymbol{U}_0 = \begin{pmatrix} \boldsymbol{x}_1^{\mathrm{T}} \\ \boldsymbol{x}_2^{\mathrm{T}} \\ \vdots \\ \boldsymbol{x}_n^{\mathrm{T}} \end{pmatrix}(\boldsymbol{A}\boldsymbol{x}_1, \boldsymbol{A}\boldsymbol{x}_2, \cdots, \boldsymbol{A}\boldsymbol{x}_n)$$

$$= \left(\begin{array}{c|c} \boldsymbol{x}_1^{\mathrm{T}}\boldsymbol{A}\boldsymbol{x}_1 & \boldsymbol{b} \\ \hline \boldsymbol{x}_2^{\mathrm{T}}\boldsymbol{A}\boldsymbol{x}_2 & \\ \vdots & \boldsymbol{B} \\ \boldsymbol{x}_n^{\mathrm{T}}\boldsymbol{A}\boldsymbol{x}_n & \end{array}\right) = \left(\begin{array}{c|c} \lambda_1 & \boldsymbol{b} \\ \hline 0 & \\ \vdots & \boldsymbol{B} \\ 0 & \end{array}\right), \tag{5.17}$$

其中,$\boldsymbol{b}$ 为 $n-1$ 维行向量,$\boldsymbol{B}$ 为 $n-1$ 阶方阵,即

$$\boldsymbol{U}_0^{\mathrm{T}}\boldsymbol{A}\boldsymbol{U}_0=\begin{pmatrix}\lambda_1 & \boldsymbol{b}\\ \boldsymbol{0} & \boldsymbol{B}\end{pmatrix},$$

因 $(\boldsymbol{U}_0^{\mathrm{T}}\boldsymbol{A}\boldsymbol{U}_0)^{\mathrm{T}}=\boldsymbol{U}_0^{\mathrm{T}}\boldsymbol{A}\boldsymbol{U}_0$,故

$$\begin{pmatrix}\lambda_1 & \boldsymbol{b}\\ \boldsymbol{0} & \boldsymbol{B}\end{pmatrix}^{\mathrm{T}}=\begin{pmatrix}\lambda_1 & \boldsymbol{0}\\ \boldsymbol{b}^{\mathrm{T}} & \boldsymbol{B}^{\mathrm{T}}\end{pmatrix}=\begin{pmatrix}\lambda_1 & \boldsymbol{b}\\ \boldsymbol{0} & \boldsymbol{B}\end{pmatrix}.$$

由此,得 $\boldsymbol{b}=\boldsymbol{0}$,$\boldsymbol{B}^{\mathrm{T}}=\boldsymbol{B}$,即 $\boldsymbol{B}$ 是实对称矩阵,根据归纳法假设,存在 $n-1$ 阶正交矩阵 $\boldsymbol{U}_1$ 及 $n-1$ 阶对角阵 $\boldsymbol{\Lambda}_1$,使得 $\boldsymbol{U}_1^{-1}\boldsymbol{B}\boldsymbol{U}_1=\boldsymbol{\Lambda}_1$. 进而令 $\boldsymbol{U}=\begin{pmatrix}1 & \boldsymbol{0}\\ \boldsymbol{0} & \boldsymbol{U}_1\end{pmatrix}$,$\boldsymbol{U}$ 为一个 n 阶正交矩阵,且有

$$\boldsymbol{U}^{-1}(\boldsymbol{U}_0^{-1}\boldsymbol{A}\boldsymbol{U}_0)\boldsymbol{U}=\begin{pmatrix}1 & \boldsymbol{0}\\ \boldsymbol{0} & \boldsymbol{U}_1^{-1}\end{pmatrix}\begin{pmatrix}\lambda_1 & \boldsymbol{0}\\ \boldsymbol{0} & \boldsymbol{B}\end{pmatrix}\begin{pmatrix}1 & \boldsymbol{0}\\ \boldsymbol{0} & \boldsymbol{U}_1\end{pmatrix}$$

$$=\begin{pmatrix}\lambda_1 & \boldsymbol{0}\\ \boldsymbol{0} & \boldsymbol{U}_1^{-1}\boldsymbol{B}\boldsymbol{U}_1\end{pmatrix}=\begin{pmatrix}\lambda_1 & \boldsymbol{0}\\ \boldsymbol{0} & \boldsymbol{\Lambda}_1\end{pmatrix}$$

为 ·对角矩阵.

因此,取 $\boldsymbol{Q}=\boldsymbol{U}_0\boldsymbol{U}$,由 $\boldsymbol{Q}^{-1}=(\boldsymbol{U}_0\boldsymbol{U})^{-1}=\boldsymbol{U}^{-1}\boldsymbol{U}_0^{-1}=\boldsymbol{U}^{\mathrm{T}}\boldsymbol{U}_0^{\mathrm{T}}=(\boldsymbol{U}_0\boldsymbol{U})^{\mathrm{T}}=\boldsymbol{Q}^{\mathrm{T}}$,知 $\boldsymbol{Q}$ 为正交矩阵,且有 $\boldsymbol{Q}^{-1}\boldsymbol{A}\boldsymbol{Q}=\boldsymbol{\Lambda}$,其中 $\boldsymbol{\Lambda}=\begin{pmatrix}\lambda_1 & \boldsymbol{0}\\ \boldsymbol{0} & \boldsymbol{\Lambda}_1\end{pmatrix}$为对角矩阵.

对于具体给定的 n 阶实对称矩阵 $\boldsymbol{A}$,求正交矩阵 $\boldsymbol{Q}$,使 $\boldsymbol{Q}^{-1}\boldsymbol{A}\boldsymbol{Q}=\boldsymbol{\Lambda}$为对角矩阵的步骤如下:

(1)求出矩阵 $\boldsymbol{A}$ 的全部特征值 $\lambda_1,\lambda_2,\cdots,\lambda_n$;

(2)对每个特征值 λ_i,求出齐次线性方程组 $(\lambda_i\boldsymbol{E}-\boldsymbol{A})\boldsymbol{x}=\boldsymbol{0}$ 的基础解系 $\boldsymbol{x}_i$;

(3)将 $\boldsymbol{x}_i$ 单位化得 $\boldsymbol{y}_i=\dfrac{\boldsymbol{x}}{\|\boldsymbol{x}_i\|}$(若 λ_i 是重根,则对 λ_i 的特征向量先要利用施密特方法正交化);

(4)令 $\boldsymbol{Q}=(\boldsymbol{y}_1,\boldsymbol{y}_2,\cdots,\boldsymbol{y}_n)$,则

$$\boldsymbol{Q}^{-1}\boldsymbol{A}\boldsymbol{Q}=\begin{pmatrix}\lambda_1 & 0 & \cdots & 0\\ 0 & \lambda_2 & \cdots & 0\\ \vdots & \vdots & & \vdots\\ 0 & 0 & \cdots & \lambda_n\end{pmatrix}.$$

例 2　设三阶矩阵 $\boldsymbol{A}=\begin{pmatrix}1&1&1\\1&1&1\\1&1&1\end{pmatrix}$，求正交矩阵 $\boldsymbol{Q}$，使得 $\boldsymbol{Q}^{-1}\boldsymbol{A}\boldsymbol{Q}$为对角矩阵.

解　由特征方程

$$|\lambda\boldsymbol{E}-\boldsymbol{A}|=\begin{vmatrix}\lambda-1&-1&-1\\-1&\lambda-1&-1\\-1&-1&\lambda-1\end{vmatrix}=(\lambda-3)\lambda^2=0,$$

得 $\lambda_1=3,\lambda_2=\lambda_3=0$.

当 $\lambda_1=3$ 时，求解方程组 $(3\boldsymbol{E}-\boldsymbol{A})\boldsymbol{x}=\boldsymbol{0}$，即

$$\begin{pmatrix}2&-1&-1\\-1&2&-1\\-1&-1&2\end{pmatrix}\begin{pmatrix}x_1\\x_2\\x_3\end{pmatrix}=\begin{pmatrix}0\\0\\0\end{pmatrix},$$

解得基础解系为 $\boldsymbol{\alpha}_1=(1,1,1)^{\mathrm{T}}$，于是，矩阵 $\boldsymbol{A}$ 的属于特征值 3 的单位特征向量为

$$\boldsymbol{\gamma}_1=\frac{\boldsymbol{\alpha}_1}{\|\boldsymbol{\alpha}_1\|}=\frac{1}{\sqrt{3}}(1,1,1)^{\mathrm{T}}.$$

当 $\lambda_2=\lambda_3=0$ 时，求解方程组 $(0\boldsymbol{E}-\boldsymbol{A})\boldsymbol{x}=\boldsymbol{0}$，即

$$\begin{pmatrix}-1&-1&-1\\-1&-1&-1\\-1&-1&-1\end{pmatrix}\begin{pmatrix}x_1\\x_2\\x_3\end{pmatrix}=\begin{pmatrix}0\\0\\0\end{pmatrix},$$

解得基础解系为 $\boldsymbol{\alpha}_2=(-1,1,0)^{\mathrm{T}},\boldsymbol{\alpha}_3=(-1,0,1)^{\mathrm{T}}$. 利用施密特方法对 $\boldsymbol{\alpha}_2,\boldsymbol{\alpha}_3$ 正交化，令

$$\boldsymbol{\beta}_2=\boldsymbol{\alpha}_2=(-1,1,0)^{\mathrm{T}},$$

$$\boldsymbol{\beta}_3=\boldsymbol{\alpha}_3-\frac{(\boldsymbol{\alpha}_3,\boldsymbol{\beta}_2)}{(\boldsymbol{\beta}_2,\boldsymbol{\beta}_2)}\boldsymbol{\beta}_2=(-1,0,1)^{\mathrm{T}}-\frac{1}{2}(-1,1,0)=\frac{1}{2}(-1,-1,2)^{\mathrm{T}},$$

再单位化，得到矩阵 $\boldsymbol{A}$ 的属于特征值 0 的单位特征向量

$$\boldsymbol{\gamma}_2=\frac{\boldsymbol{\beta}_2}{\|\boldsymbol{\beta}_2\|}=\frac{1}{2}(-1,1,0)^{\mathrm{T}},\boldsymbol{\gamma}_3=\frac{\boldsymbol{\beta}_3}{\|\boldsymbol{\beta}_3\|}=\frac{1}{\sqrt{6}}(-1,-1,2)^{\mathrm{T}}.$$

于是，令

$$Q=(\gamma_1,\gamma_2,\gamma_3)=\begin{pmatrix}\frac{1}{\sqrt{3}} & -\frac{1}{\sqrt{2}} & -\frac{1}{\sqrt{6}}\\ \frac{1}{\sqrt{3}} & \frac{1}{\sqrt{2}} & -\frac{1}{\sqrt{6}}\\ \frac{1}{\sqrt{3}} & 0 & \frac{2}{\sqrt{6}}\end{pmatrix},$$

则有
$$Q^{-1}AQ=\begin{pmatrix}\lambda_1 & 0 & 0\\ 0 & \lambda_2 & 0\\ 0 & 0 & \lambda_3\end{pmatrix}=\begin{pmatrix}3 & 0 & 0\\ 0 & 0 & 0\\ 0 & 0 & 0\end{pmatrix}.$$

例 3 已知实对称矩阵 $A=\begin{pmatrix}1 & 1 & 1\\ 1 & 3 & a\\ 1 & a & a\end{pmatrix}$ 的秩为 2，当矩阵 A 的特征值之和最小时，求正交矩阵 Q，使得 $Q^{-1}AQ$ 为对角矩阵.

解 对矩阵 A 作初等行变换，得

$$\begin{pmatrix}1 & 1 & 1\\ 1 & 3 & a\\ 1 & a & a\end{pmatrix}\to\begin{pmatrix}1 & 1 & 1\\ 0 & 2 & a-1\\ 0 & a-1 & a-1\end{pmatrix}\to\begin{pmatrix}1 & 1 & 1\\ 0 & 2 & a-1\\ 0 & a-3 & 0\end{pmatrix},$$

于是，由 $r(A)=2$ 得 $a=1$ 或 $a=3$.

因为

$$\lambda_1+\lambda_2+\lambda_3=a_{11}+a_{22}+a_{33},$$

其中，$\lambda_1,\lambda_2,\lambda_3$ 为矩阵 A 的特征值，a_{11},a_{22},a_{33} 为矩阵 A 的主对角线元素，即有

$$\lambda_1+\lambda_2+\lambda_3=1+3+a,$$

故当 $a=1$ 时，$\lambda_1+\lambda_2+\lambda_3=5$ 最小，此时

$$A=\begin{pmatrix}1 & 1 & 1\\ 1 & 3 & 1\\ 1 & 1 & 1\end{pmatrix}.$$

由特征方程

$$|\lambda E-A|=\begin{vmatrix}\lambda-1 & -1 & -1\\ -1 & \lambda-3 & -1\\ -1 & -1 & \lambda-1\end{vmatrix}=\lambda(\lambda-1)(\lambda-4)=0,$$

得 $\lambda_1=1,\lambda_2=4,\lambda_3=0$.

当 $\lambda_1=1$ 时，求解方程组 $(E-A)x=0$，即

$$\begin{pmatrix}0 & -1 & -1\\ -1 & -2 & -1\\ -1 & -1 & 0\end{pmatrix}\begin{pmatrix}x_1\\ x_2\\ x_3\end{pmatrix}=\begin{pmatrix}0\\ 0\\ 0\end{pmatrix},$$

解得基础解系为 $\boldsymbol{\alpha}_1=(1,-1,1)^{\mathrm{T}}$.

当 $\lambda_2=4$ 时,求解方程组 $(4\boldsymbol{E}-\boldsymbol{A})\boldsymbol{x}=\boldsymbol{0}$,即

$$\begin{pmatrix}3&-1&-1\\-1&1&-1\\-1&-1&3\end{pmatrix}\begin{pmatrix}x_1\\x_2\\x_3\end{pmatrix}=\begin{pmatrix}0\\0\\0\end{pmatrix},$$

解得基础解系为 $\boldsymbol{\alpha}_2=(1,2,1)^{\mathrm{T}}$.

当 $\lambda_3=0$ 时,求解方程组 $(0\boldsymbol{E}-\boldsymbol{A})\boldsymbol{x}=\boldsymbol{0}$,即

$$\begin{pmatrix}-1&-1&-1\\-1&-3&-1\\-1&-1&-1\end{pmatrix}\begin{pmatrix}x_1\\x_2\\x_3\end{pmatrix}=\begin{pmatrix}0\\0\\0\end{pmatrix},$$

解得基础解系为 $\boldsymbol{\alpha}_3=(1,0,-1)^{\mathrm{T}}$.

分别对 $\boldsymbol{\alpha}_1,\boldsymbol{\alpha}_2,\boldsymbol{\alpha}_3$ 单位化,得

$$\boldsymbol{\beta}_1=\frac{\boldsymbol{\alpha}_1}{\|\boldsymbol{\alpha}_1\|}=\frac{1}{\sqrt{3}}(1,-1,1)^{\mathrm{T}},$$

$$\boldsymbol{\beta}_2=\frac{\boldsymbol{\alpha}_2}{\|\boldsymbol{\alpha}_2\|}=\frac{1}{\sqrt{6}}(1,2,1)^{\mathrm{T}},$$

$$\boldsymbol{\beta}_3=\frac{\boldsymbol{\alpha}_3}{\|\boldsymbol{\alpha}_3\|}=\frac{1}{\sqrt{2}}(1,0,-1)^{\mathrm{T}}.$$

于是,取

$$\boldsymbol{Q}=(\boldsymbol{\beta}_1,\boldsymbol{\beta}_2,\boldsymbol{\beta}_3)=\begin{pmatrix}\frac{1}{\sqrt{3}}&\frac{1}{\sqrt{6}}&\frac{1}{\sqrt{2}}\\-\frac{1}{\sqrt{3}}&\frac{2}{\sqrt{6}}&0\\\frac{1}{\sqrt{3}}&\frac{1}{\sqrt{6}}&-\frac{1}{\sqrt{2}}\end{pmatrix},$$

则有

$$\boldsymbol{Q}^{-1}\boldsymbol{A}\boldsymbol{Q}=\begin{pmatrix}\lambda_1&0&0\\0&\lambda_2&0\\0&0&\lambda_3\end{pmatrix}=\begin{pmatrix}1&0&0\\0&4&0\\0&0&0\end{pmatrix}.$$

例 4　已知实对称矩阵 $\boldsymbol{A}$ 和 $\boldsymbol{B}$ 相似,证明:存在正交矩阵 $\boldsymbol{Q}$ 使得 $\boldsymbol{Q}^{-1}\boldsymbol{A}\boldsymbol{Q}=\boldsymbol{B}$.

证　因为 $\boldsymbol{A}\sim\boldsymbol{B}$,由 5.2 节性质 2 知,矩阵 $\boldsymbol{A}$ 和 $\boldsymbol{B}$ 有相同的特征值,记为 $\lambda_1,\lambda_2,\cdots,\lambda_n$,$\lambda_i(i=1,2,\cdots,n)$ 中可以有相同的取值,即其特征方程可以有重根.

记对角矩阵

$$\boldsymbol{\Lambda}=\begin{pmatrix}\lambda_1&0&\cdots&0\\0&\lambda_2&\cdots&0\\\vdots&\vdots&&\vdots\\0&0&\cdots&\lambda_n\end{pmatrix},$$

由定理 5.8 知,矩阵 $\boldsymbol{A},\boldsymbol{B}$ 分别存在正交矩阵 $\boldsymbol{Q}_1,\boldsymbol{Q}_2$,使得

$$\boldsymbol{Q}_1^{-1}\boldsymbol{A}\boldsymbol{Q}_1=\boldsymbol{\Lambda},\boldsymbol{Q}_2^{-1}\boldsymbol{B}\boldsymbol{Q}_2=\boldsymbol{\Lambda},$$

于是,得

$$\boldsymbol{Q}_1^{-1}\boldsymbol{A}\boldsymbol{Q}_1=\boldsymbol{Q}_2^{-1}\boldsymbol{B}\boldsymbol{Q}_2,$$

由此,得

$$\boldsymbol{Q}_2\boldsymbol{Q}_1^{-1}\boldsymbol{A}\boldsymbol{Q}_1\boldsymbol{Q}_2^{-1}=\boldsymbol{B}.$$

令 $\boldsymbol{Q}=\boldsymbol{Q}_1\boldsymbol{Q}_2^{-1}$,则有

$$\boldsymbol{Q}^{-1}=(\boldsymbol{Q}_1\boldsymbol{Q}_2^{-1})^{-1}=\boldsymbol{Q}_2\boldsymbol{Q}_1^{-1},$$

及

$$\boldsymbol{Q}^{-1}=\boldsymbol{Q}_2\boldsymbol{Q}_1^{-1}=(\boldsymbol{Q}_2^{\mathrm{T}})^{\mathrm{T}}\boldsymbol{Q}_1^{\mathrm{T}}=(\boldsymbol{Q}_1(\boldsymbol{Q}_2^{\mathrm{T}}))^{\mathrm{T}}=(\boldsymbol{Q}_1\boldsymbol{Q}_2^{-1})^{\mathrm{T}}=\boldsymbol{Q}^{\mathrm{T}},$$

表明 $\boldsymbol{Q}$ 是正交矩阵,且 $\boldsymbol{Q}^{-1}\boldsymbol{A}\boldsymbol{Q}=\boldsymbol{B}$.

5.4 若尔当标准形简介

通过前面的讨论,我们知道,并不是每一个 n 阶矩阵都能与对角矩阵相似,但人们总希望找到一类简单的矩阵,使得任何 n 阶矩阵都能与这类矩阵相似,这类矩阵就是本节要介绍的若尔当形矩阵.

定义 5.5 形如

$$\boldsymbol{J}(\lambda)=\begin{pmatrix}\lambda & & & & \\ 1 & \lambda & & & \\ & 1 & \ddots & & \\ & & \ddots & \lambda & \\ & & & 1 & \lambda\end{pmatrix}$$

的 n 阶方阵称为若尔当块,其中 $\lambda\in\mathbb{C}$. 由若干个若尔当块组成的准对角矩阵称为若尔当矩阵,或称若尔当标准形矩阵.

例如,$\begin{pmatrix}0&0&0\\1&0&0\\0&1&0\end{pmatrix}$,$\begin{pmatrix}5&0\\1&5\end{pmatrix}$,6 都是若尔当块.

根据定义 5.5 知,一阶若尔当块就是一个数,对角矩阵是由一阶若尔当块组成的若尔当矩阵.

定理 5.9 在复数域上,任何 n 阶方阵都相似于一个若尔当矩阵 $\boldsymbol{J}$,即存在 n 阶可逆矩阵 $\boldsymbol{P}$,使得

$$P^{-1}AP=\begin{pmatrix} J_1(\lambda_1) & & & \\ & J_2(\lambda_2) & & \\ & & \ddots & \\ & & & J_s(\lambda_s) \end{pmatrix}.$$

若不考虑矩阵 J 主对角线上若尔当块 $J_i(\lambda_i)$ 的排列次序，矩阵 J 是被矩阵 A 唯一确定的.

定理 5.9 的证明超出本书的范围，有兴趣的读者可参考相关书籍.

例 1　经计算知，矩阵 $A=\begin{pmatrix} -1 & 1 & 0 \\ -4 & 3 & 0 \\ 1 & 0 & 2 \end{pmatrix}$ 有两个不等的特征值 $\lambda_1=2,\lambda_2=1$（二重），且仅有两个线性无关的特征向量 $x_1=(0,0,1)^{\mathrm{T}}, x_2=(1,2,-1)^{\mathrm{T}}$，因此，矩阵 A 不能对角化. 若取可逆矩阵 $P=\begin{pmatrix} 0 & 0 & 1 \\ 0 & 1 & 2 \\ 1 & -1 & -1 \end{pmatrix}$，则 $P^{-1}AP=J=\begin{pmatrix} 2 & 0 & 0 \\ 0 & 1 & 0 \\ 0 & 1 & 1 \end{pmatrix}$，其中 J 为若尔当矩阵.

利用 5.2 节例 5 的证明方法可以证明，在一般情况下，准对角矩阵中，若主对角线中的子块含有二阶或二阶以上的若尔当块，则该准对角矩阵一定不能与对角矩阵相似. 如

$$\begin{pmatrix} 1 & 1 & 0 & 0 \\ 0 & 1 & 0 & 0 \\ 0 & 0 & 1 & 0 \\ 0 & 0 & 0 & 0 \end{pmatrix},\begin{pmatrix} 0 & 0 & 0 & 0 \\ 1 & 0 & 0 & 0 \\ 0 & 0 & 1 & 2 \\ 0 & 0 & 2 & 1 \end{pmatrix}.$$

习题 5

1. 求下列矩阵的特征值与特征向量：

(1) $\begin{pmatrix} 3 & 1 \\ 5 & -1 \end{pmatrix}$；　(2) $\begin{pmatrix} 2 & 0 & 0 \\ 1 & 2 & 1 \\ 0 & 0 & 2 \end{pmatrix}$；

(3) $\begin{pmatrix} 1 & 2 & 4 \\ 2 & -2 & 2 \\ 4 & 2 & 1 \end{pmatrix}$；

(4) $\begin{pmatrix} 1 & 1 & 1 & 1 \\ 1 & 1 & -1 & -1 \\ 1 & -1 & 1 & -1 \\ 1 & -1 & -1 & 1 \end{pmatrix}$；

(5) $\begin{pmatrix} 1 & 2 & 3 & 4 \\ 0 & -1 & 0 & 1 \\ 0 & 0 & 3 & -1 \\ 0 & 0 & 0 & 0 \end{pmatrix}$.

2. 已知矩阵 $A=\begin{pmatrix}2&a&2\\5&b&3\\-1&0&-2\end{pmatrix}$ 的特征值为 $-1,-1,-1$，试求 a,b 的值及矩阵 A 的特征向量.

3. 已知矩阵 $A=\begin{pmatrix}3&2&-1\\a&-2&2\\3&b&-1\end{pmatrix}$ 的特征值为 λ_1，对应一个特征向量为 $\xi_1=(1,-2,3)^{\mathrm{T}}$，试求 a,b 及 λ_1 的值.

4. 已知矩阵 $A=\begin{pmatrix}1&-1&0\\2&x&0\\4&2&1\end{pmatrix}$ 有特征值 $\lambda_1=1,\lambda_2=2$，求 x 及另一个特征值.

5. 已知矩阵 $A=\begin{pmatrix}a&0&b\\0&2&0\\b&0&-2\end{pmatrix}$ 的一个特征值为 $\lambda_1=-3$，且三个特征值之积为 -12，试求 a,b 及其他的特征值.

6. 设三阶矩阵 A 的特征值为 1,2,3，求下列矩阵的特征值：

(1) A^{T}；　(2) A^{-1}；

(3) A^*；　(4) A^2-3A+E.

7. 设三阶矩阵 $A,A-E,E+2A$ 均为奇异矩阵，求行列式 $|A+E|$ 的值.

8. 设三阶矩阵 A 的特征值为 $1,-1,2$，求矩阵 $B=A^3-2A^2$ 的特征值及 $|B|$.

9. 设 $\lambda=2$ 是可逆矩阵 A 的一个特征值，求矩阵 $\left(\frac{1}{3}A^2\right)^{-1}$ 的一个特征值.

10. 设 x_1,x_2 是矩阵 A 的属于不同特征值的特征向量，证明：x_1+x_2 不是 A 的特征向量.

11. 设 A,B 均为 n 阶非零方阵，且 $A^2=A,B^2=B,BA=O$，证明：

(1) 0 和 1 是 A 和 B 的特征值；

(2) 若 x 是 A 的属于特征值 1 的特征向量，则 x 必是 B 的属于特征值 0 的特征向量.

12. 设 $\alpha=(1,-2,3)$，$\beta=(1,3,1)$，$A=\alpha^{\mathrm{T}}\beta$，求矩阵 A 的全部特征值.

13. 设 $A=\begin{pmatrix}3&2&2\\2&3&2\\2&2&3\end{pmatrix}$，$B=E-A^*$，$A^*$ 为矩阵 A 的伴随矩阵，求矩阵 B 的特征值和特征向量.

14. 设 A,B 为 n 阶矩阵，且 $A\sim B$，证明：

(1) $E+A^2\sim E+B^2$；

(2) $A^{-1}\sim B^{-1}$；

(3) $A^{\mathrm{T}}\sim B^{\mathrm{T}}$.

15. 若 $A\sim B,C\sim D$，证明

$$\begin{pmatrix}A&0\\0&C\end{pmatrix}\sim\begin{pmatrix}B&0\\0&D\end{pmatrix}.$$

16. 判别下列矩阵 A 是否能与对角矩阵 Λ 相似，若能，试求出可逆矩阵 P，使得 $P^{-1}AP=\Lambda$：

(1) $A=\begin{pmatrix}2&1&1\\1&2&1\\1&1&2\end{pmatrix}$；

(2) $A=\begin{pmatrix}3&0&1\\4&-2&-8\\-4&0&-1\end{pmatrix}$；

(3) $A=\begin{pmatrix}1&1&1\\0&-2&1\\0&0&3\end{pmatrix}$；

(4) $A=\begin{pmatrix}2&0&0\\0&2&1\\0&0&2\end{pmatrix}$.

17. 设 $A=\begin{pmatrix}a&b\\c&d\end{pmatrix}$ 为实矩阵，下列条件中，哪些能推出矩阵 A 能与对角矩阵相似.

(1) $|A|<0$；(2) $b=c$；(3) $a=d$；

(4) $r(A)=1$；(5) $bc>0$；(6) $ab+cd=0$.

18. 已知

$$A=\begin{pmatrix}2&1&-1\\1&2&1\\-1&1&2\end{pmatrix},B=\begin{pmatrix}2&0&1\\-1&3&1\\2&0&1\end{pmatrix},$$

判断矩阵 A 和矩阵 B 是否相似？说明理由.

19. 已知下列矩阵，求正交矩阵 Q，使得 $Q^{\mathrm{T}}AQ$ 为对角矩阵：

(1)$\begin{pmatrix}2&1&1\\1&2&1\\1&1&2\end{pmatrix}$;(2)$\begin{pmatrix}5&-1&3\\-1&5&-3\\3&3&-3\end{pmatrix}$.

20. 已知 $\boldsymbol{x}=(1,1,-1)^{\mathrm{T}}$ 是矩阵 $\boldsymbol{A}=\begin{pmatrix}2&-1&2\\5&a&3\\-1&b&-2\end{pmatrix}$的一个特征向量,求:

(1)a,b 的值及特征向量对应的特征值;

(2)问矩阵 $\boldsymbol{A}$ 是否与对角矩阵相似?说明理由.

21. 设三阶实对称矩阵 $\boldsymbol{A}$ 的特征值为 $\lambda_1=-1,\lambda_2=\lambda_3=1$,对应于 λ_1 的特征向量为 $\boldsymbol{x}=(0,1,1)^{\mathrm{T}}$,求矩阵 $\boldsymbol{A}$.

22. 设 $\boldsymbol{A}$ 为 n 阶实对称矩阵,证明:

(1)存在实对称矩阵 $\boldsymbol{B}$,使得 $\boldsymbol{A}=\boldsymbol{B}^3$;

(2)若矩阵 $\boldsymbol{A}$ 的特征值全大于零,试证:存在实对称矩阵 $\boldsymbol{B}$ 使得 $\boldsymbol{A}=\boldsymbol{B}^2$.

第 6 章 二次型

二次型即二次齐次多项式. 二次型的研究源于空间解析几何中化二次曲线和二次曲面方程为标准形. 二次型理论广泛应用于现代数学的其他分支以及物理、力学、工程技术和系统理论等领域,本章主要介绍二次型的概念及其矩阵表示、二次型的标准形、惯性定理及其规范形、正定二次型及正定矩阵.

6.1 二次型及其矩阵表示

6.1.1 二次型的矩阵表示

定义 6.1 一个系数在数域 P 中的 $x_1,x_2,\cdots,x_n$ 的二次齐次多项式

$$\begin{aligned} f(x_1,x_2,\cdots,x_n) = {} & a_{11}x_1^2+2a_{12}x_1x_2+\cdots+2a_{1n}x_1x_n+ \\ & a_{22}x_2^2+2a_{23}x_2x_3+\cdots+2a_{2n}x_2x_n+\cdots+ \\ & a_{n-1,n-1}x_{n-1}^2+2a_{n-1,n}x_{n-1}x_n+ \\ & a_{nn}x_n^2 \end{aligned} \tag{6.1}$$

称为数域 P 上的一个 n 元二次型,简称二次型,当所有系数为实数,即 $a_{ij}\in\mathbb{R}\ (i,j=1,2,\cdots,n)$ 时,二次型(6.1)称为一个 n 元实二次型.

本章只讨论实二次型.

在讨论二次型时,矩阵是一个有力的工具.

令 $a_{ji}=a_{ij}(i<j)$,又 $x_ix_j=x_jx_i$,于是二次型(6.1)可以写成

$$\begin{aligned} f(x_1,x_2,\cdots,x_n) &= a_{11}x_1^2+a_{12}x_1x_2+\cdots+a_{1n}x_1x_n+ \\ &\quad\ a_{21}x_2x_1+a_{22}x_2^2+\cdots+a_{2n}x_2x_n+\cdots+ \\ &\quad\ a_{n1}x_nx_1+a_{n2}x_nx_2+\cdots+a_{nn}x_n^2 \\ &= \sum_{i=1}^{n}\sum_{j=1}^{n}a_{ij}x_ix_j, \end{aligned} \tag{6.2}$$

若记

$$\boldsymbol{x}=(x_1,x_2,\cdots,x_n)^{\mathrm{T}},$$

$$A=\begin{pmatrix} a_{11} & a_{12} & \cdots & a_{1n} \\ a_{21} & a_{22} & \cdots & a_{2n} \\ \vdots & \vdots & & \vdots \\ a_{n1} & a_{n2} & \cdots & a_{nn} \end{pmatrix},$$

则二次型(6.1)可以用矩阵乘积的形式表示为

$$f(x_1,x_2,\cdots,x_n)=(x_1,x_2,\cdots,x_n)\begin{pmatrix} a_{11} & a_{12} & \cdots & a_{1n} \\ a_{21} & a_{22} & \cdots & a_{2n} \\ \vdots & \vdots & & \vdots \\ a_{n1} & a_{n2} & \cdots & a_{nn} \end{pmatrix}\begin{pmatrix} x_1 \\ x_2 \\ \vdots \\ x_n \end{pmatrix}$$

$$=\boldsymbol{x}^{\mathrm{T}}\boldsymbol{A}\boldsymbol{x}, \tag{6.3}$$

并称式(6.3)为二次型(6.1)的矩阵表示,$\boldsymbol{A}$ 为二次型(6.1)的矩阵.

在讨论二次型的矩阵表示时,要强调的是:

(1)二次型的矩阵 $\boldsymbol{A}$ 是一个对称矩阵,即 $\boldsymbol{A}^{\mathrm{T}}=\boldsymbol{A}$.

(2)二次型 $f(x_1,x_2,\cdots,x_n)$ 和它的矩阵 $\boldsymbol{A}$ 之间存在一一对应关系,其中矩阵 $\boldsymbol{A}$ 的对角线元素 a_{ii} 正好是二次型 $f(x_1,x_2,\cdots,x_n)$ 中 x_i^2 项的系数,$a_{ij}(i\neq j)$ 正好是交叉项 x_ix_j 的系数的一半.

(3)设 $\boldsymbol{A},\boldsymbol{B}$ 为 n 阶对称矩阵,若二次型

$$f(x_1,x_2,\cdots,x_n)=\boldsymbol{x}^{\mathrm{T}}\boldsymbol{A}\boldsymbol{x}=\boldsymbol{x}^{\mathrm{T}}\boldsymbol{B}\boldsymbol{x},$$

则 $\boldsymbol{A}=\boldsymbol{B}$. 事实上,由 $\boldsymbol{x}^{\mathrm{T}}(\boldsymbol{A}-\boldsymbol{B})\boldsymbol{x}=0$,可以确定该二次型的系数均为零,则 $\boldsymbol{A}-\boldsymbol{B}=\boldsymbol{O}$,从而有 $\boldsymbol{A}=\boldsymbol{B}$.

例 1 写出下面二次型的矩阵表示式:

$$f(x_1,x_2,x_3,x_4)=x_1^2+3x_2^2-x_3^2+2x_1x_2+2x_1x_3-3x_2x_3.$$

解 因为

$$\begin{aligned} f(x_1,x_2,x_3,x_4)=\ & x_1^2+x_1x_2+x_1x_3+0x_1x_4+ \\ & x_2x_1+3x_2^2-\frac{3}{2}x_2x_3+0x_2x_4+ \\ & x_3x_1-\frac{3}{2}x_3x_2-x_3^2+0x_3x_4+ \\ & 0x_4x_1+0x_4x_2+0x_4x_3+0x_4^2, \end{aligned}$$

故其矩阵表示为

$$f(x_1,x_2,x_3,x_4)=\boldsymbol{x}^{\mathrm{T}}\boldsymbol{A}\boldsymbol{x},$$

其中

$$A=\begin{pmatrix} 1 & 1 & 1 & 0 \\ 1 & 3 & -\frac{3}{2} & 0 \\ 1 & -\frac{3}{2} & -1 & 0 \\ 0 & 0 & 0 & 0 \end{pmatrix}.$$

例 2 写出下面二次型的矩阵:

$$f(x_1,x_2,x_3)=\boldsymbol{x}^{\mathrm{T}}\begin{pmatrix}1&3&5\\2&4&6\\7&8&5\end{pmatrix}\boldsymbol{x}.$$

解 因为二次型的矩阵为对称矩阵,而已知条件中的矩阵非对称. 因此,需要将$f(x_1,x_2,x_3)$展开,再重新写出其对应的矩阵. 由

$$\begin{aligned}f(x_1,x_2,x_3)&=(x_1,x_2,x_3)\begin{pmatrix}1&3&5\\2&4&6\\7&8&5\end{pmatrix}\begin{pmatrix}x_1\\x_2\\x_3\end{pmatrix}\\&=(x_1+2x_2+7x_3,3x_1+4x_2+8x_3,5x_1+6x_2+5x_3)\begin{pmatrix}x_1\\x_2\\x_3\end{pmatrix}\\&=(x_1+2x_2+7x_3)x_1+(3x_1+4x_2+8x_3)x_2+(5x_1+6x_2+5x_3)x_3\\&=x_1^2+5x_1x_2+12x_1x_3+4x_2^2+14x_2x_3+5x_3^2\\&=x_1^2+\frac{5}{2}x_1x_2+6x_1x_3+\frac{5}{2}x_2x_1+4x_2^2+7x_2x_3+6x_3x_1+\\&\quad 7x_3x_2+5x_3^2,\end{aligned}$$

即得

$$f(x_1,x_2,x_3)=(x_1,x_2,x_3)\begin{pmatrix}1&\frac{5}{2}&6\\\frac{5}{2}&4&7\\6&7&5\end{pmatrix}\begin{pmatrix}x_1\\x_2\\x_3\end{pmatrix},$$

故该二次型的矩阵为

$$\boldsymbol{A}=\begin{pmatrix}1&\frac{5}{2}&6\\\frac{5}{2}&4&7\\6&7&5\end{pmatrix}.$$

在实际问题中,常常希望通过适当的变量替换来简化二次型,如给定二次型$f(x_1,x_2)=x_1^2-2x_1x_2+2x_2^2=(x_1-x_2)^2+x_2^2$,若作变量替换

$$\begin{cases}y_1=x_1-x_2,\\y_2=x_2,\end{cases}$$

则得$f(y_1,y_2)=y_1^2+y_2^2$,此时关于y_1,y_2的二次型的矩阵为

$$\boldsymbol{B}=\begin{pmatrix}1&0\\0&1\end{pmatrix}.$$

下面我们引入线性变换的概念.

6.1.2 线性变换 与矩阵的合同

定义 6.2 若两组变量 $x_1,x_2,\cdots,x_n$ 和 $y_1,y_2,\cdots,y_n$ 满足

$$\begin{cases} x_1=c_{11}y_1+c_{12}y_2+\cdots+c_{1n}y_n, \\ x_2=c_{21}y_1+c_{22}y_2+\cdots+c_{2n}y_n, \\ \qquad\vdots \\ x_n=c_{n1}y_1+c_{n2}y_2+\cdots+c_{nn}y_n, \end{cases} \tag{6.4}$$

则称式(6.4)为由$(x_1,x_2,\cdots,x_n)$到$(y_1,y_2,\cdots,y_n)$的一个线性变换. 记

$$\boldsymbol{x}=(x_1,x_2,\cdots,x_n)^{\mathrm{T}},\boldsymbol{y}=(y_1,y_2,\cdots,y_n)^{\mathrm{T}},\boldsymbol{C}=(c_{ij})_{n\times n},$$

则式(6.4)可以写成矩阵方程的形式

$$\boldsymbol{x}=\boldsymbol{C}\boldsymbol{y},$$

其中,若 $\boldsymbol{C}$ 为可逆矩阵,则称式(6.4)是可逆的(或非退化的)线性变换. 若 $\boldsymbol{C}$ 为不可逆矩阵,则称式(6.4)为不可逆(或退化)的线性变换.

以下在化简二次型时所用的线性变换都是非退化的.

下面来讨论线性变换前后两个二次型的矩阵的关系.

设二次型 $f(x_1,x_2,\cdots,x_n)=\boldsymbol{x}^{\mathrm{T}}\boldsymbol{A}\boldsymbol{x}$ 的矩阵为 $\boldsymbol{A}$,经过非退化的线性变换 $\boldsymbol{x}=\boldsymbol{C}\boldsymbol{y}$,得到

$$f(x_1,x_2,\cdots,x_n)=(\boldsymbol{C}\boldsymbol{y})^{\mathrm{T}}\boldsymbol{A}(\boldsymbol{C}\boldsymbol{y})=\boldsymbol{y}^{\mathrm{T}}(\boldsymbol{C}^{\mathrm{T}}\boldsymbol{A}\boldsymbol{C})\boldsymbol{y},$$

记 $\boldsymbol{B}=\boldsymbol{C}^{\mathrm{T}}\boldsymbol{A}\boldsymbol{C}$,由于

$$\boldsymbol{B}^{\mathrm{T}}=(\boldsymbol{C}^{\mathrm{T}}\boldsymbol{A}\boldsymbol{C})^{\mathrm{T}}=\boldsymbol{C}^{\mathrm{T}}\boldsymbol{A}^{\mathrm{T}}(\boldsymbol{C}^{\mathrm{T}})^{\mathrm{T}}=\boldsymbol{C}^{\mathrm{T}}\boldsymbol{A}\boldsymbol{C}=\boldsymbol{B},$$

则 $\boldsymbol{B}$ 为对称矩阵. 因此,$\boldsymbol{B}$ 为新二次型 $f(y_1,y_2,\cdots,y_n)$ 的矩阵.

定义 6.3 设 $\boldsymbol{A},\boldsymbol{B}$ 为 n 阶矩阵,若存在 n 阶可逆矩阵 $\boldsymbol{C}$ 使得

$$\boldsymbol{B}=\boldsymbol{C}^{\mathrm{T}}\boldsymbol{A}\boldsymbol{C},$$

则称矩阵 $\boldsymbol{A}$ 与 $\boldsymbol{B}$ 合同,记作 $\boldsymbol{A}\simeq\boldsymbol{B}$.

由定义 6.3 知,经过非退化的线性变换,原二次型与新二次型的矩阵是合同的.

合同是矩阵的一种等价关系,容易证明这种关系具有以下性质.

(1) 自反性:$\boldsymbol{A}\simeq\boldsymbol{A}$;

(2) 对称性:若 $\boldsymbol{A}\simeq\boldsymbol{B}$,则 $\boldsymbol{B}\simeq\boldsymbol{A}$;

(3) 传递性:若 $\boldsymbol{A}\simeq\boldsymbol{B}$,$\boldsymbol{B}\simeq\boldsymbol{C}$,则 $\boldsymbol{A}\simeq\boldsymbol{C}$.

6.2 标准形与规范形

6.2.1 标准形

定义 6.4 如果一个二次型 $f(x_1,x_2,\cdots,x_n)=\boldsymbol{x}^{\mathrm{T}}\boldsymbol{A}\boldsymbol{x}=\sum\limits_{i=1}^{n}\sum\limits_{j=1}^{n}a_{ij}x_ix_j$ 中所有交叉项 $x_ix_j(i\neq j)$ 的系数 a_{ij} 为零,即形如

$$f(x_1,x_2,\cdots,x_n)=a_{11}x_1^2+a_{22}x_2^2+\cdots+a_{nn}x_n^2$$

的二次型,称为标准形.

定义 6.4 可以等价地表述为,若一个二次型 $f(x_1,x_2,\cdots,x_n)=\boldsymbol{x}^{\mathrm{T}}\boldsymbol{A}\boldsymbol{x}$ 的矩阵为对角矩阵,则该二次型称为标准形.

定理 6.1 任何一个二次型 $f(x_1,x_2,\cdots,x_n)=\boldsymbol{x}^{\mathrm{T}}\boldsymbol{A}\boldsymbol{x}$ 都可以经过非退化的线性变换化为标准形.

证 用拉格朗日(Lagrange)配方法,对变量个数 n 用归纳法.

当 $n=1$ 时,$f(x_1)=a_{11}x_1^2$ 已为标准形,结论成立.

假设结论对于含 $n-1$ 个变量的二次型成立,下面分三种情况证明对 n 个变量的二次型结论也成立.

(1) $a_{ii}(i=1,2,\cdots,n)$ 不全为零,不妨设 $a_{11}\neq 0$. 故

$$\begin{aligned}
f(x_1,x_2,\cdots,x_n) &= a_{11}x_1^2+2\sum_{j=2}^{n}a_{1j}x_1x_j+\sum_{i=2}^{n}\sum_{j=2}^{n}a_{ij}x_ix_j\\
&= a_{11}\left(x_1^2+2x_1a_{11}^{-1}\sum_{j=2}^{n}a_{1j}x_j\right)+\sum_{i=2}^{n}\sum_{j=2}^{n}a_{ij}x_ix_j\\
&= a_{11}\left[x_1^2+2x_1\left(a_{11}^{-1}\sum_{j=2}^{n}a_{1j}x_j\right)+\left(a_{11}^{-1}\sum_{j=2}^{n}a_{1j}x_j\right)^2\right]-\\
&\quad a_{11}\left(a_{11}^{-1}\sum_{j=2}^{n}a_{1j}x_j\right)^2+\sum_{i=2}^{n}\sum_{j=2}^{n}a_{ij}x_ix_j\\
&= a_{11}\left(x_1+a_{11}^{-1}\sum_{j=2}^{n}a_{1j}x_j\right)^2-a_{11}^{-1}\left(\sum_{j=2}^{n}a_{1j}x_j\right)^2+\\
&\quad \sum_{i=2}^{n}\sum_{j=2}^{n}a_{ij}x_ix_j\\
&= a_{11}\left(x_1+a_{11}^{-1}\sum_{j=2}^{n}a_{1j}x_j\right)^2+\sum_{i=2}^{n}\sum_{j=2}^{n}b_{ij}x_ix_j,
\end{aligned}$$

其中,记 $g(x_2,x_3,\cdots,x_n)=\sum_{i=2}^{n}\sum_{j=2}^{n}b_{ij}x_ix_j=-a_{11}^{-1}\left(\sum_{j=2}^{n}a_{1j}x_j\right)^2+\sum_{i=2}^{n}\sum_{j=2}^{n}a_{ij}x_ix_j$ 为关于 $x_2,x_3,\cdots,x_n$ 的 $n-1$ 元的二次型.

于是,作变量代换

$$\begin{cases}
y_1=x_1+a_{11}^{-1}\sum\limits_{j=2}^{n}a_{1j}x_j,\\
y_2=x_2,\\
\quad\vdots\\
y_n=x_n.
\end{cases}$$

即

$$\begin{cases}
x_1=y_1-a_{11}^{-1}a_{12}y_2-a_{11}^{-1}a_{13}y_3-\cdots-a_{11}^{-1}a_{1n}y_n,\\
x_2=y_2,\\
\quad\vdots\\
x_n=y_n.
\end{cases}$$

也即 $\boldsymbol{x}=\boldsymbol{A}\boldsymbol{y}$，其中

$$\boldsymbol{A}=\begin{pmatrix}1 & -a_{11}^{-1}a_{12} & \cdots & -a_{11}^{-1}a_{1n}\\ 0 & 1 & \cdots & 0\\ \vdots & \vdots & & \vdots\\ 0 & 0 & \cdots & 1\end{pmatrix} \text{且} |\boldsymbol{A}|\neq 0,$$

有

$$\begin{aligned} f(x_1,x_2,\cdots,x_n) &= a_{11}y_1^2+\sum_{i=2}^{n}\sum_{j=2}^{n}b_{ij}y_iy_j\\ &= a_{11}y_1^2+g(y_2,y_3,\cdots,y_n), \end{aligned}$$

由归纳法假设，对于 $n-1$ 元二次型 $g(y_2,y_3,\cdots,y_n)$ 存在非退化线性变换

$$\begin{cases} y_2=b_{22}z_2+b_{23}z_3+\cdots+b_{2n}z_n,\\ y_3=b_{32}z_2+b_{33}z_3+\cdots+b_{3n}z_n,\\ \qquad\vdots\\ y_n=b_{n2}z_2+b_{n3}z_3+\cdots+b_{nn}z_n \end{cases}$$

使得 $g(y_2,y_3,\cdots,y_n)=g(z_2,z_3,\cdots,z_n)=b_2z_2^2+b_3z_3^2+\cdots+b_nz_z^2$. 进而，令

$$\begin{cases} y_1=z_1+0z_2+\cdots+0z_n,\\ y_2=0z_1+b_{22}z_2+\cdots+b_{2n}z_n,\\ \qquad\vdots\\ y_n=0z_1+b_{n2}z_2+\cdots+b_{nn}z_n. \end{cases}$$

即作变量代换 $\boldsymbol{Y}=\boldsymbol{C}\boldsymbol{Z}$，其中

$$\boldsymbol{C}=\begin{pmatrix}1 & 0 & \cdots & 0\\ 0 & b_{22} & \cdots & b_{2n}\\ \vdots & \vdots & & \vdots\\ 0 & b_{n2} & \cdots & b_{nn}\end{pmatrix}=\begin{pmatrix}1 & \boldsymbol{0}\\ \boldsymbol{0} & \boldsymbol{B}\end{pmatrix} \quad \text{且} \quad |\boldsymbol{C}|\neq 0,$$

使得

$$\begin{aligned} f(x_1,x_2,\cdots,x_n) &= a_{11}y_1^2+g(y_2,y_3,\cdots,y_n)\\ &= a_{11}z_1^2+b_2z_2^2+\cdots+b_nz_n^2\\ &= b_1z_1^2+b_2z_2^2+\cdots+b_nz_n^2 \quad (b_1=a_{11}). \end{aligned}$$

结果表明，对于 n 元二次型结论也成立.

(2) 若 $a_{ii}=0(i=1,2,\cdots,n)$，但存在某一个 $a_{ij}\neq 0(j>1)$，不妨设 $a_{12}\neq 0$，作变量代换

$$\begin{cases} x_1=z_1+z_2,\\ x_2=z_1-z_2,\\ x_3=z_3,\\ \vdots\\ x_n=z_n. \end{cases}$$

这是一个非退化线性变换,从而

$$\begin{aligned}f(x_1,x_2,\cdots,x_n)&=2a_{12}x_1x_2+\cdots+2a_{n-1,n}x_{n-1}x_n\\&=2a_{12}(z_1+z_2)(z_1-z_2)+\cdots+2a_{n-1,n}z_{n-1}z_n\\&=2a_{12}z_1^2-2a_{12}z_2^2+\cdots+2a_{n-1,n}z_{n-1}z_n\\&=g(z_1,z_2,\cdots,z_n).\end{aligned}$$

因其中 z_1^2 的系数 $2a_{12}\neq0$,故由(1)可知结论成立.

(3)若 $a_{1j}=a_{j1}=0(j=1,2,\cdots,n)$,这是 $n-1$ 元二次型,由归纳法假设知,可以用非退化线性变换化为标准形.

定理 6.1 的证明实际上给出了用配方法化二次型为标准形的具体步骤.

由定理 6.1 还可得到另一个与之等价的定理.

定理 6.2 任何一个对称矩阵都合同于一个对角矩阵.

6.2.2 化二次型为标准形

下面介绍化二次型为标准形常用的三种方法.

1. 拉格朗日配方法

6.2.1 节已经给出了用配方法化二次型为标准形的步骤和计算过程,举例说明.

例 1 用配方法化二次型 $f(x_1,x_2,x_3)=x_1^2+2x_2^2+2x_1x_2-2x_1x_3$ 为标准形,并给出变换矩阵 $\boldsymbol{C}$.

解 先从变量 x_1 开始,依次对 x_2,x_3 配置,有

$$\begin{aligned}f(x_1,x_2,x_3)&=x_1^2+2x_1(x_2-x_3)+(x_2-x_3)^2+2x_2^2-(x_2-x_3)^2\\&=(x_1+x_2-x_3)^2+x_2^2+2x_2x_3-x_3^2\\&=(x_1+x_2-x_3)^2+x_2^2+2x_2x_3+x_3^2-2x_3^2\\&=(x_1+x_2-x_3)^2+(x_2+x_3)^2-2x_3^2.\end{aligned}$$

于是,令

$$\begin{cases}y_1=x_1+x_2-x_3,\\y_2=x_2+x_3,\\y_3=x_3.\end{cases}\quad 即\quad\begin{cases}x_1=y_1-y_2+2y_3,\\x_2=y_2-y_3,\\x_3=y_3,\end{cases}$$

其中变换矩阵为

$$\boldsymbol{C}=\begin{pmatrix}1&-1&2\\0&1&-1\\0&0&1\end{pmatrix}.$$

由于

$$|\boldsymbol{C}|=\begin{vmatrix}1&-1&2\\0&1&-1\\0&0&1\end{vmatrix}=1\neq0,$$

知 $\boldsymbol{x}=\boldsymbol{C}\boldsymbol{y}$ 为非退化线性变换,且在变换下

$$f(x_1,x_2,x_3)=f(y_1,y_2,y_3)=y_1^2+y_2^2-2y_3^2.$$

例2 用配方法化二次型$f(x_1,x_2,x_3)=(x_1-x_2)^2+(x_2-x_3)^2+(x_3-x_1)^2$为标准形,并写出变换矩阵$\boldsymbol{C}$.

解 将二次型展开,有

$$
\begin{aligned}
f(x_1,x_2,x_3)&=2x_1^2+2x_2^2+2x_3^2-2x_1x_2-2x_1x_3-2x_2x_3\\
&=2\left[x_1^2-2\cdot\frac{1}{2}(x_2+x_3)+\frac{1}{4}(x_2+x_3)^2\right]+\\
&\quad\frac{3}{2}(x_2^2-2x_2x_3+x_3^2)\\
&=2\left(x_1-\frac{1}{2}x_2-\frac{1}{2}x_3\right)^2+\frac{3}{2}(x_2-x_3)^2.
\end{aligned}
$$

于是,令

$$
\begin{cases}y_1=x_1-\dfrac{1}{2}x_2-\dfrac{1}{2}x_3,\\ y_2=x_2-x_3,\\ y_3=x_3,\end{cases}\quad 即\quad \begin{cases}x_1=y_1+\dfrac{1}{2}y_2+y_3,\\ x_2=y_2+y_3,\\ x_3=y_3,\end{cases}
$$

其中变换矩阵

$$
\boldsymbol{C}=\begin{pmatrix}1&\frac{1}{2}&1\\0&1&1\\0&0&1\end{pmatrix}.
$$

由于

$$
|\boldsymbol{C}|=\begin{vmatrix}1&\frac{1}{2}&1\\0&1&1\\0&0&1\end{vmatrix}=1\neq0,
$$

知$\boldsymbol{x}=\boldsymbol{C}\boldsymbol{y}$为非退化线性变换,且在变换下

$$
f(x_1,x_2,x_3)=2y_1^2+\frac{3}{2}y_2^2.
$$

在例2中,若直接利用已配置的二次型,设

$$
\begin{cases}y_1=x_1-x_2,\\ y_2=x_2-x_3,\\ y_3=x_3-x_1.\end{cases}
$$

虽然形式上二次型$f(x_1,x_2,x_3)$变换为标准形$f(y_1,y_2,y_3)=y_1^2+y_2^2+y_3^2$,但由于其变换对应矩阵的行列式

$$
\begin{vmatrix}1&-1&0\\0&1&-1\\-1&0&1\end{vmatrix}=0,
$$

所以变换是退化的,因此做法是错误的. 可见在用配方法化二次型为标准形时,必须在保证变换是非退化的前提下按步骤进行.

2. 初等变换法

根据定理6.2,在非退化线性变换$\boldsymbol{x}=\boldsymbol{C}\boldsymbol{y}$下化二次型$f(x_1,x_2,$

$\cdots,x_n)=\boldsymbol{x}^{\mathrm{T}}\boldsymbol{A}\boldsymbol{x}$ 为标准形,其实质就是找一个可逆矩阵 $\boldsymbol{C}$ 和对角矩阵 $\boldsymbol{\Lambda}$,使得 $\boldsymbol{C}^{\mathrm{T}}\boldsymbol{A}\boldsymbol{C}=\boldsymbol{\Lambda}$. 又根据定理 2.4 的推论 1,可逆矩阵 $\boldsymbol{C}$ 可以表示为若干个初等矩阵 $\boldsymbol{P}_1,\boldsymbol{P}_2,\cdots,\boldsymbol{P}_s$ 的乘积,即有 $\boldsymbol{C}=\boldsymbol{P}_1\boldsymbol{P}_2\cdots\boldsymbol{P}_s$,于是

$$\begin{aligned}\boldsymbol{\Lambda}&=(\boldsymbol{P}_1\boldsymbol{P}_2\cdots\boldsymbol{P}_s)^{\mathrm{T}}\boldsymbol{A}(\boldsymbol{P}_1\boldsymbol{P}_2\cdots\boldsymbol{P}_s)\\&=\boldsymbol{P}_s^{\mathrm{T}}\boldsymbol{P}_{s-1}^{\mathrm{T}}\cdots\boldsymbol{P}_1^{\mathrm{T}}\boldsymbol{A}\boldsymbol{P}_1\boldsymbol{P}_2\cdots\boldsymbol{P}_s.\end{aligned}\tag{6.5}$$

注意到用初等矩阵 $\boldsymbol{P}_i$ 左乘 $\boldsymbol{A}$,相当于对 $\boldsymbol{A}$ 作初等行变换,右乘 $\boldsymbol{A}$ 则相当于对 $\boldsymbol{A}$ 作同种初等列变换. 因此,由式(6.5)可以看到,在将矩阵 $\boldsymbol{A}$ 化为对角矩阵 $\boldsymbol{\Lambda}$ 的过程中,每作一次初等行变换,也一定同时对 $\boldsymbol{A}$ 作一次同种初等列变换,直至 $\boldsymbol{A}$ 化为对角矩阵 $\boldsymbol{\Lambda}$. 同样地,每作一次初等列变换,也同时对 $\boldsymbol{A}$ 作一次同种行变换,整个变换过程如下所示:

$$(\boldsymbol{A}\ \vdots\ \boldsymbol{E})\xrightarrow[\text{对 }\boldsymbol{E}\text{ 仅作行变换}]{\text{对 }\boldsymbol{A}\text{ 作同种行列变换化为 }\boldsymbol{\Lambda}}(\boldsymbol{\Lambda}\ \vdots\ \boldsymbol{C}^{\mathrm{T}})$$

或

$$\begin{pmatrix}\boldsymbol{A}\\ \hdashline \boldsymbol{E}\end{pmatrix}\xrightarrow[\text{对 }\boldsymbol{E}\text{ 仅作列变换}]{\text{对 }\boldsymbol{A}\text{ 作同种行列变换化为 }\boldsymbol{\Lambda}}\begin{pmatrix}\boldsymbol{\Lambda}\\ \hdashline \boldsymbol{C}\end{pmatrix}\tag{6.6}$$

例 3 用初等变换法把下列二次型化为标准形,并写出所对应的非退化的线性变换.

(1) $f(x_1,x_2,x_3)=x_1^2+3x_3^2+2x_1x_2+4x_1x_3+2x_2x_3$;

(2) $f(x_1,x_2,x_3)=x_1x_2+x_1x_3+x_2x_3$.

解 (1)二次型矩阵为

$$\boldsymbol{A}=\begin{pmatrix}1&1&2\\1&0&1\\2&1&3\end{pmatrix}.$$

下面用两种方法计算.

解法 1

$$\begin{pmatrix}\boldsymbol{A}\\ \hdashline \boldsymbol{E}\end{pmatrix}=\begin{pmatrix}1&1&2\\1&0&1\\2&1&3\\ \hdashline 1&0&0\\0&1&0\\0&0&1\end{pmatrix}\xrightarrow[③-2①]{②-①}\begin{pmatrix}1&0&0\\0&-1&-1\\0&-1&-1\\ \hdashline 1&-1&-2\\0&1&0\\0&0&1\end{pmatrix}\xrightarrow{③-②}\begin{pmatrix}1&0&0\\0&-1&0\\0&-1&0\\ \hdashline 1&-1&-1\\0&1&-1\\0&0&1\end{pmatrix},$$

$$\boldsymbol{C}=\begin{pmatrix}1&-1&-1\\0&1&-1\\0&0&1\end{pmatrix},\text{即}\begin{cases}x_1=y_1-y_2-y_3,\\x_2=y_2-y_3,\\x_3=y_3,\end{cases}$$

在非退化线性变换 $\boldsymbol{x}=\boldsymbol{C}\boldsymbol{y}$ 下,标准形为

$$f(x_1,x_2,x_3)=y_1^2-y_2^2.$$

解法2

$$(\boldsymbol{A} \vdots \boldsymbol{E})=\left(\begin{array}{ccc:ccc}1&1&2&1&0&0\\1&0&1&0&1&0\\2&1&3&0&0&1\end{array}\right)\xrightarrow[③-2①]{②-①}\left(\begin{array}{ccc:ccc}1&0&0&1&0&0\\0&-1&-1&-1&1&0\\0&-1&-1&-2&0&1\end{array}\right)$$

$$\xrightarrow{③-②}\left(\begin{array}{ccc:ccc}1&0&0&1&0&0\\0&-1&-1&-1&1&0\\0&0&0&-1&-1&1\end{array}\right).$$

故

$$\boldsymbol{C}=\begin{pmatrix}1&0&0\\-1&1&0\\-1&-1&1\end{pmatrix}^{\mathrm{T}}=\begin{pmatrix}1&-1&-1\\0&1&-1\\0&0&1\end{pmatrix},\text{即}\begin{cases}x_1=y_1-y_2-y_3,\\x_2=y_2-y_3,\\x_3=y_3.\end{cases}$$

在非退化线性变换 $\boldsymbol{x}=\boldsymbol{C}\boldsymbol{y}$ 下,标准形为

$$f(x_1,x_2,x_3)=y_1^2-y_2^2.$$

(2)二次型的矩阵

$$\boldsymbol{A}=\begin{pmatrix}0&\frac{1}{2}&\frac{1}{2}\\\frac{1}{2}&0&\frac{1}{2}\\\frac{1}{2}&\frac{1}{2}&0\end{pmatrix},$$

于是

$$\left(\frac{\boldsymbol{A}}{\boldsymbol{E}}\right)=\left(\begin{array}{ccc}0&\frac{1}{2}&\frac{1}{2}\\\frac{1}{2}&0&\frac{1}{2}\\\frac{1}{2}&\frac{1}{2}&0\\\hdashline 1&0&0\\0&1&0\\0&0&1\end{array}\right)\xrightarrow{①+②}\left(\begin{array}{ccc}\frac{1}{2}&\frac{1}{2}&1\\\frac{1}{2}&0&\frac{1}{2}\\1&\frac{1}{2}&0\\\hdashline 1&0&0\\1&1&0\\0&0&1\end{array}\right)\xrightarrow[③-①]{②-\frac{1}{2}①}\left(\begin{array}{ccc}1&0&\frac{1}{2}\\0&-\frac{1}{4}&0\\0&0&-1\\\hdashline 1&-\frac{1}{2}&-1\\1&\frac{1}{2}&-1\\0&0&1\end{array}\right),$$

故

$$\boldsymbol{C}=\begin{pmatrix}1&-\frac{1}{2}&-1\\1&\frac{1}{2}&-1\\0&0&1\end{pmatrix},\quad\text{即}\begin{cases}x_1=y_1-\frac{1}{2}y_2-y_3,\\x_2=y_1+\frac{1}{2}y_2-y_3,\\x_3=y_3,\end{cases}$$

在非退化线性变换 $\boldsymbol{x}=\boldsymbol{C}\boldsymbol{y}$ 下,二次型的标准形为

$$f(x_1,x_2,x_3)=y_1^2-\frac{1}{4}y_2^2-y_3^2.$$

3. 正交变换法

由定理 5.8 知,对任何 n 阶实对称矩阵 $\boldsymbol{A}$,都存在正交矩阵 $\boldsymbol{Q}$ 及对角矩阵 $\boldsymbol{\Lambda}$,使得

$$\boldsymbol{Q}^{-1}\boldsymbol{A}\boldsymbol{Q}=\boldsymbol{Q}^{\mathrm{T}}\boldsymbol{A}\boldsymbol{Q}=\boldsymbol{\Lambda},$$

其中 $\boldsymbol{\Lambda}$ 的主对角线元素均为 $\boldsymbol{A}$ 的特征值,$\boldsymbol{Q}$ 的 n 个列向量均为对应的特征向量.

又由二次型与对称矩阵之间的一一对应关系,可以推出下面定理.

定理 6.3(**主轴定理**) 任何一个实二次型 $f(x_1,x_2,\cdots,x_n)=\boldsymbol{x}^{\mathrm{T}}\boldsymbol{A}\boldsymbol{x}$ 都可以经正交变换 $\boldsymbol{x}=\boldsymbol{Q}\boldsymbol{y}$ 化为标准形,即

$$\begin{aligned}f(x_1,x_2,\cdots,x_n)&=\boldsymbol{y}^{\mathrm{T}}(\boldsymbol{Q}^{\mathrm{T}}\boldsymbol{A}\boldsymbol{Q})\boldsymbol{y}=\boldsymbol{y}^{\mathrm{T}}\boldsymbol{\Lambda}\boldsymbol{y}\\&=\lambda_1y_1^2+\lambda_2y_2^2+\cdots+\lambda_ny_n^2,\end{aligned}$$

其中

$$\boldsymbol{\Lambda}=\begin{pmatrix}\lambda_1&&&\\&\lambda_2&&\\&&\ddots&\\&&&\lambda_n\end{pmatrix}$$

的主对角线元素均为矩阵的特征值.

例 4 用正交变换化二次型 $f(x_1,x_2,x_3)=2x_1x_2+2x_1x_3+2x_2x_3$ 为标准形.

解 二次型的矩阵为

$$\boldsymbol{A}=\begin{pmatrix}0&1&1\\1&0&1\\1&1&0\end{pmatrix},$$

由特征方程

$$|\lambda\boldsymbol{E}-\boldsymbol{A}|=\begin{vmatrix}\lambda&-1&-1\\-1&\lambda&-1\\-1&-1&\lambda\end{vmatrix}=(\lambda+1)^2(\lambda-2)=0,$$

得特征值

$$\lambda_1=\lambda_2=-1,\lambda_3=2.$$

当 $\lambda_1=\lambda_2-1$ 时,由齐次线性方程组 $(-\boldsymbol{E}-\boldsymbol{A})\boldsymbol{x}=\boldsymbol{0}$,即

$$\begin{pmatrix}-1&-1&-1\\-1&-1&-1\\-1&-1&-1\end{pmatrix}\begin{pmatrix}x_1\\x_2\\x_3\end{pmatrix}=\begin{pmatrix}0\\0\\0\end{pmatrix},$$

得基础解系为

$$\boldsymbol{\alpha}_1=(-1,1,0)^{\mathrm{T}},\boldsymbol{\alpha}_2=(-1,0,1)^{\mathrm{T}},$$

即 $\boldsymbol{\alpha}_1,\boldsymbol{\alpha}_2$ 为属于 $\lambda_1=-1$ 的线性无关的特征向量. 由施密特正交化方法,取

$$\boldsymbol{\beta}_1=(-1,1,0)^{\mathrm{T}},\boldsymbol{\beta}_2=\boldsymbol{\alpha}_2-\frac{(\boldsymbol{\beta}_1,\boldsymbol{\alpha}_2)}{(\boldsymbol{\beta}_1,\boldsymbol{\beta}_1)}\cdot\boldsymbol{\beta}_1=\left(-\frac{1}{2},-\frac{1}{2},1\right)^{\mathrm{T}},$$

再单位化,得

$$\boldsymbol{x}_1=\left(-\frac{1}{\sqrt{2}},\frac{1}{\sqrt{2}},0\right)^{\mathrm{T}},\boldsymbol{x}_2=\left(-\frac{1}{\sqrt{6}},-\frac{1}{\sqrt{6}},\frac{2}{\sqrt{6}}\right)^{\mathrm{T}}.$$

当 $\lambda_3=2$ 时,由齐次线性方程组 $(2\boldsymbol{E}-\boldsymbol{A})\boldsymbol{x}=\boldsymbol{0}$,即

$$\begin{pmatrix}2&-1&-1\\-1&2&-1\\-1&-1&2\end{pmatrix}\begin{pmatrix}x_1\\x_2\\x_3\end{pmatrix}=\begin{pmatrix}0\\0\\0\end{pmatrix},$$

得基础解系,即属于特征值 2 的特征向量

$$\boldsymbol{\alpha}_3=(1,1,1)^{\mathrm{T}}.$$

单位化得

$$\boldsymbol{x}_3=\frac{\boldsymbol{\alpha}_3}{\|\boldsymbol{\alpha}_3\|}=\left(\frac{1}{\sqrt{3}},\frac{1}{\sqrt{3}},\frac{1}{\sqrt{3}}\right)^{\mathrm{T}}.$$

令

$$\boldsymbol{Q}=(\boldsymbol{x}_1,\boldsymbol{x}_2,\boldsymbol{x}_3)=\begin{pmatrix}-\frac{1}{\sqrt{2}}&-\frac{1}{\sqrt{6}}&\frac{1}{\sqrt{3}}\\\frac{1}{\sqrt{2}}&-\frac{1}{\sqrt{6}}&\frac{1}{\sqrt{3}}\\0&\frac{2}{\sqrt{6}}&\frac{1}{\sqrt{3}}\end{pmatrix},$$

即得正交矩阵 $\boldsymbol{Q}$,且有

$$\boldsymbol{Q}^{-1}\boldsymbol{A}\boldsymbol{Q}=\boldsymbol{Q}^{\mathrm{T}}\boldsymbol{A}\boldsymbol{Q}=\begin{pmatrix}-1&&\\&-1&\\&&2\end{pmatrix}=\boldsymbol{\Lambda},$$

因此,在正交变换 $\boldsymbol{x}=\boldsymbol{Q}\boldsymbol{y}$ 下,二次型的标准形为

$$f(x_1,x_2,x_3)=-y_1^2-y_2^2+2y_3^2.$$

需要强调的是,上述三种化二次型为标准形的方法中,仅有正交变换法得到的标准形的二次项的系数由二次型矩阵的特征值构成,如不考虑排列次序,结果是唯一的.

例 5 已知二次曲面方程 $x^2+ay^2+z^2+2bxy+2xz+2yz=4$ 经正交变换 $(x,y,z)^{\mathrm{T}}=\boldsymbol{Q}(\xi,\eta,\rho)^{\mathrm{T}}$ 化为椭圆方程 $\eta^2+4\rho^2=4$,求 a,b 及 $\boldsymbol{Q}$.

解 记二次型 $f(x,y,z)=x^2+ay^2+z^2+2bxy+2xz+2yz$,二次型 $f(x,y,z)$ 的矩阵为

$$\boldsymbol{A}=\begin{pmatrix}1&b&1\\b&a&1\\1&1&1\end{pmatrix}.$$

依题意,经正交变换,二次型化为标准形 $f(x,y,z)=\eta^2+4\rho^2$,于是可知 $\boldsymbol{A}$ 的特征值为 0,1,4. 于是由

$$\operatorname{tr}(\boldsymbol{A})=1+a+1=0+1+4,\quad 得\quad a=3,$$

$$|\boldsymbol{A}|=\begin{vmatrix}1&b&1\\b&3&1\\1&1&1\end{vmatrix}=-(b-1)^2=0\times1\times4=0,\quad 得\quad b=1,$$

从而得

$$\boldsymbol{A}=\begin{pmatrix}1&1&1\\1&3&1\\1&1&1\end{pmatrix}.$$

当 $\lambda_1=0$ 时,由齐次线性方程组 $(0\boldsymbol{E}-\boldsymbol{A})\boldsymbol{x}=-\boldsymbol{A}\boldsymbol{x}=\boldsymbol{0}$,即

$$\begin{pmatrix}-1&-1&-1\\-1&-3&-1\\-1&-1&-1\end{pmatrix}\begin{pmatrix}x\\y\\z\end{pmatrix}=\begin{pmatrix}0\\0\\0\end{pmatrix},$$

得基础解系 $\boldsymbol{\alpha}_1=(1,0,-1)$,单位化得

$$\boldsymbol{\beta}_1=\left(\frac{1}{\sqrt{2}},0,-\frac{1}{\sqrt{2}}\right)^{\mathrm{T}}.$$

当 $\lambda_2=1$ 时,由齐次线性方程组 $(\boldsymbol{E}-\boldsymbol{A})\boldsymbol{x}=\boldsymbol{0}$,即

$$\begin{pmatrix}0&-1&-1\\-1&-2&-1\\-1&-1&0\end{pmatrix}\begin{pmatrix}x\\y\\z\end{pmatrix}=\begin{pmatrix}0\\0\\0\end{pmatrix},$$

得基础解系 $\boldsymbol{\alpha}_2=(1,-1,1)^{\mathrm{T}}$,单位化得

$$\boldsymbol{\beta}_2=\left(\frac{1}{\sqrt{3}},-\frac{1}{\sqrt{3}},\frac{1}{\sqrt{3}}\right)^{\mathrm{T}}.$$

当 $\lambda_3=4$ 时,由齐次线性方程组 $(4\boldsymbol{E}-\boldsymbol{A})\boldsymbol{x}=\boldsymbol{0}$,即

$$\begin{pmatrix}3&-1&-1\\-1&1&-1\\-1&-1&3\end{pmatrix}\begin{pmatrix}x\\y\\z\end{pmatrix}=\begin{pmatrix}0\\0\\0\end{pmatrix},$$

得基础解系 $\boldsymbol{\alpha}_3=(1,2,1)^{\mathrm{T}}$,单位化得

$$\boldsymbol{\beta}_3=\left(\frac{1}{\sqrt{6}},\frac{2}{\sqrt{6}},\frac{1}{\sqrt{6}}\right)^{\mathrm{T}}.$$

取

$$\boldsymbol{Q}=(\boldsymbol{\beta}_1,\boldsymbol{\beta}_2,\boldsymbol{\beta}_3)=\begin{pmatrix}\frac{1}{\sqrt{2}}&\frac{1}{\sqrt{3}}&\frac{1}{\sqrt{6}}\\0&-\frac{1}{\sqrt{3}}&\frac{2}{\sqrt{6}}\\-\frac{1}{\sqrt{2}}&\frac{1}{\sqrt{3}}&\frac{1}{\sqrt{6}}\end{pmatrix},$$

由 $\boldsymbol{Q}$ 的结构知,$\boldsymbol{Q}$ 即为所求的正交矩阵.

例 6 设二次型 $f(x_1,x_2,\cdots,x_n)=\boldsymbol{x}^{\mathrm{T}}\boldsymbol{A}\boldsymbol{x}$,其矩阵 $\boldsymbol{A}$ 的特征值中最大值和最小值分别为 μ,λ. 证明 $\lambda\boldsymbol{x}^{\mathrm{T}}\boldsymbol{x}\leqslant\boldsymbol{x}^{\mathrm{T}}\boldsymbol{A}\boldsymbol{x}\leqslant\mu\boldsymbol{x}^{\mathrm{T}}\boldsymbol{x}$.

证 由定理 6.3 知,必存在正交变换 $\boldsymbol{x}=\boldsymbol{Q}\boldsymbol{y}$ 把二次型化为标准

形，即

$$f(x_1,x_2,\cdots,x_n)=\lambda_1y_1^2+\lambda_2y_2^2+\cdots+\lambda_ny_n^2,$$

其中，$\lambda_1,\lambda_2,\cdots,\lambda_n$ 即为二次型对应矩阵 $\boldsymbol{A}$ 的特征值，从而有

$$\lambda(y_1^2+y_2^2+\cdots+y_n^2)\leqslant\boldsymbol{x}^{\mathrm{T}}\boldsymbol{A}\boldsymbol{x}\leqslant\mu(y_1^2+y_2^2+\cdots+y_n^2),$$

即

$$\lambda\boldsymbol{y}^{\mathrm{T}}\boldsymbol{y}\leqslant\boldsymbol{x}^{\mathrm{T}}\boldsymbol{A}\boldsymbol{x}\leqslant\mu\boldsymbol{y}^{\mathrm{T}}\boldsymbol{y}.$$

又因为 $\boldsymbol{Q}$ 为正交矩阵，有 $\boldsymbol{Q}^{\mathrm{T}}\boldsymbol{Q}=\boldsymbol{E}$，于是

$$\boldsymbol{y}^{\mathrm{T}}\boldsymbol{y}=\boldsymbol{y}^{\mathrm{T}}\boldsymbol{Q}^{\mathrm{T}}\boldsymbol{Q}\boldsymbol{y}=(\boldsymbol{Q}\boldsymbol{y})^{\mathrm{T}}(\boldsymbol{Q}\boldsymbol{y})=\boldsymbol{x}^{\mathrm{T}}\boldsymbol{x},$$

因此有不等式

$$\lambda\boldsymbol{x}^{\mathrm{T}}\boldsymbol{x}\leqslant\boldsymbol{x}^{\mathrm{T}}\boldsymbol{A}\boldsymbol{x}\leqslant\mu\boldsymbol{x}^{\mathrm{T}}\boldsymbol{x}.$$

6.2.3 规范形

定义 6.5 形如

$$f(x_1,x_2,\cdots,x_n)=x_1^2+x_2^2+\cdots+x_p^2-x_{p+1}^2-x_{p+2}^2-\cdots-x_{p+q}^2$$

的二次型称为规范形，其中 $0\leqslant p\leqslant n,0\leqslant q\leqslant n$，且 $0\leqslant p+q\leqslant n$.

由定义可知，规范形的矩阵为

$$\begin{pmatrix}1&&&&&&&&\\&\ddots&&&&&&&\\&&1&&&&&&\\&&&-1&&&&&\\&&&&\ddots&&&&\\&&&&&-1&&&\\&&&&&&0&&\\&&&&&&&\ddots&\\&&&&&&&&0\end{pmatrix}\begin{matrix}\left.\vphantom{\begin{matrix}1\\ \ddots\\1\end{matrix}}\right\}p\\ \left.\vphantom{\begin{matrix}1\\ \ddots\\1\end{matrix}}\right\}q\\ \vphantom{\begin{matrix}1\\ \ddots\\1\end{matrix}}\end{matrix}\tag{6.7}$$

由定理 6.3 知，任何一个二次型都可以经过适当的非退化线性变换化为标准形. 类似地，任何一个二次型也能通过适当的非退化线性变换化为规范形.

定理 6.4（惯性定理） 任何一个二次型 $f(x_1,x_2,\cdots,x_n)=\boldsymbol{x}^{\mathrm{T}}\boldsymbol{A}\boldsymbol{x}$ 都可以经过适当的非退化的线性变换化为规范形，且规范形唯 一.

证 略.

事实上，任何一个二次型 $f(x_1,x_2,\cdots,x_n)=\boldsymbol{x}^{\mathrm{T}}\boldsymbol{A}\boldsymbol{x}$，如果不考虑特征值的排列顺序，经过正交变换 $\boldsymbol{x}=\boldsymbol{Q}\boldsymbol{y}$，都可以化为唯一的标准形

$$f(x_1,x_2,\cdots,x_n)=\lambda_1y_1^2+\lambda_2y_2^2+\cdots+\lambda_ny_n^2,$$

其中，$\lambda_1,\lambda_2,\cdots,\lambda_n$ 为 $\boldsymbol{A}$ 的特征值. 不妨设 $\lambda_1,\cdots,\lambda_p(0\leqslant p\leqslant n)$ 为正特征值，$\lambda_{p+1},\cdots,\lambda_{p+q}(0\leqslant q\leqslant n-p)$ 为负特征值，$\lambda_{p+q+1},\cdots,\lambda_n$ 为零特征值，在此基础上进一步做非退化线性变换 $\boldsymbol{y}=\boldsymbol{P}\boldsymbol{z}$，其中变

换矩阵为

$$P=\begin{pmatrix}\frac{1}{\sqrt{\lambda_1}} & & & & & & & & \\ & \ddots & & & & & & & \\ & & \frac{1}{\sqrt{\lambda_p}} & & & & & & \\ & & & \frac{1}{\sqrt{-\lambda_{p+1}}} & & & & & \\ & & & & \ddots & & & & \\ & & & & & \frac{1}{\sqrt{-\lambda_{p+q}}} & & & \\ & & & & & & 1 & & \\ & & & & & & & \ddots & \\ & & & & & & & & 1\end{pmatrix},$$

即可化二次型为规范形,$f(x_1,x_2,\cdots,x_n)=z_1^2+\cdots+z_p^2-z_{p+1}^2-\cdots-z_{p+q}^2$.

根据惯性定理,任何一个二次型对应的规范形是唯一的,即在非退化的线性变换过程中,均不会改变二次型的正平方项的个数 p 和负平方项的个数 q. p,q 是由二次型自身的特性确定的. 由此我们给出如下定义.

定义 6.6 实二次型 $f(x_1,x_2,\cdots,x_n)$ 的规范形中,正平方项的个数 p 称为 $f(x_1,x_2,\cdots,x_n)$ 的正惯性指数,负平方项的个数 q 称为 $f(x_1,x_2,\cdots,x_n)$ 的负惯性指数,$p-q$ 称为符号差,$r=p+q$ 称为 $f(x_1,x_2,\cdots,x_n)$ 的秩,也即为二次型对应的矩阵的秩.

从前面的讨论容易推得,二次型 $f(x_1,x_2,\cdots,x_n)=\boldsymbol{x}^{\mathrm{T}}\boldsymbol{A}\boldsymbol{x}$ 的正惯性指数 p 等于二次型对应的矩阵 $\boldsymbol{A}$ 的正特征值的个数,负惯性指数 q 等于矩阵 $\boldsymbol{A}$ 的负特征值的个数,r 等于矩阵 $\boldsymbol{A}$ 的非零特征值的个数.

由惯性定理还可以进一步得到以下推论.

推论 1 任何一个实二次型的矩阵都合同于形如矩阵(6.7)的对角矩阵.

推论 2 两个同阶的实对称矩阵合同的充分必要条件是它们的正惯性指数和秩相等.

例 7 设二次型

$$f(x_1,x_2,x_3)=\boldsymbol{x}^{\mathrm{T}}\begin{pmatrix}1&2&2\\2&2&3\\2&3&4\end{pmatrix}\boldsymbol{x},$$

求该二次型的正、负惯性指数和秩.

解 二次型 $f(x_1,x_2,x_3)$ 的矩阵

$$A=\begin{pmatrix}1&2&2\\2&2&3\\2&3&4\end{pmatrix},$$

由于对矩阵 A 的行列做同种行列变换得到的矩阵 B 与 A 合同，有相同的正、负惯性指数和秩，于是对矩阵 A 做同种初等行列变换化为对角矩阵：

$$A=\begin{pmatrix}1&2&2\\2&2&3\\2&3&4\end{pmatrix}\xrightarrow[③-2①]{②-2①}\begin{pmatrix}1&0&0\\0&-2&-1\\0&-1&0\end{pmatrix}\xrightarrow{③-\frac{1}{2}②}\begin{pmatrix}1&0&0\\0&-2&0\\0&0&\frac{1}{2}\end{pmatrix},$$

从而知矩阵 A 的正惯性指数为2，负惯性指数为1，秩为3.

例8 已知实对称矩阵 A 与矩阵 $B=\begin{pmatrix}1&0&0\\0&0&2\\0&2&0\end{pmatrix}$ 合同，求二次型 $f(x_1,x_2,x_3)=x^{\mathrm{T}}Ax$ 的规范形.

解 由于 $A\simeq B$，即二次型 $f(x_1,x_2,x_3)=x^{\mathrm{T}}Ax$ 可以经过适当的非退化线性变换化为二次型 $f(y_1,y_2,y_3)=y^{\mathrm{T}}By$. 因此两个二次型有相同的正、负惯性指数和秩，即其正惯性指数为矩阵 B 的正特征值的个数，负惯性指数为矩阵 B 的负特征值的个数. 于是，由

$$|\lambda E-B|=\begin{vmatrix}\lambda-1&0&0\\0&\lambda&-2\\0&-2&\lambda\end{vmatrix}=(\lambda-1)(\lambda^2-4)=0,$$

知矩阵 B 的特征值为 $\lambda_1=1,\lambda_2=2,\lambda_3=-2$. 因此，二次型 $f(x_1,x_2,x_3)=x^{\mathrm{T}}Ax$ 的正惯性指数 $p=2$，负惯性指数 $q=1$，其规范形为

$$f(z_1,z_2,z_3)=z_1^2+z_2^2-z_3^2.$$

6.3 正定二次型

6.3.1 正定二次型的概念

定义6.7 给定 n 元实二次型 $f(x_1,x_2,\cdots,x_n)=x^{\mathrm{T}}Ax$，如果对任意非零向量 $x=(x_1,x_2,\cdots,x_n)^{\mathrm{T}}\in\mathbb{R}^n$，都有

$$f(x_1,x_2,\cdots,x_n)=x^{\mathrm{T}}Ax>0,$$

则称该二次型为正定二次型，或称该二次型是正定的，二次型的矩阵称为正定矩阵.

例1 利用定义判断二次型 $f(x_1,x_2,x_3)=x_1^2+2x_2^2+5x_3^2+2x_1x_2-4x_2x_3$ 是否为正定二次型.

解 利用配方法，得

$$f(x_1,x_2,x_3)=(x_1+x_2)^2+(x_2-2x_3)^2+x_3^2\geqslant 0.$$

而 $f(x_1,x_2,x_3)=0$ 的充分必要条件是

$$\begin{cases}x_1+x_2=0,\\ x_2-2x_3=0,\\ x_3=0.\end{cases}$$

解得 $x_1=x_2=x_3=0$.

结果表明,当 $(x_1,x_2,x_3)\neq(0,0,0)$ 时,$f(x_1,x_2,x_3)>0$. 因此,由定义 6.7 知,所给二次型 $f(x_1,x_2,x_3)$ 是正定二次型.

类似地,若实二次型 $f(x_1,x_2,\cdots,x_n)$ 可表示为

$$\begin{aligned}f(x_1,x_2,\cdots,x_n)=&(a_{11}x_1+a_{12}x_2+\cdots+a_{1n}x_n)^2+\\&(a_{21}x_1+a_{22}x_2+\cdots+a_{2n}x_n)^2+\cdots+\\&(a_{n1}x_1+a_{n2}x_2+\cdots+a_{nn}x_n)^2,\end{aligned}$$

则 $f(x_1,x_2,\cdots,x_n)$ 是正定二次型的充分必要条件是其齐次线性方程组

$$\begin{cases}a_{11}x_1+a_{12}x_2+\cdots+a_{1n}x_n=0,\\ a_{21}x_1+a_{22}x_2+\cdots+a_{2n}x_n=0,\\ \qquad\vdots\\ a_{n1}x_1+a_{n2}x_2+\cdots+a_{nn}x_n=0\end{cases}$$

仅有零解,即其系数行列式

$$D=\begin{vmatrix}a_{11}&a_{12}&\cdots&a_{1n}\\a_{21}&a_{22}&\cdots&a_{2n}\\\vdots&\vdots&&\vdots\\a_{n1}&a_{n2}&\cdots&a_{nn}\end{vmatrix}\neq 0.$$

6.3.2 实二次型正定的充分必要条件

正定二次型在许多领域都有重要应用,因此在实二次型中占有特殊地位. 下面介绍相关的判别方法.

由于二次型的正定性,通常要通过非退化的线性变换化为标准形或规范形来研究,我们首先来说明非退化线性变换与二次型正定性的关系.

定理 6.5 非退化线性变换不改变二次型的正定性.

证 设实二次型 $f(x_1,x_2,\cdots,x_n)$ 经非退化线性变换 $\boldsymbol{x}=\boldsymbol{P}\boldsymbol{y}$ 化为新的二次型 $g(y_1,y_2,\cdots,y_n)$,即有 $f(x_1,x_2,\cdots,x_n)=g(y_1,y_2,\cdots,y_n)$.

若 $f(x_1,x_2,\cdots,x_n)$ 为正定二次型,则对于任取的 $\boldsymbol{y}\neq\boldsymbol{0}$,由 $\boldsymbol{P}$ 可逆,知 $\boldsymbol{x}=\boldsymbol{P}\boldsymbol{y}\neq\boldsymbol{0}$,从而有 $f(x_1,x_2,\cdots,x_n)>0$,即有 $g(y_1,y_2,\cdots,y_n)>0$,因此推得 $g(y_1,y_2,\cdots,y_n)$ 正定.

反之，若 $g(y_1,y_2,\cdots,y_n)$ 正定，则任取 $\boldsymbol{x}\neq\boldsymbol{0}$，由 $\boldsymbol{P}^{-1}$ 可逆，知 $\boldsymbol{y}=\boldsymbol{P}^{-1}\boldsymbol{x}\neq\boldsymbol{0}$，从而有 $g(y_1,y_2,\cdots,y_n)>0$，即有 $f(x_1,x_2,\cdots,x_n)>0$，因此推得 $f(x_1,x_2,\cdots,x_n)$ 正定.

综上讨论，知 $f(x_1,x_2,\cdots,x_n)$ 与 $g(y_1,y_2,\cdots,y_n)$ 有相同的正定性.

由定理6.5容易推出下列判别定理.

定理6.6　n 元实二次型正定的充分必要条件是它的正惯性指数为 n.

证　由定理6.1知，任意一个实二次型 $f(x_1,x_2,\cdots,x_n)$ 经过适当的非退化线性变换可化为标准形，即有

$$f(x_1,x_2,\cdots,x_n)=f(y_1,y_2,\cdots,y_n)=d_1y_1^2+d_2y_2^2+\cdots+d_ny_n^2.$$

又由定理6.6知，$f(x_1,x_2,\cdots,x_n)$ 正定的充分必要条件是 $d_1y_1^2+d_2y_2^2+\cdots+d_ny_n^2$ 正定，而 $d_1y_1^2+d_2y_2^2+\cdots+d_ny_n^2$ 正定的充要条件是 $d_i>0(i=1,2,\cdots,n)$，即其正惯性指数为 n，从而证明结论.

推论1　n 元实二次型 $f(x_1,x_2,\cdots,x_n)=\boldsymbol{x}^{\mathrm{T}}\boldsymbol{A}\boldsymbol{x}$ 正定的充分必要条件是矩阵 $\boldsymbol{A}$ 的全部特征值为正.

证　由定理6.3知，存在正交变换 $\boldsymbol{x}=\boldsymbol{Q}\boldsymbol{y}$，使得

$$f(x_1,x_2,\cdots,x_n)=f(y_1,y_2,\cdots,y_n)=\lambda_1y_1^2+\lambda_2y_2^2+\cdots+\lambda_ny_n^2,$$

其中 $\lambda_i(i=1,2,\cdots,n)$ 为矩阵 $\boldsymbol{A}$ 的特征值，由定理6.6知 $f(x_1,x_2,\cdots,x_n)$ 正定的充分必要条件是其正惯性指数为 n，即 $\lambda_i>0$ $(i=1,2,\cdots,n)$.

推论2　n 元实二次型 $f(x_1,x_2,\cdots,x_n)=\boldsymbol{x}^{\mathrm{T}}\boldsymbol{A}\boldsymbol{x}$ 正定的充分必要条件是矩阵 $\boldsymbol{A}$ 合同于单位矩阵 $\boldsymbol{E}$.

证　由惯性定理6.4知，必存在非退化线性变换 $\boldsymbol{x}=\boldsymbol{P}\boldsymbol{y}$，使得 $f(x_1,x_2,\cdots,x_n)=\boldsymbol{x}^{\mathrm{T}}\boldsymbol{A}\boldsymbol{x}$ 为规范形.

又由定理6.6知，$f(x_1,x_2,\cdots,x_n)$ 正定的充分必要条件是其规范形为

$$f(y_1,y_2,\cdots,y_n)=\boldsymbol{y}^{\mathrm{T}}\boldsymbol{P}^{\mathrm{T}}\boldsymbol{A}\boldsymbol{P}\boldsymbol{y}=y_1^2+y_2^2+\cdots+y_n^2=\boldsymbol{y}^{\mathrm{T}}\boldsymbol{y},$$

由于二次型与其矩阵一一对应，故有 $\boldsymbol{P}^{\mathrm{T}}\boldsymbol{A}\boldsymbol{P}=\boldsymbol{E}$，即 $\boldsymbol{A}$ 与 $\boldsymbol{E}$ 合同.

例2　设矩阵 $\boldsymbol{A}=\begin{pmatrix}1&0&1\\0&2&0\\1&0&1\end{pmatrix}$，矩阵 $\boldsymbol{B}=(k\boldsymbol{E}+\boldsymbol{A})^2$，其中 k 为实数，$\boldsymbol{E}$ 为单位矩阵，问 k 为何值时，$\boldsymbol{B}$ 为正定矩阵？

解　由

$$|\lambda\boldsymbol{E}-\boldsymbol{A}|=\begin{vmatrix}\lambda-1&0&-1\\0&\lambda-2&0\\-1&0&\lambda-1\end{vmatrix}=\lambda(\lambda-2)^2=0,$$

得矩阵 $\boldsymbol{A}$ 的特征值为 $\lambda_1=0,\lambda_2=\lambda_3=2$，从而得矩阵 $\boldsymbol{B}=(k\boldsymbol{E}+\boldsymbol{A})^2$ 的特征值为 $(k+\lambda)^2$，即

$$\lambda_1'=k^2,\lambda_2'=\lambda_3'=(k+2)^2.$$

又

$$\boldsymbol{B}^{\mathrm{T}}=[(k\boldsymbol{E}+\boldsymbol{A})^2]^{\mathrm{T}}=(k\boldsymbol{E}+\boldsymbol{A}^{\mathrm{T}})^2=(k\boldsymbol{E}+\boldsymbol{A})^2=\boldsymbol{B},$$

$\boldsymbol{B}$ 为实对称矩阵,因此,若 $\boldsymbol{B}$ 为正定矩阵,必有 $k^2>0,(k+2)^2>0$,即 $k\neq0,k\neq-2$.

例 3 设 $\boldsymbol{A}$ 为正定矩阵,证明:(1) $|\boldsymbol{A}|>0$;(2) $|\boldsymbol{A}+\boldsymbol{E}|>1$.

证 (1)由定理6.6 的推论1 知,矩阵 $\boldsymbol{A}$ 的特征值 $\lambda_1,\lambda_2,\cdots,\lambda_n$ 均大于零,即有

$$|\boldsymbol{A}|=\lambda_1\lambda_2\cdots\lambda_n>0.$$

(2)对应矩阵 $\boldsymbol{A}$ 的特征值 $\lambda_1,\lambda_2,\cdots,\lambda_n$,$\boldsymbol{A}+\boldsymbol{E}$ 的特征值为 $\lambda_1+1,\lambda_2+1,\cdots,\lambda_n+1$,由于矩阵 $\boldsymbol{A}$ 正定,则必有 $\lambda_i>0(i=1,2,\cdots,n)$,也有 $\lambda_i+1>1(i=1,2,\cdots,n)$,因此

$$|\boldsymbol{A}+\boldsymbol{E}|=(\lambda_1+1)(\lambda_2+1)\cdots(\lambda_n+1)>1.$$

例 3 表明,实对称矩阵 $\boldsymbol{A}$ 的正定性与 $\boldsymbol{A}$ 的行列式值有关,下面讨论这个问题.

定义 6.8 子式

$$|\boldsymbol{A}_k|=\begin{vmatrix}a_{11}&a_{12}&\cdots&a_{1k}\\a_{21}&a_{22}&\cdots&a_{2k}\\\vdots&\vdots&&\vdots\\a_{k1}&a_{k2}&\cdots&a_{kk}\end{vmatrix},k=1,2,\cdots,n$$

称为矩阵 $\boldsymbol{A}=(a_{ij})_{n\times n}$ 的顺序主子式.

定理 6.7 n 元实二次型 $f(x_1,x_2,\cdots,x_n)=\boldsymbol{x}^{\mathrm{T}}\boldsymbol{A}\boldsymbol{x}$ 为正定二次型的充分必要条件是矩阵 $\boldsymbol{A}$ 的全部 n 个顺序主子式都大于零.

证 必要性 设二次型 $f(x_1,x_2,\cdots,x_n)=\boldsymbol{x}^{\mathrm{T}}\boldsymbol{A}\boldsymbol{x}$ 正定,任取 $k\leqslant n$,将矩阵 $\boldsymbol{A}$ 分块写作

$$\boldsymbol{A}=\begin{pmatrix}\boldsymbol{A}_k&\boldsymbol{B}_1\\\boldsymbol{B}_1^{\mathrm{T}}&\boldsymbol{B}_2\end{pmatrix}.$$

考虑关于 $x_1,x_2,\cdots,x_n$ 的二次型,令 $\boldsymbol{x}_k=(x_1,x_2,\cdots,x_k)^{\mathrm{T}}$,

$$f_k(x_1,x_2,\cdots,x_k)=f(x_1,x_2,\cdots,x_k,0,\cdots,0)$$

$$=(x_1,x_2,\cdots,x_k,0,\cdots,0)\boldsymbol{A}\begin{pmatrix}x_1\\x_2\\\vdots\\x_k\\0\\\vdots\\0\end{pmatrix}$$

$$=(\boldsymbol{x}_k^{\mathrm{T}},\boldsymbol{0})\begin{pmatrix}\boldsymbol{A}_k&\boldsymbol{B}_1\\\boldsymbol{B}_1^{\mathrm{T}}&\boldsymbol{B}_2\end{pmatrix}\begin{pmatrix}\boldsymbol{x}_k\\\boldsymbol{0}\end{pmatrix}=\boldsymbol{x}_k^{\mathrm{T}}\boldsymbol{A}_k\boldsymbol{x}_k,$$

由$f(x_1,x_2,\cdots,x_n)$的正定性知,对任意$\boldsymbol{x}_k\neq\boldsymbol{0}$,总有

$$f(x_1,x_2,\cdots,x_k,0,\cdots,0)=\boldsymbol{x}_k^{\mathrm{T}}\boldsymbol{A}_k\boldsymbol{x}_k>0,$$

即$f_k(x_1,x_2,\cdots,x_k)$正定,从而知$|\boldsymbol{A}_k|>0$.

充分性 对变量个数n用归纳法证明. 设实二次型$f(x_1,x_2,\cdots,x_n)=\boldsymbol{x}^{\mathrm{T}}\boldsymbol{A}\boldsymbol{x}$的矩阵的顺序主子式$|\boldsymbol{A}_k|>0(k=1,2,\cdots,n)$.

当$n=1$时,$f(x_1)=a_{11}x_1^2$,其一阶主子式$|\boldsymbol{A}_1|=|a_{11}|=a_{11}>0$,因此,$f(x_1)$正定.

假设$n-1$元实二次型$f(x_1,x_2,\cdots,x_{n-1})=\boldsymbol{x}_{n-1}^{\mathrm{T}}\boldsymbol{A}_{n-1}\boldsymbol{x}_{n-1}$当$\boldsymbol{A}_{n-1}$的所有顺序主子式大于零时正定,且$\boldsymbol{A}_{n-1}$正定.

现证n元实二次型$f(x_1,x_2,\cdots,x_n)=\boldsymbol{x}_n^{\mathrm{T}}\boldsymbol{A}_n\boldsymbol{x}_n$当$\boldsymbol{A}_n$的所有顺序主子式大于零时正定. 设

$$\boldsymbol{A}_n=\begin{pmatrix}\boldsymbol{A}_{n-1} & \boldsymbol{\alpha}\\ \boldsymbol{\alpha}^{\mathrm{T}} & a_{nn}\end{pmatrix},$$

其中,$\boldsymbol{\alpha}=(a_{1n},a_{2n},\cdots,a_{n-1,n})^{\mathrm{T}}$,$\boldsymbol{A}_{n-1}$为实对称矩阵,且所有顺序主子式大于零. 由归纳假设,$\boldsymbol{A}_{n-1}$为正定矩阵,于是由定理6.6的推论2,$\boldsymbol{A}_{n-1}$与$\boldsymbol{E}_{n-1}$合同,即存在可逆矩阵$\boldsymbol{P}_1$,使得$\boldsymbol{P}_1^{\mathrm{T}}\boldsymbol{A}_{n-1}\boldsymbol{P}_1=\boldsymbol{E}_{n-1}$.

取$\boldsymbol{C}_1=\begin{pmatrix}\boldsymbol{P}_1 & \boldsymbol{0}\\ \boldsymbol{0} & 1\end{pmatrix}$,由$|\boldsymbol{C}_1|=|\boldsymbol{P}_1|\neq0$,知$\boldsymbol{C}_1$可逆,且

$$\begin{aligned}\boldsymbol{C}_1^{\mathrm{T}}\boldsymbol{A}\boldsymbol{C}_1&=\begin{pmatrix}\boldsymbol{P}_1^{\mathrm{T}} & \boldsymbol{0}\\ \boldsymbol{0} & 1\end{pmatrix}\begin{pmatrix}\boldsymbol{A}_{n-1} & \boldsymbol{\alpha}\\ \boldsymbol{\alpha}^{\mathrm{T}} & a_{nn}\end{pmatrix}\begin{pmatrix}\boldsymbol{P}_1 & \boldsymbol{0}\\ \boldsymbol{0} & 1\end{pmatrix}\\&=\begin{pmatrix}\boldsymbol{P}_1^{\mathrm{T}}\boldsymbol{A}_{n-1}\boldsymbol{P}_1 & \boldsymbol{P}_1^{\mathrm{T}}\boldsymbol{\alpha}\\ \boldsymbol{\alpha}^{\mathrm{T}}\boldsymbol{P}_1 & a_{nn}\end{pmatrix}=\begin{pmatrix}\boldsymbol{E}_{n-1} & \boldsymbol{P}_1^{\mathrm{T}}\boldsymbol{\alpha}\\ \boldsymbol{\alpha}^{\mathrm{T}}\boldsymbol{P}_1 & a_{nn}\end{pmatrix},\end{aligned}$$

再取$\boldsymbol{C}_2=\begin{pmatrix}\boldsymbol{E}_{n-1} & -\boldsymbol{P}_1^{\mathrm{T}}\boldsymbol{\alpha}\\ \boldsymbol{0} & 1\end{pmatrix}$,由$|\boldsymbol{C}_2|=1\neq0$,知$\boldsymbol{C}_2$可逆,且有

$$\begin{aligned}\boldsymbol{C}_2^{\mathrm{T}}\boldsymbol{C}_1^{\mathrm{T}}\boldsymbol{A}\boldsymbol{C}_1\boldsymbol{C}_2&=\begin{pmatrix}\boldsymbol{E}_{n-1} & \boldsymbol{0}\\ -\boldsymbol{\alpha}^{\mathrm{T}}\boldsymbol{P}_1 & 1\end{pmatrix}\begin{pmatrix}\boldsymbol{E}_{n-1} & \boldsymbol{P}_1^{\mathrm{T}}\boldsymbol{\alpha}\\ \boldsymbol{\alpha}^{\mathrm{T}}\boldsymbol{P}_1 & a_{nn}\end{pmatrix}\begin{pmatrix}\boldsymbol{E}_{n-1} & -\boldsymbol{P}_1^{\mathrm{T}}\boldsymbol{\alpha}\\ \boldsymbol{0} & 1\end{pmatrix}\\&=\begin{pmatrix}\boldsymbol{E}_{n-1} & \boldsymbol{0}\\ \boldsymbol{0} & a_{nn}-\boldsymbol{\alpha}^{\mathrm{T}}\boldsymbol{P}_1\boldsymbol{P}_1^{\mathrm{T}}\boldsymbol{\alpha}\end{pmatrix},\end{aligned}$$

两边取行列式,有

$$|\boldsymbol{C}_2^{\mathrm{T}}\boldsymbol{C}_1^{\mathrm{T}}\boldsymbol{A}\boldsymbol{C}_1\boldsymbol{C}_2|=|\boldsymbol{P}_1|^2|\boldsymbol{A}|=a_{nn}-\boldsymbol{\alpha}^{\mathrm{T}}\boldsymbol{P}_1\boldsymbol{P}_1^{\mathrm{T}}\boldsymbol{\alpha}>0.$$

记$a=a_{nn}-\boldsymbol{\alpha}^{\mathrm{T}}\boldsymbol{P}_1\boldsymbol{P}_1^{\mathrm{T}}\boldsymbol{\alpha}$,并取$\boldsymbol{C}_3=\begin{pmatrix}\boldsymbol{E}_{n-1} & \boldsymbol{0}\\ \boldsymbol{0} & \dfrac{1}{\sqrt{a}}\end{pmatrix}$,由$|\boldsymbol{C}_3|=\dfrac{1}{\sqrt{a}}\neq0$,知$\boldsymbol{C}_3$可逆,且有

$$\boldsymbol{C}_3^{\mathrm{T}}\boldsymbol{C}_2^{\mathrm{T}}\boldsymbol{C}_1^{\mathrm{T}}\boldsymbol{A}\boldsymbol{C}_1\boldsymbol{C}_2\boldsymbol{C}_3=\begin{pmatrix}\boldsymbol{E}_{n-1} & \boldsymbol{0}\\ \boldsymbol{0} & \dfrac{1}{\sqrt{a}}\end{pmatrix}^{\mathrm{T}}\begin{pmatrix}\boldsymbol{E}_{n-1} & \boldsymbol{0}\\ \boldsymbol{0} & a\end{pmatrix}\begin{pmatrix}\boldsymbol{E}_{n-1} & \boldsymbol{0}\\ \boldsymbol{0} & \dfrac{1}{\sqrt{a}}\end{pmatrix}=\boldsymbol{E}_n,$$

因此,记 $C=C_1C_2C_3$,由 $|C|=|C_1||C_2||C_3|\neq0$,知 C 可逆,且有

$$C^{\mathrm{T}}AC=E.$$

从而知矩阵 A 与单位矩阵合同,即 $f(x_1,x_2,\cdots,x_n)$ 为正定二次型.

推论3 若实对称矩阵 A 为正定矩阵,则其主对角线元素 $a_{ii}(i=1,2,\cdots,n)$ 均为正.

证 因为 A 为正定矩阵,则由定理6.7知其顺序主子式均大于零. 任取 $a_{ii}(i=1,2,\cdots,n)$,当 $i=1$ 时,由 $|A_1|=a_{11}>0$,结论成立. 当 $1<i\leqslant n$ 时,总可以经过适当非退化线性变化,将 a_{ii} 移至矩阵 A 的第1行第1列,由于非退化线性变换不改变矩阵 A 的正定性,a_{ii} 为变换后正定矩阵的一阶顺序主子式,因此也必有 $a_{ii}>0$.

例4 问 k 为何值时,二次型

$$f(x_1,x_2,x_3)=x_1^2+x_2^2+5x_3^2+2kx_1x_2-2x_1x_3+4x_2x_3$$

为正定二次型?

解 二次型的矩阵

$$A=\begin{pmatrix}1&k&-1\\k&1&2\\-1&2&5\end{pmatrix},$$

由定理6.7知,若要使二次型为正定二次型,矩阵 A 的所有顺序主子式大于零,即

$$|A_1|=1>0,\ |A_2|=\begin{vmatrix}1&k\\k&1\end{vmatrix}=1-k^2>0,$$

$$|A_3|=\begin{vmatrix}1&k&-1\\k&1&2\\-1&2&5\end{vmatrix}=-5k^2-4k>0,$$

求解不等式

$$\begin{cases}k^2-1<0,\\5k^2+4k<0,\end{cases}\text{得}\quad -\frac{4}{5}<k<0,$$

于是,当 $-\frac{4}{5}<k<0$ 时,该二次型正定.

例5 设 $A=(a_{ij})_{n\times n}$ 是正定矩阵,证明:

(1)A^{-1} 为正定矩阵; (2)A^2 为正定矩阵;

(3)A^* 为正定矩阵; (4)$kA(k>0)$ 为正定矩阵.

证法1 利用特征值证明.

设 $\lambda_1,\lambda_2,\cdots,\lambda_n$ 为矩阵 A 的特征值,因矩阵 A 正定,故 $\lambda_i>0$ $(i=1,2,\cdots,n)$,于是:

(1)因 A^{-1} 的特征值为 $\frac{1}{\lambda_1},\frac{1}{\lambda_2},\cdots,\frac{1}{\lambda_n}$,也有 $\frac{1}{\lambda_i}>0(i=1,2,\cdots,n)$,故 A^{-1} 正定.

(2)因 A^2 的特征值为 $\lambda_1^2,\lambda_2^2,\cdots,\lambda_n^2$,也有 $\lambda_i^2>0(i=1,2,\cdots,$

n),故 $\boldsymbol{A}^2$ 正定.

(3)因 $\boldsymbol{A}^*$ 的特征值为 $\frac{|\boldsymbol{A}|}{\lambda_1},\frac{|\boldsymbol{A}|}{\lambda_2},\cdots,\frac{|\boldsymbol{A}|}{\lambda_n}$,也有 $\frac{|\boldsymbol{A}|}{\lambda_i}>0(i=1,2,\cdots,n)$,故 $\boldsymbol{A}^*$ 正定.

(4)因 $k\boldsymbol{A}$ 的特征值为 $k\lambda_1,k\lambda_2,\cdots,k\lambda_n$,也有 $k\lambda_i>0(i=1,2,\cdots,n)$,故 $k\boldsymbol{A}$ 正定.

证法 2 利用定理 6.6 的推论 2 证明.

因矩阵 $\boldsymbol{A}$ 正定,则由定理 6.6 的推论 2,$\boldsymbol{A}$ 与单位矩阵 $\boldsymbol{E}$ 合同,即存在可逆矩阵 $\boldsymbol{C}$,使得 $\boldsymbol{A}=\boldsymbol{C}^{\mathrm{T}}\boldsymbol{C}$,于是:

(1)有 $\boldsymbol{A}^{-1}=\boldsymbol{C}^{-1}(\boldsymbol{C}^{\mathrm{T}})^{-1}=\boldsymbol{C}^{-1}(\boldsymbol{C}^{-1})^{\mathrm{T}}$,取 $\boldsymbol{P}_1=(\boldsymbol{C}^{-1})^{\mathrm{T}}$,则有 $\boldsymbol{A}^{-1}=\boldsymbol{P}_1^{\mathrm{T}}\boldsymbol{P}_1$,因此 $\boldsymbol{A}^{-1}$ 正定.

(2)$\boldsymbol{A}^2=\boldsymbol{C}^{\mathrm{T}}\boldsymbol{C}\boldsymbol{C}^{\mathrm{T}}\boldsymbol{C}$,取 $\boldsymbol{P}_2=\boldsymbol{C}^{\mathrm{T}}\boldsymbol{C}$,由 $|\boldsymbol{P}_2|=|\boldsymbol{C}|^2\neq0$,知 $\boldsymbol{P}$ 可逆,且有 $\boldsymbol{A}^2=\boldsymbol{P}_2^{\mathrm{T}}\boldsymbol{P}_2$,因此,$\boldsymbol{A}^2$ 正定.

(3)$\boldsymbol{A}^*=|\boldsymbol{A}|\boldsymbol{A}^{-1}=|\boldsymbol{A}|\boldsymbol{P}_1^{\mathrm{T}}\boldsymbol{P}_1$,因 $\boldsymbol{A}$ 正定,有 $|\boldsymbol{A}|>0$,从而取 $\boldsymbol{P}_3=\sqrt{|\boldsymbol{A}|}\boldsymbol{P}_1$,由 $|\boldsymbol{P}_3|=\left|\sqrt{|\boldsymbol{A}|}\boldsymbol{P}_1\right|\neq0$,知 $\boldsymbol{P}_3$ 可逆,且有 $\boldsymbol{A}^*=\boldsymbol{P}_3^{\mathrm{T}}\boldsymbol{P}_3$,因此,$\boldsymbol{A}^*$ 正定.

(4)$k\boldsymbol{A}=k\boldsymbol{C}^{\mathrm{T}}\boldsymbol{C}=(\sqrt{k}\boldsymbol{C})^{\mathrm{T}}(\sqrt{k}\boldsymbol{C})$,从而取 $\boldsymbol{P}_4=\sqrt{k}\boldsymbol{C}$,由 $|\boldsymbol{P}_4|=\left|\sqrt{k}\boldsymbol{C}\right|\neq0$,知 $\boldsymbol{P}_4$ 可逆,且有 $k\boldsymbol{A}=\boldsymbol{P}_4^{\mathrm{T}}\boldsymbol{P}_4$,因此,$k\boldsymbol{A}$ 正定.

6.3.3 半正定(负定、半负定)二次型

最后给出半正定、负定和半负定二次型的概念,相关讨论可以对照正定二次型的方法进行.

定义 6.9 给定 n 元实二次型 $f(x_1,x_2,\cdots,x_n)=\boldsymbol{x}^{\mathrm{T}}\boldsymbol{A}\boldsymbol{x}$.

(1)若对任意 $\boldsymbol{x}^n\in\mathbb{R}^n$ 且 $\boldsymbol{x}\neq\boldsymbol{0}$,都有 $\boldsymbol{x}^{\mathrm{T}}\boldsymbol{A}\boldsymbol{x}\geqslant0$,则称 $f(x_1,x_2,\cdots,x_n)$ 是半正定的.

(2)若对任意 $\boldsymbol{x}^n\in\mathbb{R}^n$ 且 $\boldsymbol{x}\neq\boldsymbol{0}$,都有 $\boldsymbol{x}^{\mathrm{T}}\boldsymbol{A}\boldsymbol{x}<0$,则称 $f(x_1,x_2,\cdots,x_n)$ 是负定的.

(3)若对任意 $\boldsymbol{x}^n\in\mathbb{R}^n$ 且 $\boldsymbol{x}\neq\boldsymbol{0}$,都有 $\boldsymbol{x}^{\mathrm{T}}\boldsymbol{A}\boldsymbol{x}\leqslant0$,则称 $f(x_1,x_2,\cdots,x_n)$ 是半负定的.

对于半正定二次型、负定二次型,分别有下列判别定理.

定理 6.8 给定 n 元实二次型 $f(x_1,x_2,\cdots,x_n)=\boldsymbol{x}^{\mathrm{T}}\boldsymbol{A}\boldsymbol{x}$,则下列陈述等价.

(1)$f(x_1,x_2,\cdots,x_n)$ 半正定;

(2)$f(x_1,x_2,\cdots,x_n)$ 的正惯性指数等于秩;

(3)矩阵 $\boldsymbol{A}$ 的所有特征值非负;

(4)矩阵 $\boldsymbol{A}$ 的顺序主子式 $|\boldsymbol{A}_k|\geqslant0(k=1,2,\cdots,n)$.

定理 6.9 给定 n 元实二次型 $f(x_1,x_2,\cdots,x_n)=\boldsymbol{x}^{\mathrm{T}}\boldsymbol{A}\boldsymbol{x}$,则下列陈述等价.

(1)$f(x_1,x_2,\cdots,x_n)$负定；

(2)$f(x_1,x_2,\cdots,x_n)$的负惯性指数为n；

(3)矩阵$\boldsymbol{A}$的全部特征值为负；

(4)矩阵$\boldsymbol{A}$的顺序主子式$|\boldsymbol{A}_k|$满足$(-1)^k|\boldsymbol{A}_k|>0(k=1,2,\cdots,n)$.

习题 6

1. 写出下列二次型对应的矩阵和秩：

(1)$f(x_1,x_2,x_3)=x_1^2+5x_2^2-4x_3^2+2x_1x_2-4x_1x_3$；

(2)$f(x_1,x_2,x_3)=x_1^2+4x_2^2+4x_3^2-2x_1x_2-2x_1x_3+4x_2x_3$.

2. 用配方法把下列二次型化为标准形，并求出所用的非退化线性变换：

(1)$f(x_1,x_2,x_3)=x_1^2-2x_2^2-x_3^2+2x_1x_3-3x_2x_3$；

(2)$f(x_1,x_2,x_3)=x_2^2+x_3^2-2x_1x_2+2x_2x_3$.

3. 用初等行变换法把下列二次型化为标准形，并求出所用的非退化线性变换：

(1)$f(x_1,x_2,x_3)=x_1^2-3x_2^2-2x_1x_2+2x_1x_3-6x_2x_3$；

(2)$f(x_1,x_2,x_3)=x_1x_2+x_2x_3+x_3x_1$.

4. 用正交变换法把下列二次型化为标准形：

(1)$f(x_1,x_2,x_3)=x_1^2+4x_2^2+4x_3^2-4x_1x_2+4x_1x_3-8x_2x_3$；

(2)$f(x_1,x_2,x_3)=4x_2^2-3x_2^2+4x_1x_2-4x_1x_3+8x_2x_3$.

5. 判断下列二次型是否为正定二次型：

(1)$f(x_1,x_2,x_3)=3x_1^2+6x_1x_3+x_2^2-4x_2x_3+8x_3^2$；

(2)$f(x_1,x_2,x_3)=x_1^2+2x_2^2+2x_1x_2-2x_1x_3$.

6. k取何值时，二次型$f(x_1,x_2,x_3)=x_1^2+2x_2^2+2x_3^2+2kx_1x_2+4x_1x_3+6x_2x_3$是正定的？

7. 设$\boldsymbol{A},\boldsymbol{B}$均为$n$阶正定矩阵，且$\boldsymbol{AB}=\boldsymbol{BA}$，证明$\boldsymbol{AB}$也是正定矩阵.

8. 设$\boldsymbol{A}$是实对称矩阵，证明：当实数t充分大时，$t\boldsymbol{E}+\boldsymbol{A}$是正定矩阵.

9. 设$\boldsymbol{A}$为$m\times n$实矩阵，$\boldsymbol{E}$为n阶单位矩阵，若矩阵$\boldsymbol{B}=\lambda\boldsymbol{E}+\boldsymbol{A}^{\mathrm{T}}\boldsymbol{A}$，证明：当$\lambda>0$时，矩阵$\boldsymbol{B}$为正定矩阵.

10. 证明：实对称矩阵$\boldsymbol{A}$为正定矩阵的充要条件是存在可逆矩阵$\boldsymbol{P}$，使得$\boldsymbol{A}=\boldsymbol{P}^{\mathrm{T}}\boldsymbol{P}$.

习题答案

习题 1

1. (1)11； (2)$ab(b-a)$； (3)42； (4)27； (5)$(a^2+b^2)c$；
(6)0.

2. (1)$x_1=3, x_2=2, x_3=1$； (2)$x_1=-a, x_2=b, x_3=c$.

3. (1)6； (2)11； (3)13； (4)11； (5)$\frac{1}{2}n(n-1)$；
(6)$3(n-2)$.

4. $(n-m)m$；m 为偶数或 m,n 同为奇数时为偶排列，其他情况下为奇排列.

5. (1)正号； (2)正号； (3)负号； (4)负号.

6. (1)$i=6, j=4$； (2)$i=3, j=6$.

7. (1)$abcd$； (2)$-abcde$； (3)$-5!$； (4)$5!$；
(5)$(-1)^{n-1}n!$； (6)$(-1)^{\frac{(n-1)(n-2)}{2}}n!$.

8. $-5, 1$.

9. 略.

10. (1)-3800； (2)182； (3)160； (4)-72；
(5)-2880； (6)48.

11. (1)0； (2)$n!$； (3)$\left(a_0-\sum_{i=1}^{n}\frac{1}{a_i}\right)a_1a_2\cdots a_n$；
(4)$a_0x^n+a_1x^{n-1}+\cdots+a_n$； (5)$(-1)^{\frac{n(n-1)}{2}}\frac{n^n+n^{n-1}}{2}$.

12. 0.

13. (1)$x_1=3, x_2=-3, x_3=\sqrt{6}, x_4=-\sqrt{6}$；
(2)$x_1=-1, x_2=-2, \cdots, x_{n-1}=1-n$.

14. 略.

15. (1)错误； (2)正确； (3)错误； (4)错误.

16. 28.

17. (1)$1-a+a^2-a^3+a^4-a^5+a^6$； (2)$a(a+x)^n$.

18. 略.

19. (1)9； (2)$(a^2-b^2)^2$； (3)-700； (4)4.

20. (1)$x=\cos\alpha\cos\beta, y_2=\cos\alpha\sin\beta$； (2)$x_1=3, x_2=-5, x_3=2$；

(3) $x=\frac{13}{28},y=\frac{47}{28},z=\frac{3}{4}$；　(4) $x_1=-8,x_2=3,x_3=6,x_4=0$；

(5) $x_1=3,x_2=-4,x_3=-1,x_4=1$；

(6) $x_1=\frac{1507}{665},x_2=-\frac{229}{133},x_3=\frac{37}{35},x_4=\frac{79}{133},x_5=\frac{212}{665}$.

21. $\lambda\neq1$ 且 $\lambda\neq-2$ 时有唯一解，$x_1=\frac{-\lambda-1}{\lambda+2},x_2=\frac{1}{\lambda+2}-5$，$x_3=\frac{(\lambda+1)^2}{\lambda+2}$.

22. (1) a,b,c 中至少有两个相等；　(2) $a=b$ 或 $a=-\frac{b}{2}$.

习题 2

1. $\begin{pmatrix}2&7&4\\9&-3&6\end{pmatrix},\begin{pmatrix}-4&-1&0\\-5&3&0\end{pmatrix}$.

2. (1) $\begin{pmatrix}5&1&3&1\\2&3&4&7\\1&4&5&1\end{pmatrix}$；　(2) $\begin{pmatrix}11&5&1&12\\10&1&6&14\\5&6&10&-2\end{pmatrix}$；

(3) $\begin{pmatrix}0&-\frac{2}{3}&\frac{4}{3}&-\frac{7}{3}\\-\frac{4}{3}&\frac{4}{3}&\frac{2}{3}&\frac{1}{3}\\-\frac{2}{3}&\frac{2}{3}&0&1\end{pmatrix}$.

3. $x=2,y=-1,z=1$.

4. (1) $\begin{pmatrix}0&-1\\-2&1\end{pmatrix}$；　(2) $\begin{pmatrix}1&-1\\2&-6\\-1&6\end{pmatrix}$；　(3) $\begin{pmatrix}3&10\\14&19\end{pmatrix}$；

(4) $\begin{pmatrix}1&2&3&4\\2&3&4&1\\1&0&-5&-6\end{pmatrix}$；　(5) 55；　(6) -2.

5. (1) $\begin{pmatrix}42&0&0\\0&42&0\\0&0&42\end{pmatrix},\begin{pmatrix}42&0&0\\0&42&0\\0&0&42\end{pmatrix},0$；

(2) $0,\begin{pmatrix}-7&6&3\\-7&6&3\\-7&6&3\end{pmatrix},\begin{pmatrix}7&-6&-3\\7&-6&-3\\7&-6&-3\end{pmatrix}$.

6. $\begin{cases}x_1=2z_1+3z_1-z_3,\\x_2=3z_1-4z_2+z_3,\\x_3=4z_1+4z_3.\end{cases}$

7. (1) $\begin{pmatrix}1&10\\0&1\end{pmatrix}$；　(2) $\begin{pmatrix}\cos n\varphi&-\sin n\varphi\\\sin n\varphi&\cos n\varphi\end{pmatrix}$；

(3) $\begin{pmatrix} \lambda^n & n\lambda^{n-1} & \dfrac{n(n-1)}{2}\lambda^{n-2} \\ 0 & \lambda^n & n\lambda^{n-1} \\ 0 & 0 & \lambda^n \end{pmatrix}$;

(4) $\begin{pmatrix} 5^{n-1}\times 2 & 5^{n-1}\times 4 & 5^{n-1}\times 6 \\ 5^{n-1}\times 3 & 5^{n-1}\times 6 & 5^{n-1}\times 9 \\ -5^{n-1} & -5^{n-1}\times 2 & -5^{n-1}\times 3 \end{pmatrix}$;

(5) $\begin{cases} 2^n\boldsymbol{E}, & n \text{ 为偶数}, \\ 2^{n-1}\boldsymbol{A}, & n \text{ 为奇数}; \end{cases}$ (6)0.

8. $\begin{pmatrix} 0 & 1 & -2 \\ 0 & 0 & 1 \\ 0 & 0 & 0 \end{pmatrix}$.

9. 略.

10. $\begin{pmatrix} 1 & 2 & 0 & 0 \\ 2 & 0 & 0 & 0 \\ 3 & 0 & 0 & -2 \\ 9 & 6 & -2 & 0 \end{pmatrix}$; $\begin{pmatrix} 1 & 0 & -5 & 1 \\ 0 & 1 & -6 & 0 \\ 0 & 0 & 4 & 0 \\ 0 & 0 & 0 & 4 \end{pmatrix}$.

11. 40.

12. 略.

13. (1) $\begin{pmatrix} 2 & -7 \\ -11 & 38 \end{pmatrix}$; (2) $\begin{pmatrix} -11 & 7 & -3 \\ 4.5 & -2.5 & 1 \\ 3 & -2 & 1 \end{pmatrix}$;

(3) $\begin{pmatrix} 1 & 3 & 1 \\ 0 & 1 & 3 \\ 0 & 0 & 1 \end{pmatrix}$; (4) $\begin{pmatrix} 1 & -4 & -3 \\ 1 & -5 & -3 \\ -1 & 6 & 4 \end{pmatrix}$.

14. (1) $\begin{pmatrix} 1 & -1 & 0 & 0 \\ -1 & 2 & 0 & 0 \\ 0 & 0 & 3 & -5 \\ 0 & 0 & -1 & 2 \end{pmatrix}$;

(2) $\begin{pmatrix} 1 & -1 & 0 & 0 \\ -1 & 2 & 0 & 0 \\ 19 & -30 & 3 & -5 \\ 19 & -30 & 3 & -5 \\ -7 & 11 & -1 & 2 \end{pmatrix}$.

15. 证明略; $\begin{pmatrix} 1 & 1 & 9 \\ 1 & -7 & -5 \\ 1 & 1 & -1 \end{pmatrix}$.

16. (1) $\begin{pmatrix} \boldsymbol{A} & \boldsymbol{O} \\ \boldsymbol{O} & \boldsymbol{D}-\boldsymbol{C}\boldsymbol{A}^{-1}\boldsymbol{B} \end{pmatrix}$; (2)略.

17. (1) $\begin{pmatrix} 1 & -5 \\ 0 & -4 \end{pmatrix}$；　(2) $\begin{pmatrix} \frac{2}{3} & \frac{1}{3} \\ \frac{5}{6} & \frac{13}{6} \\ \frac{5}{2} & -\frac{1}{2} \end{pmatrix}$；

(3) $\begin{pmatrix} -27 & -17 & 21 \\ 19 & 19 & -12 \end{pmatrix}$.

18. 略.

19. 略.

20. 略.

21. 证明略；　$2\boldsymbol{E}-\boldsymbol{A}$.

22. (1)错误；　(2)正确；　(3)正确；　(4)错误；　(5)正确；(6)正确.

23. $\begin{pmatrix} \frac{2}{9} & 0 & 0 \\ 0 & \frac{1}{6} & 0 \\ 0 & 0 & -\frac{2}{3} \end{pmatrix}$.

24. $\begin{pmatrix} -1 & -4 & 3 \\ -2 & 2 & 0 \\ 1 & 0 & -1 \end{pmatrix}, \frac{27}{16}$.

25. 略.

26. $\begin{pmatrix} 1 & 0 & 0 \\ -2 & 0 & 1 \\ 0 & 1 & 0 \end{pmatrix}$.

27. (1) $\begin{pmatrix} a_{21} & -7a_{23} & a_{22} & a_{23} & a_{24} \\ a_{11} & -7a_{13} & a_{12} & a_{13} & a_{14} \\ a_{31} & -7a_{33} & a_{32} & a_{33} & a_{34} \end{pmatrix}$；

(2) $\begin{pmatrix} a_{13}-7a_{33} & a_{12}-7a_{32} & a_{11}-7a_{31} & a_{14}-7a_{34} \\ a_{23} & a_{22} & a_{21} & a_{24} \\ a_{33} & a_{32} & a_{31} & a_{34} \end{pmatrix}$.

28. (1) $\begin{pmatrix} 1 & 2 & 3 & 1 \\ 0 & 1 & 2 & 3 \\ 0 & 0 & 1 & 2 \\ 0 & 0 & 0 & 1 \end{pmatrix}$；

(2) $\begin{pmatrix} \frac{1}{4} & \frac{1}{4} & \frac{1}{4} & \frac{1}{4} \\ \frac{1}{4} & \frac{1}{4} & -\frac{1}{4} & -\frac{1}{4} \\ \frac{1}{4} & -\frac{1}{4} & \frac{1}{4} & -\frac{1}{4} \\ \frac{1}{4} & -\frac{1}{4} & -\frac{1}{4} & \frac{1}{4} \end{pmatrix}$;

(3) $\begin{pmatrix} 0 & 0 & \cdots & 0 & \frac{1}{n} & 0 \\ 0 & 0 & \cdots & 0 & 0 & \frac{1}{n-1} \\ \frac{1}{n-2} & 0 & \cdots & 0 & 0 & 0 \\ 0 & \frac{1}{n-3} & \cdots & 0 & 0 & 0 \\ \vdots & \vdots & & \vdots & \vdots & \vdots \\ 0 & 0 & \cdots & 1 & 0 & 0 \end{pmatrix}$.

29. (1)3； (2)4； (3)2； (4)4.

30. $a=-3b$.

31. (1)1； (2)3.

32. 略.

习题 3

1. $(0,4,-9.5,2,-3.5)$.

2. $\boldsymbol{\alpha}=\left(\frac{12}{13},\frac{2}{13},\frac{5}{13},-\frac{4}{13}\right)^{\mathrm{T}}$, $\boldsymbol{\beta}=\left(-\frac{5}{3},-\frac{3}{13},-\frac{14}{26},\frac{19}{13}\right)^{\mathrm{T}}$.

3. (1)不能； (2)能，$\boldsymbol{\beta}=2\boldsymbol{\alpha}_1+3\boldsymbol{\alpha}_2$.

4. 略.

5. (1)任意实数；(2)0.5； (3) ± 1； (4)任意实数.

6. (1)线性无关； (2)线性相关； (3)线性相关； (4)线性无关.

7. 略.

8. 略.

9. -1.

10. 略.

11. 过原点且分别由向量 $\boldsymbol{\alpha}_1,\boldsymbol{\alpha}_2$ 及向量 $\boldsymbol{\beta}_1,\boldsymbol{\beta}_2$ 确定的平面必有交线，$\boldsymbol{\gamma}$ 即为交线的方向向量，$\boldsymbol{\gamma}=c(3,1,2)^{\mathrm{T}}$，$c$ 为非零常数.

12. 略.

13. (1)是； (2)是.

14. 略.

15. 略.

16. 条件(4)是充要条件.

17. (1)秩为 2，极大无关组为向量组中任意两个向量；

(2)$k=1$ 时秩为 2,极大无关组为 $\boldsymbol{\alpha}_1,\boldsymbol{\alpha}_3$ 或 $\boldsymbol{\alpha}_2,\boldsymbol{\alpha}_3$;$k\neq1$ 时秩为 3,极大无关组为 $\boldsymbol{\alpha}_1,\boldsymbol{\alpha}_2,\boldsymbol{\alpha}_3$.

18. 3.

19. 极大无关组为 $\boldsymbol{\alpha}_2,\boldsymbol{\alpha}_3$,$\boldsymbol{\alpha}_1=\frac{1}{2}(\boldsymbol{\alpha}_2+\boldsymbol{\alpha}_3)$,$\boldsymbol{\alpha}_4=\frac{3}{2}\boldsymbol{\alpha}_2-\frac{1}{2}\boldsymbol{\alpha}_3$.

20. 3.

21. 两直线相交于一点.

22. $(1,1,1)^{\mathrm{T}}$.

23. $\boldsymbol{T}=\begin{pmatrix}2&3&4\\0&-1&0\\-1&0&-1\end{pmatrix}$.

24. $\boldsymbol{A}=\begin{pmatrix}0&-1&-2\\1&2&2\\0&1&1\end{pmatrix}$.

25. (1)2; (2)0; (3)1; (4)9; (5)9; (6)$\frac{2}{9}(2,1,-2)^{\mathrm{T}}$; (7)$\frac{1}{9}(1,2,2)^{\mathrm{T}}$; (8) $\sqrt{14}$.

26. W 是过原点且与 $\boldsymbol{\gamma}$ 垂直的平面.

27. $\left(\frac{1}{\sqrt{2}},0,0,-\frac{1}{\sqrt{2}}\right)^{\mathrm{T}}$.

28. 略.

29. $\frac{1}{\sqrt{6}}(1,-1,2,0)^{\mathrm{T}}$,$\frac{\sqrt{2}}{6}(1,1,0,-4)^{\mathrm{T}}$,$\frac{\sqrt{3}}{3}(1,3,1,1)^{\mathrm{T}}$.

30. $\frac{1}{\sqrt{6}}(-1,1,2)^{\mathrm{T}}$,$\frac{1}{\sqrt{30}}(1,5,-2)^{\mathrm{T}}$,$\frac{1}{\sqrt{5}}(2,0,1)^{\mathrm{T}}$.

31. 略.

32. 略.

33. (1),(4)构成线性空间.

34. (1),(4)构成$\mathbb{R}[x]$的子空间.

35. 略.

36. (1)$\boldsymbol{\alpha}_1,\boldsymbol{\alpha}_2,\boldsymbol{\alpha}_4,\boldsymbol{\alpha}_5$; (2)$\boldsymbol{\alpha}_1,\boldsymbol{\alpha}_2,\boldsymbol{\alpha}_3,\boldsymbol{\alpha}_4$.

37. 基为 $\begin{pmatrix}0&1&0\\-1&0&0\\0&0&0\end{pmatrix}$,$\begin{pmatrix}0&0&1\\0&0&0\\-1&0&0\end{pmatrix}$,$\begin{pmatrix}0&0&0\\0&0&1\\0&-1&0\end{pmatrix}$;$\begin{pmatrix}0&1&-2\\-1&0&3\\2&-3&0\end{pmatrix}$在这组基下的坐标为$(1,-2,3)^{\mathrm{T}}$.

38. 略.

39. (1) $T=\begin{pmatrix}0&0&1\\0&1&-1\\1&-1&0\end{pmatrix}$;　(2) $\begin{pmatrix}0\\-1\\2\end{pmatrix}$;　(3) $\begin{pmatrix}1\\1\\1\end{pmatrix}$.

40. $\dfrac{1}{7}\begin{pmatrix}-5&20&-20\\-4&-5&-2\\27&18&24\end{pmatrix}$.

习题 4

1. (1) $x_1=2c_1-c_2, x_2=c_1, x_3=c_2, x_4=1$($c_1,c_2$ 为任意常数);

(2)无解;

(3) $x_1=1, x_2=2, x_3=-2$;

(4) $x_1=\dfrac{1}{3}(1+c_2), x_2=\dfrac{1}{6}(-4-3c_1+5c_2), x_3=0, x_4=c_1$, $x_5=c_2$(c_1,c_2 为任意常数);

(5) $x_1=0, x_2=0, x_3=0$;

(6) $x_1=-c_1+\dfrac{7}{6}c_2, x_2=c_1+\dfrac{5}{6}c_2, x_3=c_1, x_4=\dfrac{1}{3}c_2, x_5=c_2$ (c_1,c_2 为任意常数)

2. $k=1$ 或 $k=-3$.

3. $b_1-2b_2+b_3=0$.

4. $f(x)=-\dfrac{1}{6}x_2-\dfrac{7}{2}x+\dfrac{14}{3}$.

5. 略.

6. $x_1=\sum\limits_{i=1}^{n-1}a_i+c, x_2=\sum\limits_{i=2}^{n-1}a_i+c, \cdots, x_{n-1}=a_{n-1}+c, x_n=c$ (c 为 任意常数).

7. $\boldsymbol{x}=\boldsymbol{\gamma}_2-c(\boldsymbol{\gamma}_2-\boldsymbol{\gamma}_1)=\begin{pmatrix}1\\1\\-1\end{pmatrix}+c\begin{pmatrix}2\\0\\-2\end{pmatrix}$($c$ 为任意常数).

8. $t=-3, |\boldsymbol{B}|=0$.

9. 略.

10. $\boldsymbol{x}=c(\boldsymbol{x}_2+\boldsymbol{x}_3-2\boldsymbol{x}_1)+\boldsymbol{x}_1=c(0,1,2,3)^{\mathrm{T}}+(1,1,1,1)^{\mathrm{T}}$ (c 为任意常数).

11. (3),(4),(5)正确;(1),(2)不正确.

12. $c(A_{11},A_{12},\cdots,A_{1n})^{\mathrm{T}}$($c$ 为任意常数).

13. 略.

14. $(1,0,0)^{\mathrm{T}}$.

15. 略.

16. (2),(3)是基础解系;(1)(4)不是基础解系.

17. (1) $(1,-2,1)^{\mathrm{T}}$;　(2) $(1,2,1)^{\mathrm{T}}$;

(3) $\left(2,1,\dfrac{4}{3},0\right)^{\mathrm{T}}, \left(-3,0,-\dfrac{5}{3},1\right)^{\mathrm{T}}$;　(4) $(1,1,-1,0)^{\mathrm{T}}$.

18. 当 s 为偶数且 $t_1 \neq \pm t_2$ 时,或当 s 为奇数且 $t_1 \neq -t_2$ 时为基础解系.

19. (1) $(-2,1,0)^{\mathrm{T}}+c(5,-2,1)^{\mathrm{T}}$($c$ 为任意常数);

(2) $\left(-\frac{17}{4},\frac{11}{4},0\right)^{\mathrm{T}}+c\left(\frac{19}{4},-\frac{13}{4},1\right)^{\mathrm{T}}$($c$ 为任意常数);

(3) $(1,0,2,0)^{\mathrm{T}}+c_1\left(-\frac{3}{2},1,\frac{7}{2},0\right)^{\mathrm{T}}+c_2(-1,0,-2,1)^{\mathrm{T}}$($c_1,c_2$ 为任意常数);

(4) $(-3,3,5,0)^{\mathrm{T}}+c(1,0,0,-1)^{\mathrm{T}}$($c$ 为任意常数).

20. 方程组当 $\lambda \neq 1$ 或 $\lambda \neq -2$ 时有唯一解,当 $\lambda=-2$ 时无解,当 $\lambda=1$ 时有无穷多组解,通解为 $x_1=1-c_1-c_2, x_2=c_1, x_3=c_2$($c_1,c_2$ 为任意常数).

21. $c(1,2,0)^{\mathrm{T}}+\left(0,0,-\frac{1}{2}\right)^{\mathrm{T}}$($c$ 为任意常数).

22. $a=7, b=-5$.

习题 5

1. (1) $\lambda=-2,4$;属于 $\lambda=-2$ 的全部特征向量为 $k(1,-5)^{\mathrm{T}}$,属于 $\lambda=4$ 的全部特征向量为 $k(1,1)^{\mathrm{T}}(k \neq 0)$.

(2) $\lambda=2$(三重),全部特征向量为 $k_1(1,0,-1)^{\mathrm{T}}+k_2(0,1,0)^{\mathrm{T}}$($k_1,k_2$ 不同时为零).

(3) $\lambda=-3$(二重),6;属于 $\lambda=-3$ 的全部特征向量为 $k_1(1,0,-1)^{\mathrm{T}}+k_2(1,-2,0)^{\mathrm{T}}$($k_1,k_2$ 不同时为零),属于 $\lambda=6$ 的全部特征向量为 $k(2,1,2)^{\mathrm{T}}(k \neq 0)$.

(4) $\lambda=2$(三重),-2;属于 $\lambda=2$ 的全部特征向量为 $k_1(1,1,0,0)^{\mathrm{T}}+k_2(1,0,1,0)^{\mathrm{T}}+k_3(1,0,0,1)^{\mathrm{T}}$($k_1,k_2,k_3$ 不同时为零),属于 $\lambda=-2$ 的全部特征向量为 $k(-1,1,1,1)^{\mathrm{T}}(k \neq 0)$.

(5) $\lambda=1,-1,3,0$;属于 $\lambda=1$ 的全部特征向量为 $k(1,0,0,0)^{\mathrm{T}}$,属于 $\lambda=-1$ 的全部特征向量为 $k(1,-1,0,0)^{\mathrm{T}}$,属于 $\lambda=3$ 的全部特征向量为 $k(1,5,0,1,0)^{\mathrm{T}}$,属于 $\lambda=0$ 的全部特征向量为 $k\left(-7,1,\frac{1}{3},1\right)^{\mathrm{T}}(k \neq 0)$.

2. $a=-1, b=-3$,特征向量为 $\boldsymbol{x}=k(-1,-1,1)^{\mathrm{T}}(k \neq 0)$.

3. $a=-2, b=6, \lambda_1=-4$.

4. $x=4, \lambda_3=3$.

5. $a=1, b=\pm 2$;特征值为 $\lambda_2=\lambda_3=2$.

6. (1) 1,2,3; (2) $1,\frac{1}{2},\frac{1}{3}$; (3) 6,3,2; (4) $-1,-1,1$.

7. 1.

8. $\lambda=-1,-3,0$;$|\boldsymbol{B}|=0$.

9. $\frac{3}{4}$.

10. 略.

11. 略.

12. 0(二重), −2.

13. $\lambda=-6$(二重),0;属于 $\lambda=-6$ 的全部特征向量为 $k_1(-1,1,0)^{\mathrm{T}}+k_2(-1,0,1)^{\mathrm{T}}$($k_1,k_2$ 不同时为零),属于 $\lambda=0$ 的全部特征向量为 $k(1,1,1)^{\mathrm{T}}(k\neq 0)$.

14. 略.

15. 略.

16. (1)是,$\boldsymbol{P}=\begin{pmatrix}-1&-1&1\\1&0&1\\0&1&1\end{pmatrix}$; (2)否;

(3)是,$\boldsymbol{P}=\begin{pmatrix}1&1&-3\\0&-3&1\\0&0&5\end{pmatrix}$; (4)否.

17. 条件(1),(2),(5)可以推出.

18. 相似.

19. (1)$\begin{pmatrix}-\frac{1}{\sqrt{2}}&-\frac{1}{\sqrt{6}}&\frac{1}{\sqrt{3}}\\\frac{1}{\sqrt{2}}&-\frac{1}{\sqrt{6}}&\frac{1}{\sqrt{3}}\\0&\frac{2}{\sqrt{6}}&\frac{1}{\sqrt{3}}\end{pmatrix}$; (2)$\begin{pmatrix}-\frac{1}{\sqrt{6}}&\frac{1}{\sqrt{2}}&\frac{1}{\sqrt{3}}\\\frac{1}{\sqrt{6}}&\frac{1}{\sqrt{2}}&-\frac{1}{\sqrt{3}}\\\frac{2}{\sqrt{6}}&0&\frac{1}{\sqrt{3}}\end{pmatrix}$.

20. (1)$a=-3,b=0$;特征值为 $\lambda=-1$; (2)不能与对角矩阵相似.

21. $\boldsymbol{A}=\begin{pmatrix}1&0&0\\0&0&-1\\0&-1&0\end{pmatrix}$.

22. 略.

习题6

1. (1)$\boldsymbol{A}=\begin{pmatrix}1&1&-2\\1&5&0\\-2&0&-4\end{pmatrix}$,$r(\boldsymbol{A})=3$;

(2)$\boldsymbol{A}=\begin{pmatrix}1&-1&-1\\-1&4&2\\-1&2&4\end{pmatrix}$,$r(\boldsymbol{A})=3$.

2. (1)$f(y_1,y_2,y_3)=y_1^2-2y_2^2-\frac{7}{8}y_3^2$,$\boldsymbol{P}=\begin{pmatrix}1&0&-1\\0&1&-\frac{3}{4}\\0&0&1\end{pmatrix}$,

$\boldsymbol{x}=\boldsymbol{P}\boldsymbol{y}$;

(2) $f(y_1,y_2,y_3)=-y_1^2+y_2^2+y_3^2$, $\boldsymbol{P}=\begin{pmatrix}1&0&1\\1&1&0\\0&0&1\end{pmatrix}$, $\boldsymbol{x}=\boldsymbol{P}\boldsymbol{y}$.

3. (1) $f(y_1,y_2,y_3)=y_1^2-y_2^2$, $\boldsymbol{P}=\begin{pmatrix}1&\frac{1}{2}&-\frac{3}{2}\\0&\frac{1}{2}&-\frac{1}{2}\\0&0&1\end{pmatrix}$, $\boldsymbol{x}=\boldsymbol{P}\boldsymbol{y}$;

(2) $f(y_1,y_2,y_3)=y_1^2-\frac{1}{4}y_2^2-y_3^2$, $\boldsymbol{P}=\begin{pmatrix}1&-\frac{1}{2}&-1\\1&\frac{1}{2}&-1\\0&0&1\end{pmatrix}$, $\boldsymbol{x}=\boldsymbol{P}\boldsymbol{y}$.

4. (1) $f(y_1,y_2,y_3)=9y_3^2$, $\boldsymbol{Q}=\begin{pmatrix}\frac{4}{3\sqrt{2}}&0&\frac{1}{3}\\\frac{1}{3\sqrt{2}}&\frac{1}{\sqrt{2}}&-\frac{2}{3}\\\frac{1}{3\sqrt{2}}&-\frac{1}{\sqrt{2}}&-\frac{2}{3}\end{pmatrix}$, $\boldsymbol{x}=\boldsymbol{Q}\boldsymbol{y}$;

(2) $f(y_1,y_2,y_3)=y_1^2-6y_2^2+6y_3^2$, $\boldsymbol{Q}=\begin{pmatrix}-\frac{2}{\sqrt{5}}&\frac{1}{\sqrt{6}}&\frac{1}{\sqrt{30}}\\0&-\frac{1}{\sqrt{6}}&\frac{5}{\sqrt{30}}\\\frac{1}{\sqrt{5}}&\frac{2}{\sqrt{6}}&\frac{2}{\sqrt{30}}\end{pmatrix}$, $\boldsymbol{x}=\boldsymbol{Q}\boldsymbol{y}$.

5. (1) 正定； (2) 非正定.

6. $-\sqrt{2}<k<\sqrt{2}$.

7. 略.

8. 提示:令 λ_1 为 $\boldsymbol{A}$ 的最小特征值,取 $t>-\lambda_1$ 即可.

9. 略.

10. 略.

参 考 文 献

[1] 同济大学数学系. 工程数学：线性代数 [M]. 6版. 北京：高等教育出版社，2014.

[2] 吴传生. 经济数学：线性代数 [M]. 3版. 北京：高等教育出版社，2015.

[3] 黄廷祝，成孝予. 线性代数 [M]. 北京：高等教育出版社，2009.

[4] 李乃华，安建业，罗蕴玲，等. 线性代数及其应用 [M]. 2版. 北京：高等教育出版社，2016.

[5] 李炯生，查建国. 线性代数 [M]. 合肥：中国科学技术大学出版社，1989.